藍海文化

Blueocean

www.blueocean.com.tw

教學啟航・知識藍海

藍海文化

語言入門精要

C Programming Essentials

康廷數位 著

- C 語言入門概念
- 程式語言基本元素
- 輸出與輸入
- 流程控制
- 標準函數與函數設計
- 資料處理
- 指標
- 檔案讀寫
- 模組設計
- 簡單應用開發

BO8201

C語言入門精要

國家圖書館出版品預行編目(CIP)資料

C語言入門精要 / 康廷數位著. -- 初版.--
新北市：藍海文化, 2019.02
面； 公分
ISBN 978-986-6432-92-7(平裝)

1.C(電腦程式語言)

312.32C 107020810

版次：2019年2月初版一刷

作 者 康廷數位
發行人 楊宏文
總編輯 蔡國彬
責任編輯 林瑜璇
封面設計 余旻禎
版面構成 徐慶鐘
出版者 藍海文化事業股份有限公司
地 址 234新北市永和區秀朗路一段41號
電 話 (02)2922-2396
傳 真 (02)2922-0464
購書專線 (07)2265267 轉 236
法律顧問 林廷隆 律師
Tel : (02)2965-8212

◎ 前言

C 是近代程式語言的基礎，相較於新世代的語言（例如 Java），學習曲線較為陡峭，由於早期軟體技術未臻成熟，語言本身的設計不夠直觀，因此程式設計師必須花費更大的心力才能具備駕馭這門語言的能力。

不過 C 語言具備其它程式語言無法企及的優點，高效能、操作記憶體的指標設計與硬體控制能力，更是被用來實作包含了 Windows 以及 Linux 等主流作業系統的程式語言，也因此儘管新的程式語言不斷出現， C 語言依然還是所有資訊科系必修的入門課程之一。

本書透過精巧的範例搭配簡單易懂的說明圖示，闡述各項語法元素以及初學者必須瞭解的程式敘述建構技巧。

除了變數、流程控制等基礎課程，更針對最難以理解的指標課程進行切割，分成入門與應用等兩個獨立的章節，循序漸進，提供老師與學生最美好的 C 語言教學與學習體驗。

◎ 閱讀建議

本書假設讀者沒有程式設計的背景知識，內容以入門讀者需要瞭解的進度編排設計，因此請依照順序逐章研讀。

每一章結束的摘要截取章節重點，可以協助快速掌握重點。

課後練習請逐題練習，以取得最佳的學習效果。

◎ 勘誤與問題回應

若是您在本書閱讀學習的過程中有任何問題，歡迎至本書專屬資訊頁，留下您的寶貴意見與想法，網址如下：

http://www.kangting.tw/2019/01/c-programming-language.html

任何與本書有關的資訊，包含範例檔案下載、勘誤發布以及未來的延伸與教學內容，甚至改版資訊，都將公布在這個網頁中。

◎ 誌謝

本書得以問市，要感謝「藍海文化」團隊於書籍排版編輯製作的支援，出版部主編沈志翰、編輯林瑜璇這段時間的書籍製作統籌與聯繫工作，以及協助本書封面設計的余旻禎小姐與內文排版的徐慶鐘先生，感謝你們。

另外，負責本書問市之後，市場行銷作業的業務團隊，對於未來你們即將為本書銷售所付出的努力，「康廷數位」在這裡同時表達感謝之意。

目錄總表

目錄

01 C 語言概觀

本章提供 C 語言的相關概念，簡介 C 語言的起源與發展歷史，同時討論簡單的 C 程式撰寫與編譯流程，讀者將在這一章建立 C 語言的入門知識，開啟 C 語言的學習之路。

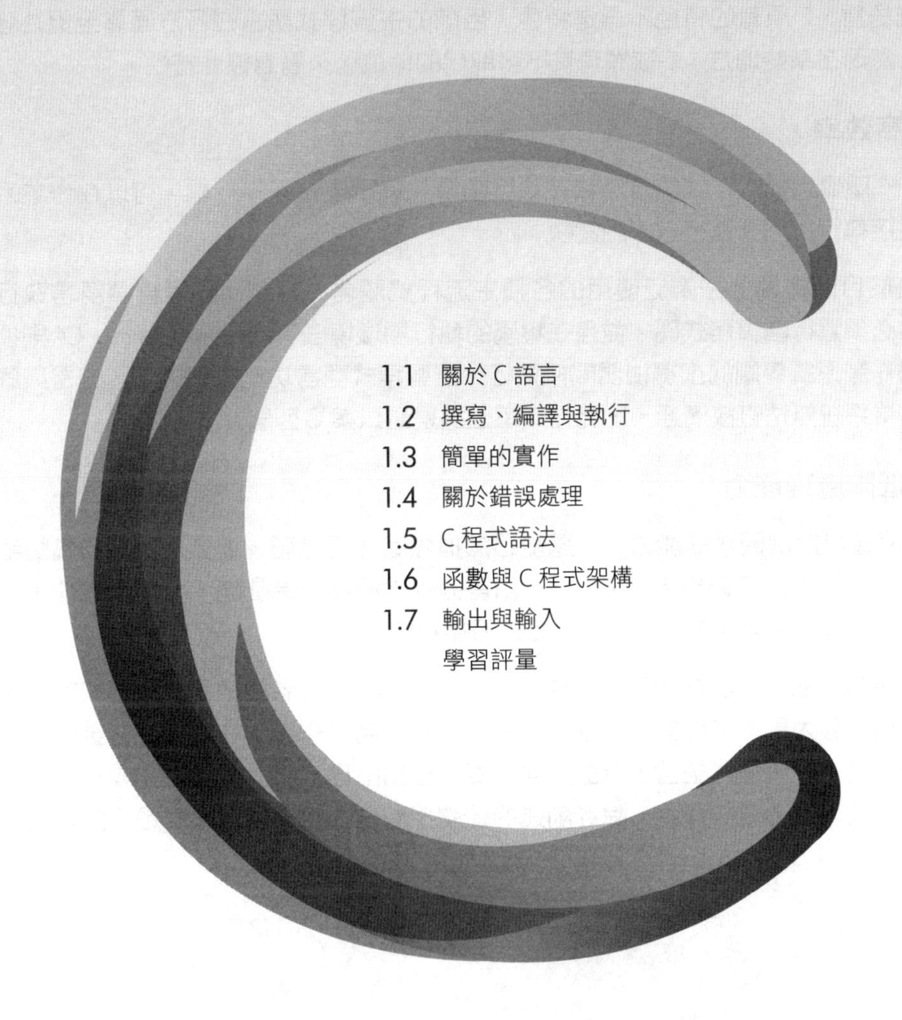

1.1 關於C語言

C語言是貝爾實驗室的 Dennis Ritchie 博士於 1972 年以 B 語言為基礎所發展出來的高效率程式語言，而在過去將近半世紀以來，它除了被用來開發 UNIX 與 Windows 等作業系統，更成了近代主流程式語言發展的基礎，無論 C++、Java 或是微軟 .NET 平台的核心語言 C#，均師承 C 語言的程式語法與邏輯概念，因為這些歷史因素，C 也變成了程式設計師的共同語言。

C語言有很多特色，包含高效率、高可攜性的跨平台特性、容易撰寫與低階硬體處理能力，不過，程式語言經過軟體工業數十年來的快速發展，相較於近代的程式語言，C 原有的特色不再是特色，目前的主流程式語言在各方面甚至更為強悍，然而在某些地方，C 依然有其不可取代的地位，來看看這些特性。

■ 高效率

C是一種編譯式的程式語言，它在執行前會先編譯成為可執行檔，可以在作業系統直接執行，因此執行效率相當快。

相較於目前市場上被廣泛使用的各種主流程式語言，JavaScript 等直譯語言執行前，必須逐行翻譯程式碼，並且在專屬的執行期環境底下執行，而 Java、C# 則須透過作業系統專屬的虛擬機器間接執行，這些程式語言功能雖然強大，但是與底層作業系統無法直接溝通，因此在效率上還是難以與 C 匹敵。

■ 低階處理能力

C具備直接控制硬體的能力，它還能透過指標處理記憶體，這更是目前的高階語言難以企及的，不過也因為如此，C 語言的學習曲線更為陡峭，而指標處理不當更可能讓程式開發人員設計出不穩定的應用程式。

在人類短暫的程式語言發展歷史中，C 可以算是相當古老的語言了，相較於目前強調功能強大易於使用的主流程式語言，它並不容易學習，在實用上甚至遠不如親和力高的近代程式語言，無論如何，每一位初階程式設計師最好完成 C 語言的入門學習，最主要的理由，除了前述的硬體控制能力，還有一點就是 C 語言的共通性。

無論 C++、Java 或是 C# ，目前市場上幾種主流程式語言均承襲自 C ，當你有了 C 語言的基礎，很容易就可以跨入其它語言的學習領域，也因為如此，以 C 做為入門程式語言，從投資效率來看亦是不錯的選擇。

關於 C 語言的歷史與發展細節，本書不多做討論，有興趣的讀者可以連結至 Dennis Ritchie 的介紹網頁（http://cm.bell-labs.co/who/dmr/），內容頁面如下：

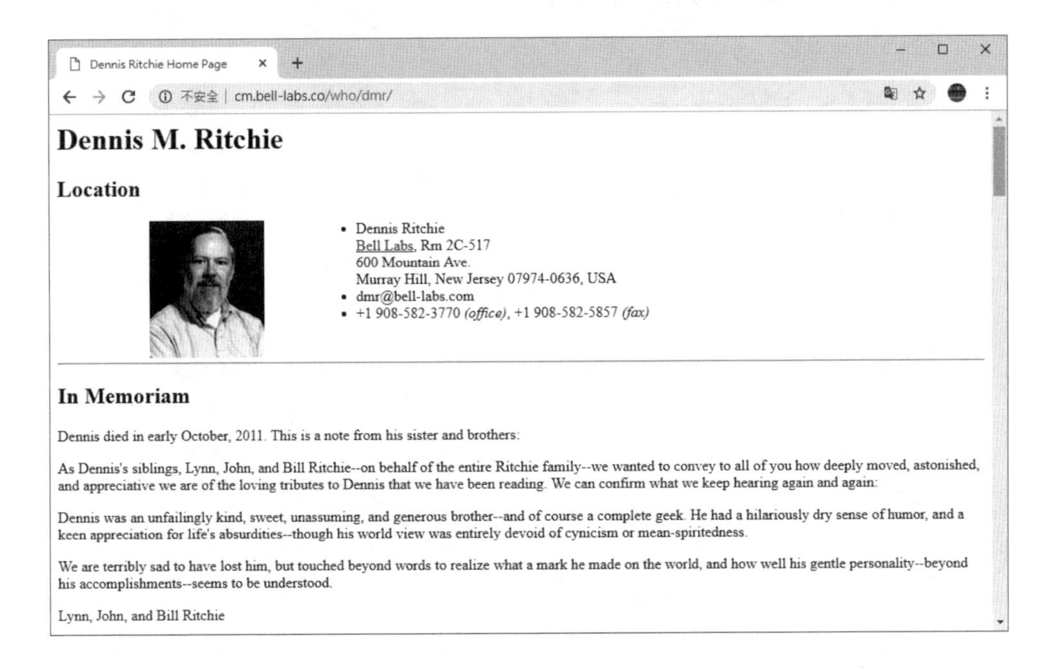

C 語言經過多年的快速發展，衍生出各種不同的版本，為了避免版本差異所造成的語法分歧，於 1980 年代由美國國家標準局 ANSI (American National Standard Institution）制訂了一套完整的國際標準語法，稱為「ANSI C」，成為近代 C 語言的標準。

與 C 的發展有密切關係的還有 C++ ，C 本身是一種程序式語言，此種類型的語言在大規模應用程式的發展與維護並不容易，物件導向理論為了克服這方面的問題被發展出來，C 後來導入了物件導向的概念，發展成廣為人知的 C++。

1.2 撰寫、編譯與執行

開始討論第一支 C 語言程式設計的實作之前，先來談談一些概念。我們通常根據需求撰寫所需的 C 程式碼檔案，然後經過編譯器編譯，產生提供特定功能的應用程式執行檔，以下圖示說明所需的過程：

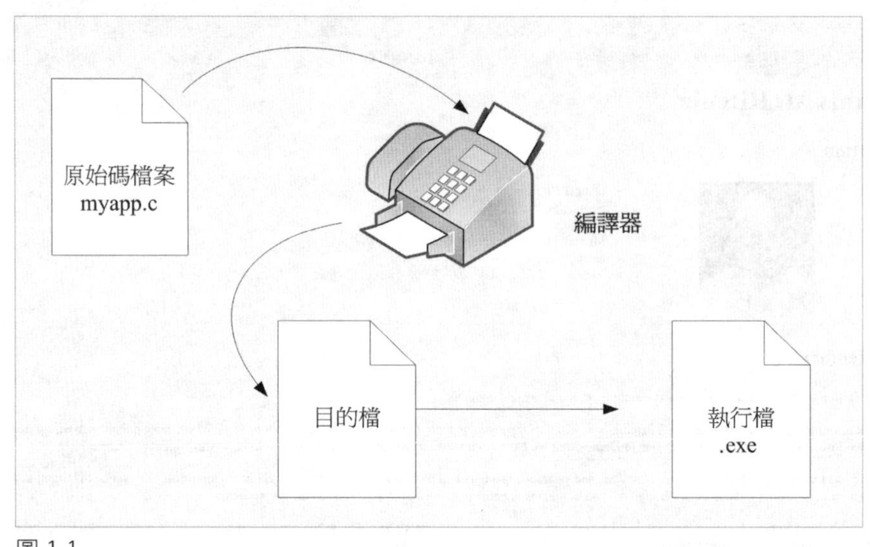

圖 1-1

C 原始碼檔案最後被編譯成為執行檔，執行此檔案即可提供所需的功能，其中幾點要項說明如下：

■ C 原始碼檔案

最左邊是一個副檔名為 .c 的文字檔，其中包含了 C 原始碼的內容，程式源於其中編寫合法的 C 程式碼，建立應用程式所要提供的功能，讀者會看到本書後續的課程中，範例程式所建立的均是此種檔案。

■ 程式碼檔案編譯

完成後的原始程式碼檔案透過編譯器進行編譯，產生目的檔，然後連接所有需要的檔案，建立可供執行、副檔名為 .exe 的可執行檔案。

■ 執行

執行副檔名 .exe 的可執行檔，啟動應用程式功能。

程式開發過程中，上述的程序會反覆執行，直到所需的功能建置完畢，沒有錯誤之後，才會提供給使用者使用，稍後我們會用一個簡單的範例說明開發過程，先來看執行的程序，如下圖：

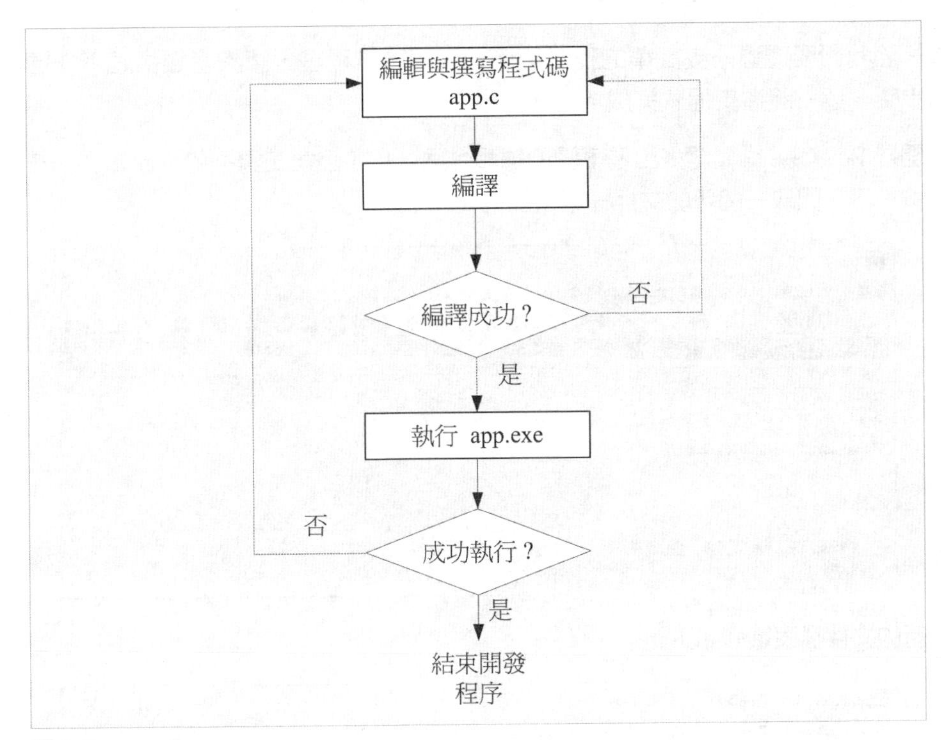

圖 1-2

即使最簡單的程式，開發的過程都不會一步到位，通常會在編譯中發生問題，然後再回頭修正程式碼的內容，重新編譯成功之後，才能順利執行。

執行的過程也可能發生錯誤，一旦錯誤發生，就必須再回到原始程式碼中進行修正，一直到結果正確無誤為止。

C 原始程式碼檔案是一種純文字檔，只是它的副檔名為 .c ，透過「記事本」之類的文字編輯器即可進行編輯作業，完成的原始檔再丟給編譯器進行編譯，產生可執行檔之後，即可執行。

通常我們會透過 C 專用的編輯器完成所有工作，有數種 C 編輯器可供使用，其中的 Dev-C++ 使用相當廣泛，同時適合入門者做為學習工具，這是一套免費軟體，你可以在網路上取得這個工具，附錄 A 提供相關的安裝與使用說明。

1.3 簡單的實作

這一節我們要透過一支簡單的程式範例，說明實作程序，請讀者遵循底下一連串的步驟，逐一將這支程式完成。

1. 開啟 Dev-C++ 編輯器，出現下圖的編輯介面，於左上角工具列的「原始碼」按鈕按一下，開啟一個新的文件檔案。

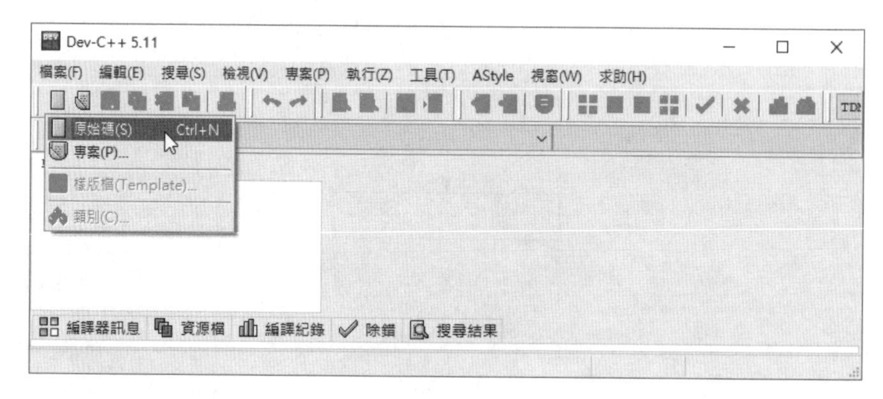

2. 新的文件檔案畫面如下：

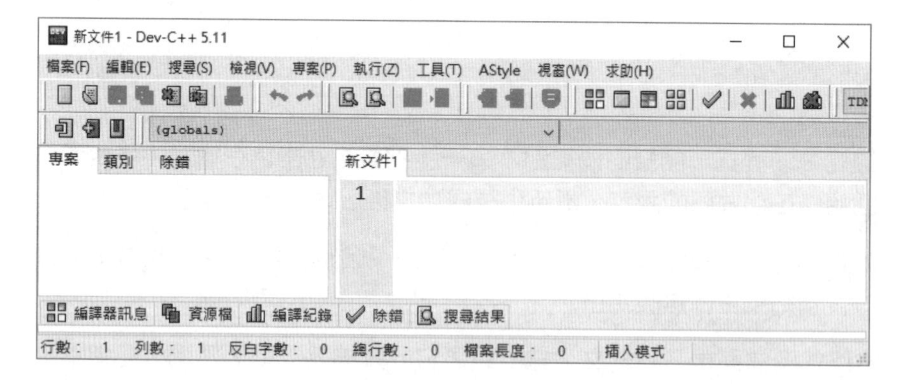

接下來於空白區域裡，撰寫如下的程式碼：

helloc

```
001  #include <stdio.h>
002  #include <stdlib.h>
003  int main()
004  {
005     printf("Hello C ")  ;
006     system("pause");
007     return 0;
008  }
```

其中的行號是為了閱讀方便加上去的，請不用理會。

3. 完成上述程式碼的輸入，現在編輯畫面如下左圖，此時按一下左上角工具列裡面的「儲存」按鈕，開啟「儲存檔案」對話方塊，如下右圖：

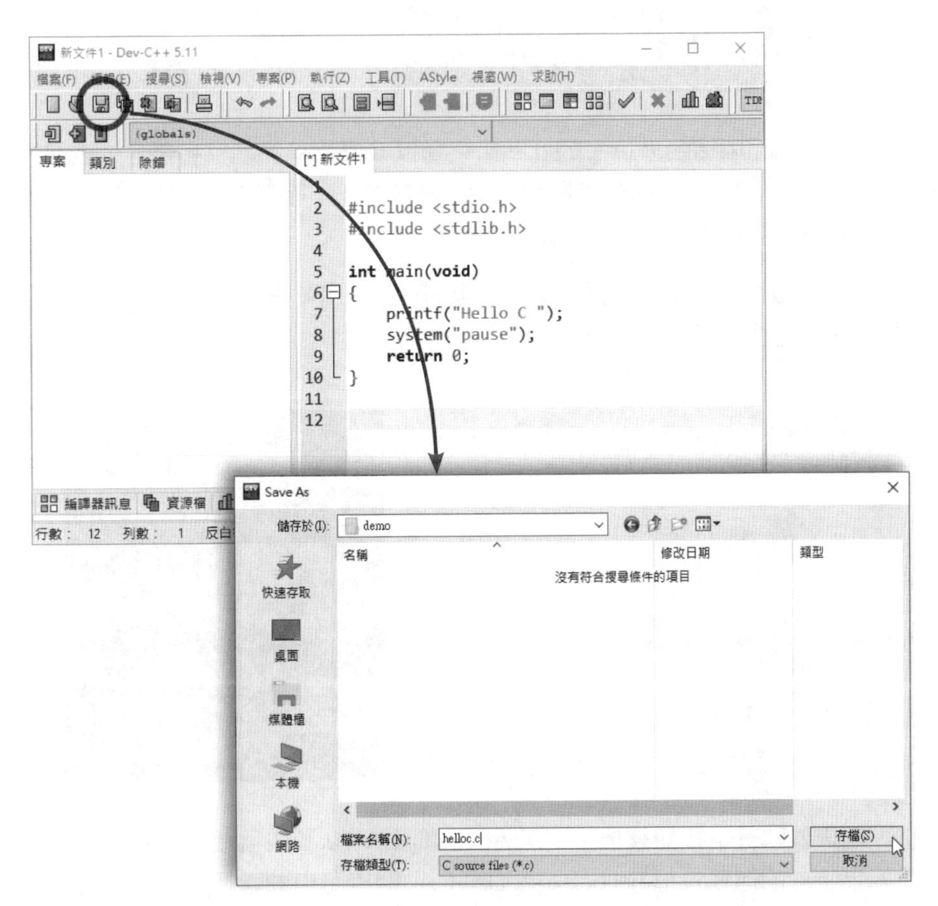

「儲存檔案」對話方塊的下方有兩個下拉式的選單，於「檔案名稱」裡面輸入所要儲存的檔名，例如 helloc：

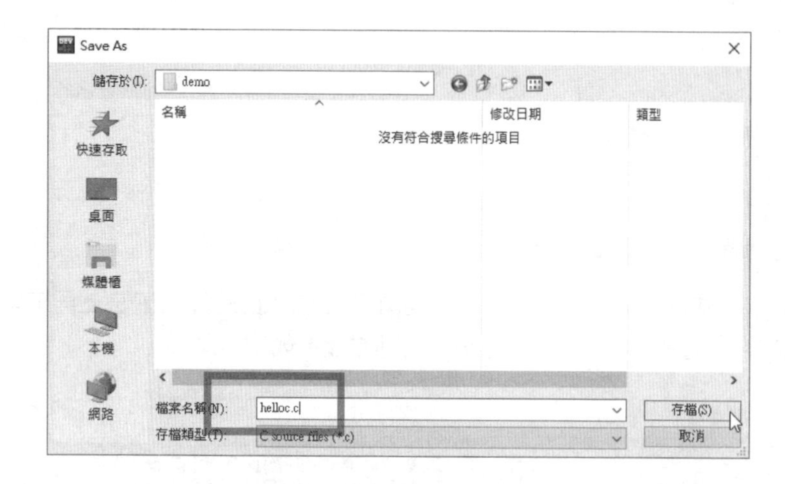

接著選擇 C source files (*.c) ，如此一來它會以 C 原始檔的副檔名儲存，選取所要儲存的位置，按一下「儲存」按鈕，完成儲存工作，接下來你會看到其中出現了一個 helloc.c 的檔案，接下來將其儲存即可。

4. 接下來移至工具列，在「編譯並執行」按鈕上按一下，編譯此原始程式碼檔案，會出現一個執行畫面，如下圖：

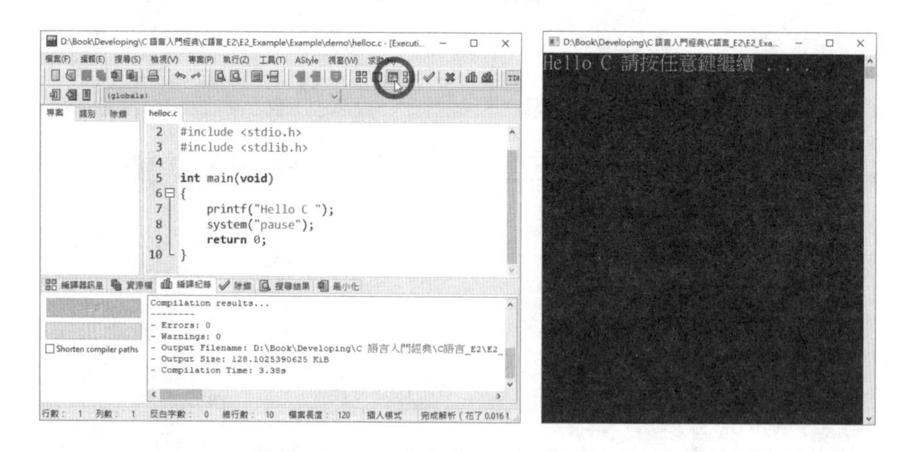

當「編譯並執行」按鈕被按下，Dev-C++ 編譯 helloc.c 並且產生一個同名但是副檔名為 .exe 的可執行檔 helloc.exe ，Dev-C++ 緊接著自動執行這個可執行檔，黑色的畫面中，出現了 Hello C 的訊息。

上述一連串的步驟當中，我們看到了C程式撰寫、編譯與執行的具體過程，其中最關鍵的步驟在於C程式碼的撰寫，本書後續章節將重複上述的步驟，建立各種範例程式。

如果實作範例的過程無法成功，暫時不需要擔心，當你逐漸熟悉各種語法與程式功能，會漸漸具備修正程式錯誤的能力。由於你沒有任何程式語言的基礎，如果嘗試手動逐一輸入程式碼，可能會出現問題，這個時候必須排除可能的錯誤，才能順利看到上述的結果。關於錯誤的處理，我們於下一節做說明，為了讓課程順利，你可以選擇直接開啟本書的範例檔案，來看看相關的步驟。

開啟現有的檔案可以按一下工具列的「檔案／開啟舊檔」按鈕，此時會跳出「開啟檔案」的對話方塊，選擇已經存在的檔案，將其選取，然後按一下「開啟」按鈕，即可開啟現存的檔案。

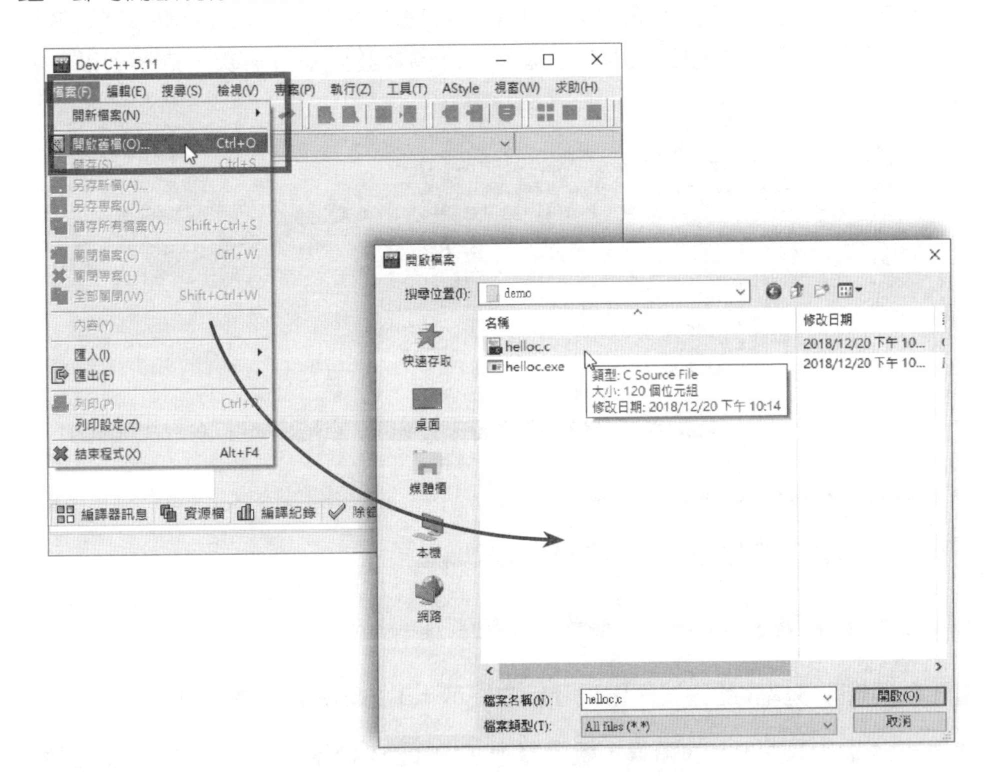

1.4 關於錯誤處理

上述範例程式的輸入與編譯執行過程中，相信讀者多少會遇到問題，甚至可能沒辦法順利成功執行，發生這種狀況很正常，即使一個有經驗的程式設計師，在開發程式的過程中也可能遇到各種問題，這些問題可能很複雜，也可能只是單純的語法錯誤。

當錯誤發生時，程式設計師就必須找到程式錯誤，並且將其修正，這個過程被稱之為「除錯」，而一般的程式不會像上述的範例這麼簡單，過程中可能還會遇到其它的錯誤，當錯誤發生時，就沒有辦法編譯成功，也無法執行。

造成錯誤的原因很多，以上述的範例為例，初學者最可能發生的錯誤在於輸入的原始程式碼有問題，包含沒有分辨大小寫、或是漏掉特定的語法元素，例如將其中 Hello C 這一行程式碼後方的「;」拿掉，再編譯並且執行一次，會得到以下的畫面：

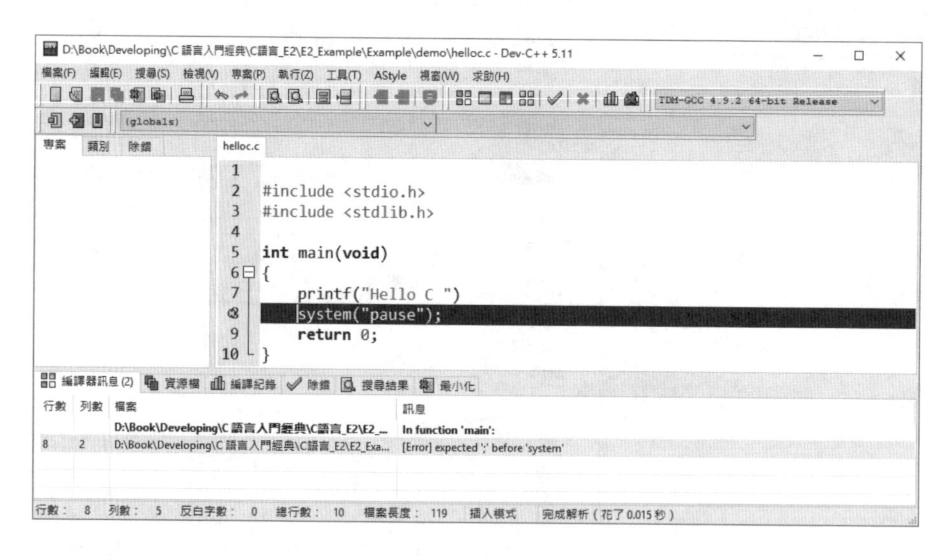

畫面中編輯區域錯誤的程式碼出現了反白提示，下方則是錯誤說明訊息。

當程式出現這種語法上的錯誤，編譯器會在編譯時期攔截下來，程式因此無法編譯成功。

程式錯誤的型式很多，除了上述的語法錯誤無法通過編譯，另外還有一種錯誤是在執行之後才會發生，這是邏輯運算的錯誤，這種錯誤通常比較難以處理，例如你可能嘗試撰寫一支除法程式，卻指定了 0 的除數，來看看以下的程式碼：

dzero

```
001  #include <stdio.h>
002  #include <stdlib.h>
003  int main()
004  {
005    int x=100 ;
006    int y=0 ;
007    printf("%d",x/y)  ;
008    system("pause");
009    return 0;
010  }
```

第 5 行是一個 100 的整數變數，第 6 行則是一個 0 的整數變數。

第 7 行將 x 除以 y 然後輸出結果。

這個範例在語法上並沒有問題，它可以順利通過編譯，但是沒有辦法執行，因為其中除數為 0 的運算不合法。

在實際的應用程式開發過程中，此種邏輯運算的錯誤通常沒有這麼容易被處理，其中的除數可能是經過複雜運算之後的結果，你也無法依賴編譯器來為你除錯，一位優秀的程式設計師會在程式開發的期間排除這一類可能的錯誤，並且撰寫錯誤處理程式碼避免程式執行過程發生錯誤。

下一個小節我們繼續來看看 C 程式碼有關的各項細節。

1.5 C 程式語法

這一個小節繼續討論 C 語言的各項語法細節，由於讀者目前還沒有任何 C 程式設計經驗，我們直接從一個簡單的範例開始。

開啟你的編輯器，於其中輸入下頁的程式碼，要特別注意，C 語言區分大小寫，完成之後將其儲存成為 OMessage.c ，相較於上述的程式碼範例，它的內容複雜許多，不過先別擔心，它其實很簡單，大部分是非必要的程式內容，我們會逐一說明其中的所有細節。

範例 1-1 第一支 C 語言程式範例

p0101_omessage

```
001  /*
002  程式檔案名稱 :OMessage.c
003  作者 : 康廷數位
004  建立時間 :2018/12/30
005  程式功能說明
006  第一支 C 示範說明程式
007  在畫面上輸出一行預先指定的文字訊息   */
008
009  #include <stdio.h>
010  #include <stdlib.h>
011
012  /* 程式進入點 main */
013  int main()
014  {
015        int x   ; /* 宣告整數變數 */
016        x=100  ;/* 將指定的整數指定至變數   */
017        printf("x:%d \n",x) ; /* 輸出訊息 */
018        system("pause");/* 暫停 */
019        return 0;/* 回傳運算結果 */
020  }
```

確認檔案完畢之後，接下來編譯這個程式碼檔案，然後執行它，你會在畫面上看到其中輸出程式碼第 17 行所指定的一段文字。

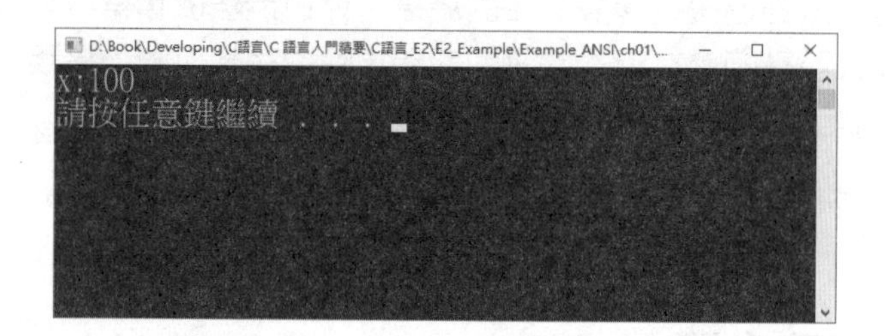

範例中有一大部分的程式碼與真正的程式功能無關，將其刪除亦不會影響程式的功能與執行，不過，它們是良好程式設計的一部分，底下逐一做說明。

■ 註解

程式碼一開始的第 1 ～ 7 行，以符號「/*」與「*/」做標示，在這兩個符號之間的任何文字，C 將其視為註解。

註解對應用程式沒有任何意義，它只是程式的說明文字，當編譯器遇到「/*」與「*/」之間的文字會自動跳開，繼續編譯下一行程式碼。

從第 15 行開始「/*…*/」針對每一行程式碼，設定單行的說明註解。

■ #include

第 9 行開始連續兩行的 #include 表示要將外部的檔案含括進來，<stdio.h> 表示要含括的是 stdio.h 這個檔案，第 10 行的意義相同，只是它含括的是 stdlib.h 這個檔案。

至於為何要含括這些檔案，最主要的原因在於我們需要一些外部檔案的功能來協助程式的運算，而這些檔案包含了所需的功能函數。

■ 程式進入點

第 13 行的 main() 是一個函數宣告，main() 是一個所謂的主函數，這個函數為程式開始執行的起始點，當程式開始執行時，它會進入檔案內部找到名稱為 main 的這一行程式碼，進入其中開始往下執行，也就是這個範例的第 15 行，逐一執行至最後第 19 行程式碼，如下圖：

```
/* …  */

#include <stdio.h>
#include <stdlib.h>

/* 程式進入點 main */
int main(void)          ←———— 程式從這一行開始執行
{
    int x    ; /* 宣告整數變數 */
    x=100  ;/* 將指定的整數指定至變數   */
    printf("x:%d \n",x) ; /* 輸出訊息 */
    system("pause");/* 暫停 */
    return 0;/* 回傳運算結果 */
}
```

圖 1-3

C 透過函數封裝功能程式碼，它由一組大括弧界定其內容，「{ 」表示函數開始，而「 }」表示函數結束，在這個 main() 函數當中的第 14 ～ 20 行為函數的內容程式碼範圍。

一個獨立執行的 C 程式，可能包含數個不同的函數，其中一定要具有 main() 這個函數，程式會從這裡開始執行。

這裡做一個實驗，將範例中的 main() 稍微做一下修改，如下頁程式：

```
001  int Main(void)
002  {
003    … // 函數內容程式碼
004  }
```

其中將 main 這個函數的名稱改為大寫字母開頭的 Main ，重新編譯將無法成功。

■ 變數與資料型態、運算式與程式敘述

緊接著，我們更進一步來看 main() 函數當中的程式碼，第 15 行宣告一個 int 變數 x ，第 16 行則將一個整數 100 指定給這個變數，第 17 行的 printf() 是另外一個函數，將其中指定的內容輸出於畫面。

變數用來儲存資料，每一種變數均有其特定的型態，使用之前必須宣告其型態，表示變數所要儲存的資料種類，例如 int 用來儲存特定的資料內容，變數的主題下一章有完整的說明。

第 18 行會暫停程式，讓我們可以檢視執行的內容，第 19 行則回傳一個 0 的值。

第 15 ～ 19 行這一段大括弧中的程式碼，每一行程式碼代表一個運算式，以分號「;」結束。每一行程式碼是一個執行單位，運算式就如同一個獨立的句子，代表一個特別的意義，一個以上的句子最後可以組成一篇文章。

每一行程式敘述是由各種運算式片段所組成，運算式則是由各種語法元素，例如變數、資料型態以及運算子所組成，最後加上「;」代表一段完整的程式敘述，如下圖：

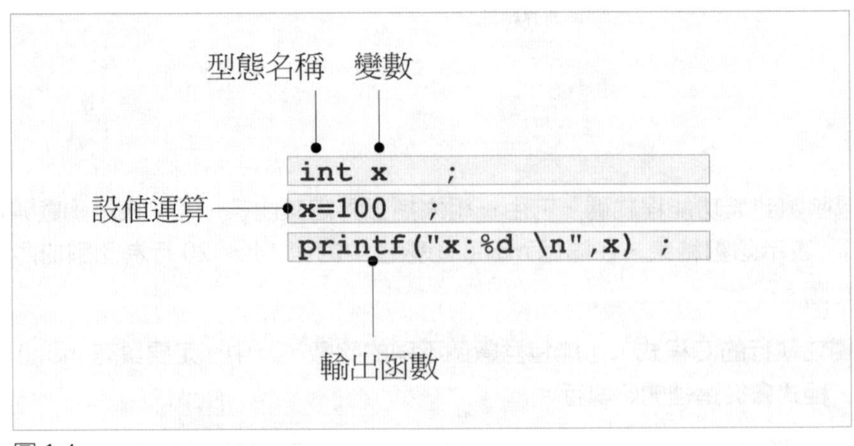

圖 1-4

圖示中每一個矩形方塊表示一段完整可執行的程式敘述。

要注意的是，只有在遇到符號「;」的時候，一段程式的運算式才會被視為結束，整段程式碼才能被視為一段完整可執行的程式敘述，即使遇到斷行，它還是會將其視為同樣一段程式碼，例如這一行程式碼：

```
printf("x:%d \n",x) ;
```

將其斷行如下：

```
printf(
      "x:%d \n",x) ;
```

經過斷行的意義完全相同，編譯的過程會成功，最後的執行結果亦相同，不過斷行不能隨意為之，例如以下的斷行會出現問題：

```
printf("
      x:%d \n",x) ;
```

雙引號的內容表示一段字串，如果直接在其中將其斷行，會導致編譯器無法辨識，而編譯失敗。

合乎語法的斷行對C而言並沒有意義，它只根據分號「;」來決定一段可以執行的程式敘述的結束點，同樣的，你可以將程式碼全部併成一行，依然是合法的，例如以下這一行：

```
int x; x=100 ;
```

當你重新編譯這個範例程式，一樣可以正常的通過編譯，然後執行。

C的語法相當彈性，只要遵循它的規範即可，另外，我們經常為了閱讀方便對程式碼的內容進行排版，插入空白行或是空格，同樣的，這些內容對C而言沒有意義，但是卻有助於程式碼的理解，縮排便是其中一項常用的技巧，如下頁圖示：

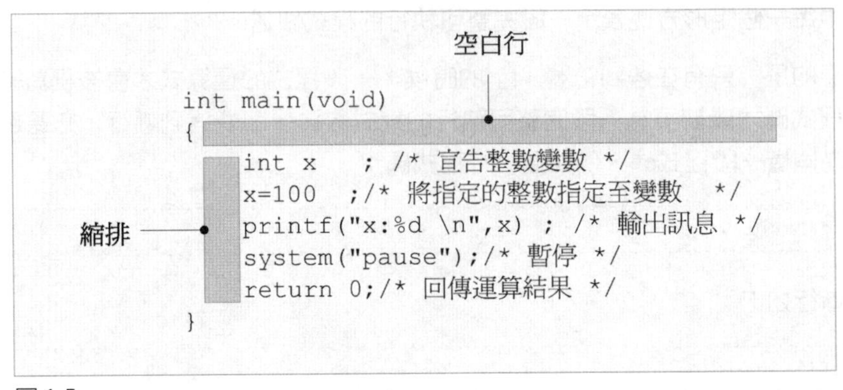

圖 1-5

這一節透過一個實作範例示範最簡單的資料輸出功能，儘管功能相當單純，但它是一個完整的程式，當然其中還有相當多的細節必須進一步說明，這裡先將重點放在整個程式架構的理解，我們繼續往下看。

1.6 函數與 C 程式架構

這一節針對 C 語言幾項重要的觀念進行更深入的討論，例如函數區塊、變數、運算式以及程式敘述等等，其中的函數區塊是程式功能的構成單位，後三者則是程式區塊的構成要素，這兩個部分形成了應用程式的程式碼架構。

1.6.1 程式區塊與巢狀架構

C 程式由各種程式區塊所組成，各種功能程式碼被寫在區塊裡面，並且以巢狀結構組織其內容，所謂的巢狀結構，是一種逐層往內封閉的區塊架構，每一個區塊由大括弧界定其範圍，如下頁圖示：

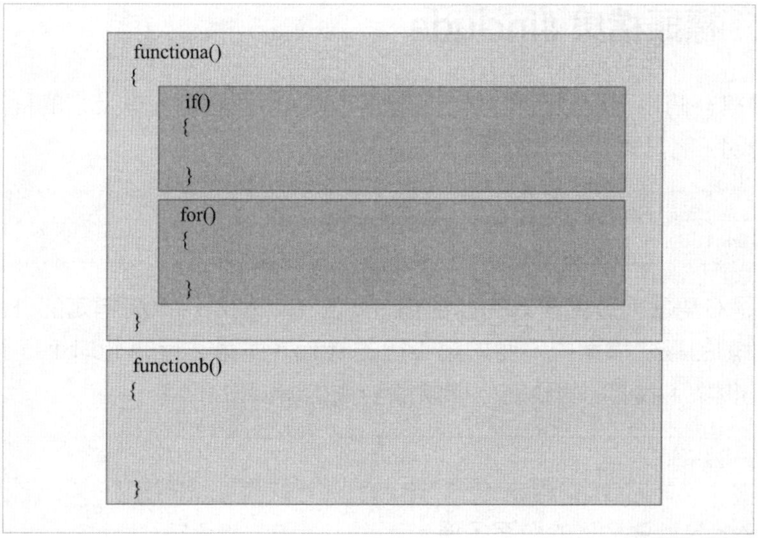

```
functiona()
{
    if()
    {

    }
    for()
    {

    }
}
functionb()
{


}
```

圖 1-6

每一個區塊內部還可以包含一個以上的其它區塊，區塊只可以內含其它區塊，內部區塊的範圍不可以跨越外部區塊，如此一來會破壞巢狀結構，導致錯誤的語法。

C 程式的內容由幾種不同型式的程式區塊構成，函數是主要的程式區塊，可以獨立存在，本書所有的範例均是在建立包含特定功能的函數區塊，而函數內部可能存在其它的區塊，包含 if 或是 for 等流程控制區塊。

函數的種類很多，一個程式碼檔案可能由一個以上的函數所組成，除了到目前為止我們已經接觸到的 main() ，讀者可以根據自己的需求建立所需的其它函數，進一步的細節，在第 7 章會有詳細且完整的說明。

函數是學習 C 語言第一種會接觸到的程式區塊，另外還有幾種程式區塊，提供程式執行流程控制所需的功能，這些區塊均是以語法敘述而非宣告的方式呈現，而它們必須配置於函數內部，形成其巢狀子區塊，無法單獨存在，亦無識別名稱，第 5 章以及第 6 章針對這一部分會有進一步的說明，無論如何，讀者目前只要建立程式區塊的概念即可。

1.6.2 標頭檔與 #include

討論本章第一個範例程式時，我們提到了 #include 這個指令以及它的程式碼，為了方便說明，將其重新列舉如下：

```
001    #include <stdio.h>
002    #include <stdlib.h>
```

#include 是 C 語言前置處理器的含括指令，它的功能是用來將指定的外部檔案，含括入目前的程式檔案中，例如第 1 行的 stdio.h 與第 2 行的 stdlib.h ，這些副檔名為 .h 的檔案，我們將其稱為「標頭檔」，語法格式如下：

```
#include <xxx.h>
```

其中的 xxx.h 為所要含入的檔案名稱。

當程式編譯的時候，#include 所含括的檔案內容，就會被含入程式碼當中，合併成為一支具有完整功能的程式，如下圖：

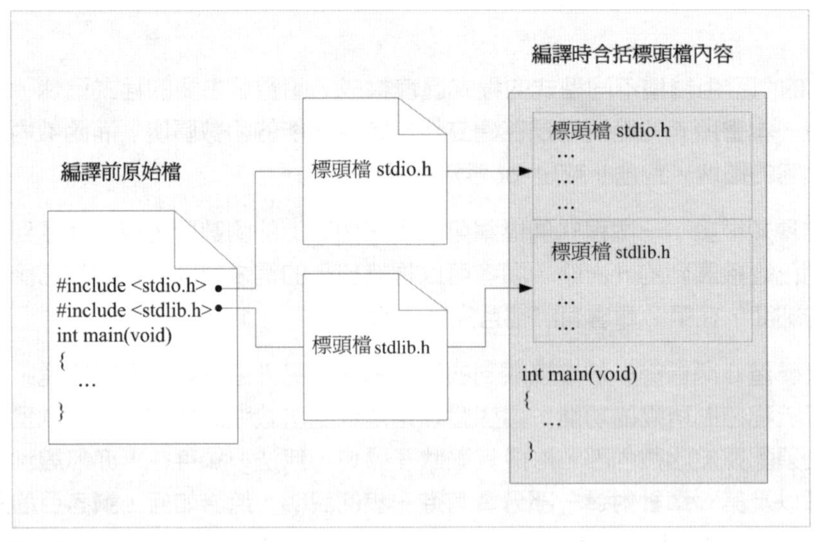

圖 1-7

至於為何需要透過含括標頭檔來撰寫程式內容，我們先來瞭解一下所謂的標準函數庫。

應用程式有很多通用的重複功能，例如輸出指定的訊息、數學的三角函數運算等等，如果每一次都要重複撰寫這些功能會顯得相當累贅且沒有效率，同時造成維護上的困難，為了解決這樣的問題，一些常用的功能被預先寫好，並整合為完整的標準函數庫直接提供開發人員使用，在你安裝 Dev-C++ 或其它 C 語言程式編輯器的時候，這些標準函數庫會一併安裝進來。

標準函數庫最大的好處在於，當我們需要某些特定功能時，只要直接進行函數的引用即可，不需自行撰寫功能程式碼，例如 printf() 即是一個典型的輸出函數，只需將所要輸出的字串傳入即可將其輸出。

標準函數庫並不能直接使用，在此之前，你必須預先宣告讓程式知道能夠去找到這些函數，而這就是含括指令 #include 幫我們完成的功能。

標準函數的數量相當龐大，標頭檔分門別類的預先撰寫好相關的函數格式與宣告資訊，因此只要在程式開始之前，將標頭檔含括進來就能直接使用這個函數建立所需的功能。

Dev-C++ 於安裝目錄的子資料夾 include 中，配置了所有內建的標頭檔，開啟路徑 C:\Program Files (x86)\Dev-Cpp\MinGW64\x86_64-w64-mingw32\include 的內容，你會看到以下的畫面：

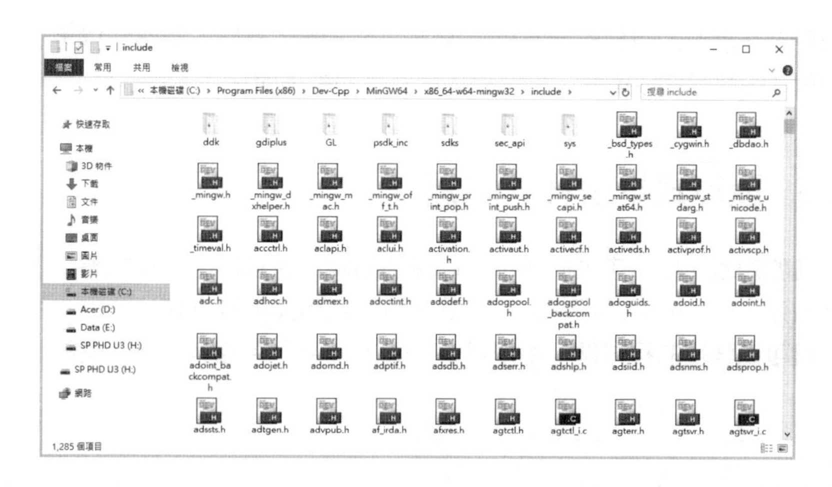

每一個標頭檔收錄了功能相近的函數，範例當中含括的 stdio.h 與 stdlib.h 是最常見的兩個標頭檔，其中 stdio.h 提供標準輸出與輸入功能的相關函數，而 stdlib.h 則提供各種標準的函數，幾乎每一支 C 程式都會需要其中的函數功能，因此你會看到本書的每一個範例程式均含括了這兩個標頭檔。

如果你對其中的內容有興趣，可以利用 Dev-C++ 將其開啟，如下圖是 stdio.h 的原始程式碼內容。

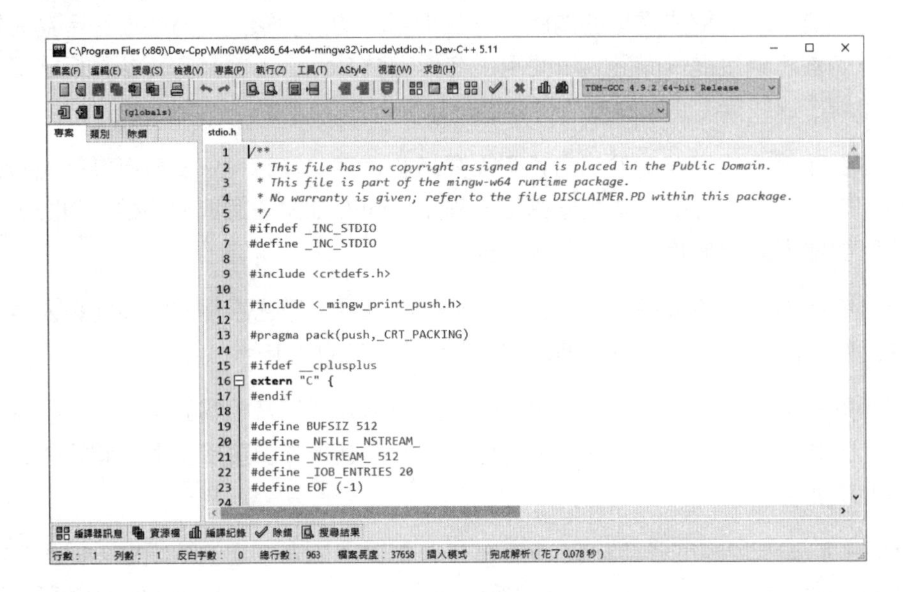

本書後續討論其它議題時，還會進一步用到其它提供特殊功能函數的標頭檔。

標頭檔只有在需要的時候再將其含括進來即可，避免含括不需要的檔案，儘管這不會對程式的執行造成影響，但是對於程式碼的維護而言並不是一件好事。

1.6.3 運算式以及程式敘述

完成區塊的定義，接下來就必須根據區塊的功能，建立其內容程式碼，這一部分由程式敘述（Statement）所組成，程式敘述定義可完整獨立執行的程式單元，它代表一段可以執行的程式碼，由運算式（Expression）定義其內容，例如以下的程式碼：

```
x+100
```

這是一行運算式，它將變數 x 加上 100，以下列舉的是其它運算式的例子。

```
(x+y)/100
(y-100)*200
x+y*200
```

一般的運算式就如同數學運算式，它依循既定的數學運算規則，包括由左至右、先乘除後加減以及小括弧優先處理等等。運算式是形成程式運算邏輯的核心，但是它們本身無法獨立執行，須進一步組合成為一段完整的程式敘述，形成可獨立執行的語法敘述單元。

運算式要組合成為可獨立執行的程式敘述，必須以「;」結尾，它有以下幾種型式：

- 型態變數宣告。
- 經由「=」符號所定義的設值運算 。
- 引用「++」或「--」的運算式。
- 引用函數。

還未深入討論各種語法細節之前，讀者很難完全理解上述列舉的項目，我們來看一些相關的敘述，列舉如下：

```
001  int x ;
002  x = 100 ;
003  x++   ;
004  printf("%d",x) ;
```

第 1 行宣告一個 int 型態的整數變數 x。

第 2 行敘述將右邊的數值設定給左邊的變數 x ，如此一來 x 就儲存了 100 這個數值。

第 3 行是一種遞增的運算，它會將 x 本身的值加上 1，這是最簡單的程式敘述，將運算式加上「;」即可獨立執行。

第 4 行透過 printf() 函數的引用，將指定的文字訊息內容輸出於畫面上。

程式敘述可以很簡單，也可以由數個運算式組合成為非常複雜的內容，不過只要記住上述的概念，同時逐步瞭解如何建構各種運算式，剩下的就是對運算邏輯的理解以及如何將這些邏輯轉換成為對應的程式碼。

運算式與運算子有非常密切的關係，同時也是構成程式邏輯語法敘述最重要元素，在第 3 章討論運算子的時候會有完整的說明。

1.6.4 變數與宣告

程式敘述定義程式碼所要執行的功能，這些功能最主要的目的在於針對特定的資料進行存取與各種邏輯運算，而變數則是用來儲存程式資料的元素，使用變數之前必須對其進行宣告，就如同程式區塊，確認其型態與識別名稱，例如前述範例中的 x 變數，代表這個新建立的變數將用來儲存整數資料。

變數有數種不同的型態，例如整數、浮點數與字元等等，後續會有進一步的說明。

變數的使用通常牽涉三個程序：宣告、設值與讀取，一經宣告之後的變數，就可以透過識別名稱，對其進行資料存取操作。

宣告的過程包含定義一個可用的特定型態變數，並且指定變數名稱，如下式：

```
xtype x ;
```

其中的 x 為變數的識別名稱，而 xtype 則是 C 預先定義的資料型態名稱保留字，例如 int ，這個過程是要告訴程式將來這個變數用來儲存 xtype 型態的資料，例如整數、字元等等。

經過宣告的程序，我們就可以進一步在運算式中，透過 x 運用這個變數。

變數的識別名稱是自己設定的，但是它的命名有一些限制，你必須小心避開這些限制，否則程式將無法通過編譯，底下列舉說明之：

- 英文字母、數字與底線可以做為變數名稱。
- 空白不可以做變數名稱。
- 名稱區分大小寫，例如 apple 與 Apple 是不同的變數，同樣的，以上述的敘述為例， x 與 X 代表不同的變數。
- 儘量以有意義的全名替代隱晦難懂的簡稱，這有助於程式的理解，例如比起 cn，carsNumber 是比較好的變數命名。

- 避免過長的變數名稱，可能導致某些編譯器編譯失敗。
- 避免使用關鍵字或是保留字做為變數名稱，例如 while 、 case 等等。

另外，程式中有一種固定的值，這種值不會在程式執行的過程中改變，例如圓周率 PI 即是典型的常數例子，這種類型的值我們將其稱為「常數」，就如同變數，程式也會針對這種資料進行命名，也就是所謂的常數。

1.6.5 關鍵字

C 語言預先定義了一些關鍵字，這些單字對 C 語言有特殊的意義，它們不能被拿來做為變數或是自訂函數的識別名稱，底下列舉這些關鍵字，讀者必須在命名變數或是函數時避開它們。

表 1-1

auto	double	int	struct
break	else	long	switch
case	enum	register	typedef
char	extern	return	union
const	float	short	unsigned
continue	for	signed	void
default	goto	sizeof	volatile
do	if	static	while

每個關鍵字均有其專屬的意義與特定的用途，例如 int、long 等是資料型態的名稱，而 if 與 while 則是定義特定程式區塊的關鍵字，你不需要特別去記憶這個表格的內容，後續等你完成各階段的課程內容，自然能夠記住這些關鍵字。

1.7 輸出與輸入

到目前為止本章的課程內容示範了簡單的程式撰寫，同時說明了 C 的程式架構與相關的組成元素，至於為何我們要撰寫應用程式，本章最後來談談這個問題。

無論你建立的應用程式目的為何，主要的功能目標只有一個：處理各種型式的 I/O ，所謂的 I/O 就是資料的輸入與輸出。

從前述範例的執行過程中，我們看到了程式執行完畢之後，它會輸出一段指定的文字訊息，這是最簡單的資料輸出，另外，我們可能要求使用者輸入資料，進行一些特定的資料處理之後，再執行輸出。

底下是一個簡單的 I/O 範例，其中示範了完整的資料輸出與輸入操作。

範例 1-2 資料輸出與輸入

p0102_iodemo

```
001  #include <stdio.h>
002
003  int main(void)
004  {
005     char s[12];
006     printf("請輸入名稱：");
007     gets(s);
008     printf("Hello,%s \n", s);
009     return 0;
010  }
```

第 6 行輸出說明訊息，要求使用者輸入名稱，第 7 行等待使用者輸入，第 8 行輸出回應的訊息。

執行這個範例程式的時候，首先會出現左圖的畫面，顯示要求輸入的訊息，從鍵盤輸入指定名稱，例如 SEAN ，然後按一下 Enter 按鍵，得到右圖的畫面。

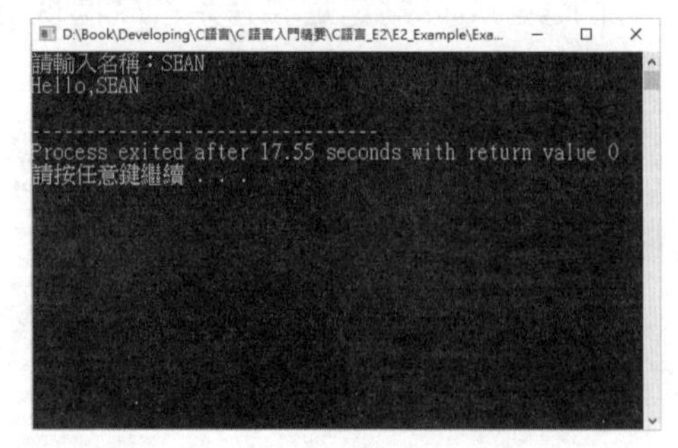

如你所見，完成輸入之後，程式取得輸入的名稱，然後輸出對應的訊息，我們在這個範例中，看到了一個完整的輸出與輸入功能，整個範例執行的過程如下圖示：

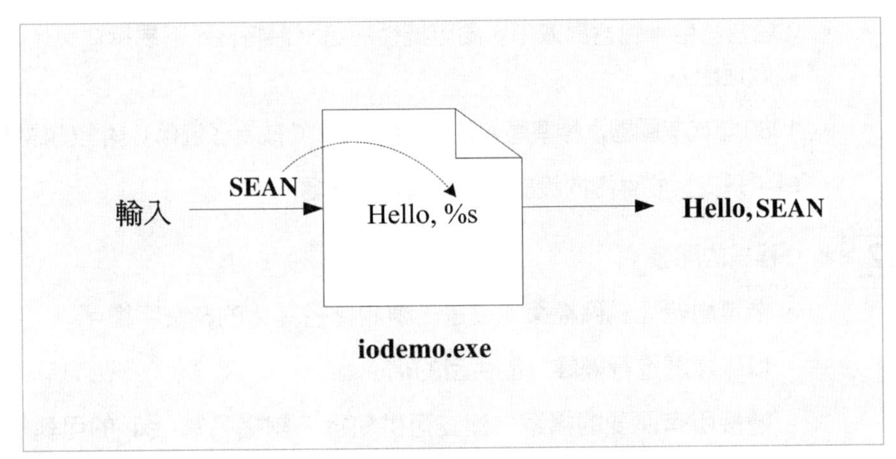

圖 1-8

應用程式本身接收外界輸入的資料後，經過特定的功能運算，再將結果整合輸出至目的地，get() 函數接收使用者輸入的資料，並且將其儲存至 s 變數，然後再將這個變數合併另外一個字串，利用 printf() 輸出。

資料的輸出入是一個龐大的議題，本書還會討論幾種與 I/O 有關的議題，包含檔案的存取，而這個範例中亦使用了 gets() 函數，後續章節將會有相關的詳細說明。

最後要強調的是，無論複雜度與用途為何，一般來說，應用程式均脫離不了上述的模式，只是輸出入資料格式與其中的運算邏輯差異。

結論

本章針對 C 程式設計入門所需瞭解的概念，進行相關的說明，同時完成簡單的 C 程式開發示範討論，為讀者建立所需的基礎，有了這些必要的概念之後，下一章開始，我們將從 C 程式最基礎的語法元素開始進行說明，逐步示範簡單的程式撰寫。

摘要

1.1

- C 語言於 1972 年以 B 語言為基礎發展而來。
- C 語言特色，包含高效率、高可攜性的跨平台特性、容易撰寫與低階硬體處理能力。
- 1980 年代美國國家標準局 ANSI 制訂的 ANSI C 成為了近代 C 語言的標準。
- C++ 是支援物件導向設計理論的進階 C 語言版本。

1.2

- C 程式的開發：
  - 撰寫原始程式碼檔案，這是一種副檔名為 .c 的純文字檔。
  - 以編譯器進行編譯，產生目的檔。
  - 連接所有需要的檔案，建立可供執行、副檔名為 .exe 的可執行檔案。
- 程式的開發過程，會反覆經過編譯與執行程序，直到沒有錯誤發生。
- 本書使用 Dev-C++ 編輯器，撰寫所有的範例。

1.3

- Dev-C++ 編輯器提供撰寫與編譯、執行 C 程式所需的完整功能。

1.4

- 沒有分辨大小寫所造成的問題，是入門者最常發生的程式撰寫錯誤。
- 程式錯誤的型式，包含了語法錯誤與邏輯錯誤，後者會在執行之後才發生，比較難以追蹤處理。

1.5

- 註解以 /*…*/ 標示。
- 註解只是程式的說明文字，對應用程式沒有任何意義，當編譯器遇到「/*」與「*/」之間的文字會自動跳開。
- #include 指令提供含括外部檔案的功能，用以整合外部程式的功能。
- 函數 main() 是程式的進入點。
- 變數用來儲存各種型態的資料。
- 程式敘述是由各種運算式片段所組成，並且以「;」結束，適當的斷行對程式沒有影響。

- 空白行或是空格對 C 而言沒有意義，但是可用於程式碼排版以方便閱讀。

1.6

- C 程式由各種程式區塊所組成，並且以巢狀結構進行組織。
- 有數種不同型式的程式區塊，函數是主要的程式區塊，可以獨立存在，而函數內部可能存在其它的區塊，包含 if 或是 for 等流程控制區塊。
- 函數區塊是整個 C 程式的功能核心。
- 流程控制程式區塊無法獨立存在，無識別名稱，必須配置於函數內部，形成其巢狀子區塊。
- #include 是 C 語言前置處理器的含括指令，提供含括外部檔案的功能，在編譯時，#include 所含括的檔案內容會被含入程式碼檔案中。
- 標準函數庫提供現成的功能，只要透過含括指令將相關檔案包含進來，再進行直接引用即可。
- 路徑 C:\Dev-Cpp\include 底下包含所有內建的標頭檔。
- 程式敘述定義可完整獨立執行的程式單元，它代表一段可以執行的程式碼，運算式則定義其內容。
- 運算式要組合成為可獨立執行的程式敘述，必須以「;」結尾。
- 運算式的幾種型式：
  - 型態變數宣告。
  - 經由「=」符號所定義的設值運算 。
  - 引用「++」或「--」的運算式。
  - 引用函數。
- 宣告變數包含定義型態與識別名稱。
- 變數的識別名稱命名有一些限制，你必須小心避開這些限制。
- 固定值的資料稱為「常數」。
- C 語言預先定義了一些具有特殊意義的關鍵字，它們不能做為各種程式元素的識別名稱。

1.7

- 應用程式的主要功能在於處理各種型式的 I/O ，也就是資料的輸出與輸入作業。

學習評量

1.1

1. C 語言的高效率與低階處理能力，為何近代程式語言依然難以匹敵，請簡述其中的理由。
2. 請問 C 語言是在哪一年發展出來，它的前身是何種語言？
3. 簡述 ANSI C 與 C 語言的關係。
4. 何為 C++ ？它與 C 語言之間有何關聯？

1.2

5. 請簡述原始碼檔案、編譯器與目的檔之間的關係。
6. 請問副檔名 .exe 的檔案是何種類型的檔案，如何被產生出來？
7. 程式開發過程不可能一步到位，請簡述其中會經過哪些步驟，哪兩個步驟可能會導致重新編輯程式？

1.3

8. 請參考本節的第一支範例程式 helloc.c ，令其輸出文字訊息「My First C」。
9. 透過 Dev-C++ 撰寫 C 程式時，儲存檔案時必須指定何種存檔類型？請說明之。
10. 承上題，假設範例程式將其命名為 myc ，儲存之後的完整檔案名稱為何？編譯之後所產生的執行檔檔案名稱為何？

1.4

11. 何謂程式的除錯？請簡要說明之。
12. 程式可能的錯誤大致上有語法上的錯誤與邏輯錯誤，請簡述這兩種錯誤的差異為何？

13. 考慮以下的程式碼，請說明其中有何問題？

```
001  int main(void)
002  {
003      int x=100 ;
004      printf("%d",x);
005      system("pause");
006      return 0;
```

14. 考慮以下的程式碼，請說明其中有何問題？

```
001  int main(void)
002  {
003      int x=100 ;
004      printf("%d",x);
005      System("pause");
006      return 0;
007  }
```

1.5

15. 簡述註解的功能。
16. 承上題，註解所使用的符號為何？
17. 簡述 #include 指令的功能。
18. main() 函數是一種程式進入點，請簡述它的意義。
19. 各種運算式構成可執行的程式敘述，請說明何種符號用來標示一段完整的程式碼？
20. 考慮以下兩段程式碼，哪一段是不能執行的，原因為何？

A

```
printf("HELLO C") ;
```

B

```
printf("
     HELLO C") ;
```

1.6

21. C 程式由程式區塊組成，請問以下大括弧的區塊配置有何問題？

```
int Main(void)
{
      if( ___ ){
}
```

22. 考慮以下這一行程式碼，請說明其中的內容與意義：

```
#include <xxx.h>
```

23. 承上題，xxx.h 與程式檔案的內容有何關聯？
24. Dev-C++ 安裝完成後，會有一個 C:\Dev-Cpp\include 子目錄，請簡述此子目錄裡面的檔案功能。
25. 承上題，請簡述 stdio.h 與 stdlib.h 這兩個檔案的功能。
26. 簡述「程式敘述」與「運算式」的關聯。
27. 簡要列舉兩種可獨立執行的程式敘述。
28. 變數使用的三個程序為何？請列舉之。
29. 一個程式中宣告了 blueocean 與 blueOcean 這兩個變數，請問它們是否會衝突，原因為何？
30. 考慮以下這一行程式碼，宣告了一個 int 型態的變數，但是它無法通過編譯，請說明原因。

```
int extern ;
```

02 變數與資料型態

本章將針對最基本的 C 語法元素，包含變數與資料型態進行討論，同時涵蓋變數的型態宣告、設值等相關議題，你將在這一章的課程內容裡面學習到變數在應用程式所扮演的角色，瞭解如何利用它處理資料的儲存以及相關的運算。

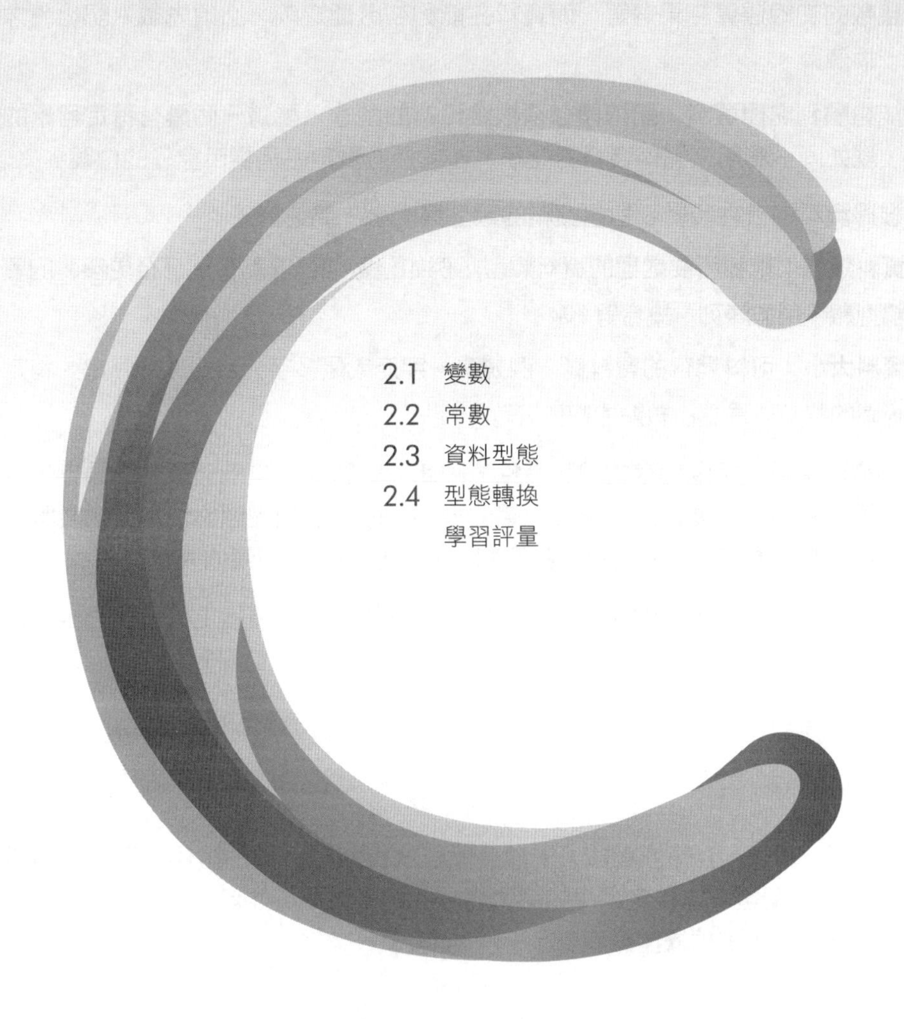

2.1 變數

第 1 章的課程內容當中，已經針對變數做了初步的介紹，現在我們要正式討論變數這個最基本的程式語法元素，讀者將在這一章看到它的原理與各項基本用法說明，建立最基礎的 C 程式撰寫能力。

2.1.1 關於變數

應用程式執行的過程中，會處理各種型態的資料，例如輸出一個字串，或是取得兩個整數的加總運算結果等等，而資料在能夠被處理之前，必須先載入記憶體才能進一步運算。

為了能夠順利處理資料，記憶體必須根據資料的型態，配置一個具有特定容量的空間，就如同一個用來儲存資料的盒子，並且透過變數名稱標示盒子的位置。

變數根據資料的特性設計，包含資料的類型與大小，簡述如下：

- **資料類型：**電腦所要處理的資料類型，例如整數或是浮點數，甚至更複雜的資料型態，例如陣列、集合等等。
- **資料大小：**可以儲存的資料量，例如單一字元或是多字元所組成的字串、特定範圍的整數或是具小數點的數值等等。

由於必須決定變數所要儲存的資料特性，因此在變數使用之前必須先經過宣告的動作，所謂的宣告，便是定義變數所屬的型態，而資料的型態會決定這個變數要用來儲存整數或是字串等特定型態的資料，同時也包含資料量的大小。

完成變數的宣告，接下來就可以針對這個變數進行存取，將指定的值儲存至這個變數所對應的記憶體空間，也稱之為「設值」，或是將資料從變數取出。

考慮以下的程式碼：

```
int x = 100  ;
```

其中定義了一個 int 型態的變數 x ，當這段程式碼執行完畢的時候，系統會根據 int 這個型態，配置一塊特定大小的記憶體空間給變數 x ，並且規範所能儲存的資料型態，空間大小則根據型態而定。

等號「=」右邊的值，會被儲存至左邊變數所指向的記憶體空間裡面，這個過程就是「設值」，如下圖：

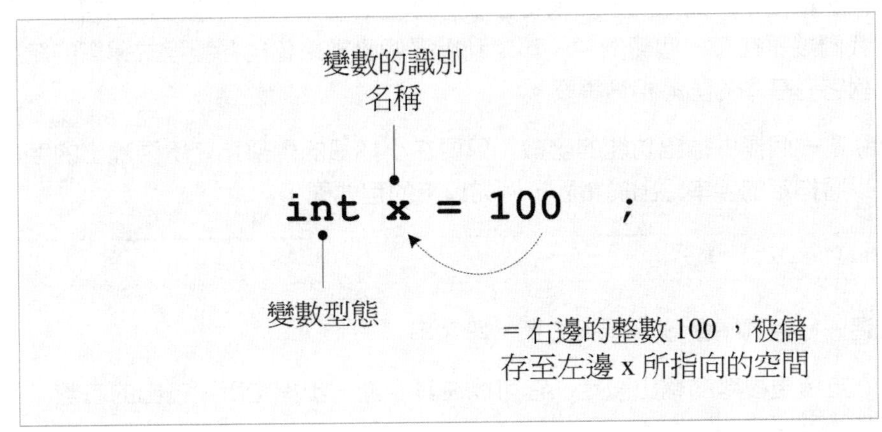

圖 2-1

變數一旦經過設值，它就可以被拿來使用，以這裡宣告的變數 x 為例，程式接下來就可以將其運用在各種運算，例如與其它的數值或是變數進行加總，或是將其輸出於畫面，而使用變數的過程，便是一種資料的讀取運算，將資料從變數所對應的記憶體中取出。

資料型態決定了記憶體空間允許儲存的資料種類以及資料量的大小，資料型態的細節，後文會有進一步的說明，底下先來看一個範例：

範例 2-1 使用變數

p0201_vardemo

```
001  #include <stdio.h>
002
003  int main()
004  {
005      int x = 100;
006      printf("%d \n", x);
007      return 0;
008  }
```

第 5 行完成變數的宣告，並且將 100 這個整數值指派給變數。

第 6 行引用 printf() 函數，將 x 的內容值輸出於畫面。

這個範例在執行完畢之後，會將整數值 100 輸出於畫面上。

2.1.2 關於 printf() 與資料輸出

在我們繼續往下討論之前，先來看看 printf() 這個函數，接下來的課程當中，你會看到我們幾乎在每一個範例中，都會利用這個函數來輸出各種程式運算的結果，因此對它有基本的認識相當重要。

printf() 是一個提供輸出功能的函數，只要在小括弧的內部指定所要輸出的字串，就可以將指定的字串輸出於畫面，例如以下的程式碼：

```
printf("Hello,C!") ;
```

執行這一行程式碼會輸出 Hello,C 這一段字串。

printf() 支援更複雜的輸出設定，它可以在其中進一步指定所要輸出的參數，並且將其插入字串當中，例如：

```
printf("馬雅預言 %d 地球新紀元", 2012)  ;
```

在緊接著字串後方小數點的 2012 這個數值，表示要插入字串特定位置的參數值，符號 %d 表示在這個位置要插入一個整數，最後輸出的結果如下：

```
馬雅預言 2012 地球新紀元
```

參數可以是一個變數，最後所插入的將會是變數的值。

另外，你可以插入一個以上的參數值，只要以「,」接續即可，但是在字串中必須有對應的 %d 符號，例如：

```
printf("%d 比 %d 大", 2000,1000)  ;
```

這會輸出以下的結果：

```
2000 比 1000 大。
```

我們來看一個簡單的範例。

範例 2-2 輸出訊息字串

p0202_printfdemo

```
001  #include <stdio.h>
002
003  int main()
004  {
005      int x = 100;
006      printf(" %d 是 %d 的兩倍 \n", 200, x);
007      return 0;
008  }
```

第 5 行宣告一個變數 x ，並且指定其值為 100。

第 6 行 printf() 裡面的字串包含兩個 %d ，表示整數值所要插入的位置，第一個 %d 位置所要插入的整數值是 200，第二個 %d 位置所要插入的整數是變數 x 的值，也就是第 5 行所指定的 100。

輸出的結果如下，無論是直接指定數值或是變數，效果均相同。

```
200 是 100 的兩倍
```

printf() 函數另外還有一個必須注意的地方，是關於資料的輸出型態，到目前為止由於讀者還沒有任何型態的知識，因此範例均是直接輸出整數，事實上還有數種不同型態的資料，包含具小數點的浮點數，或是字元資料等等，你必須指定不同的參數符號，相關的細節，後文討論型態時會有進一步的說明。

printf() 在第 4 章討論輸出與輸入的時候，會正式做完整的介紹。

2.1.3 變數宣告與資料存取

變數的宣告，不一定要直接設定變數值給它，我們經常會看到以下將宣告與設值分別獨立成一行的寫法：

```
001  int inumber   ;
002  inumber =1000   ;
```

第 1 行會設定一個空的變數 inumber ，它沒有任何內容，第 2 行才將一個指定的數值設定給這個宣告好的變數，過程如下頁圖：

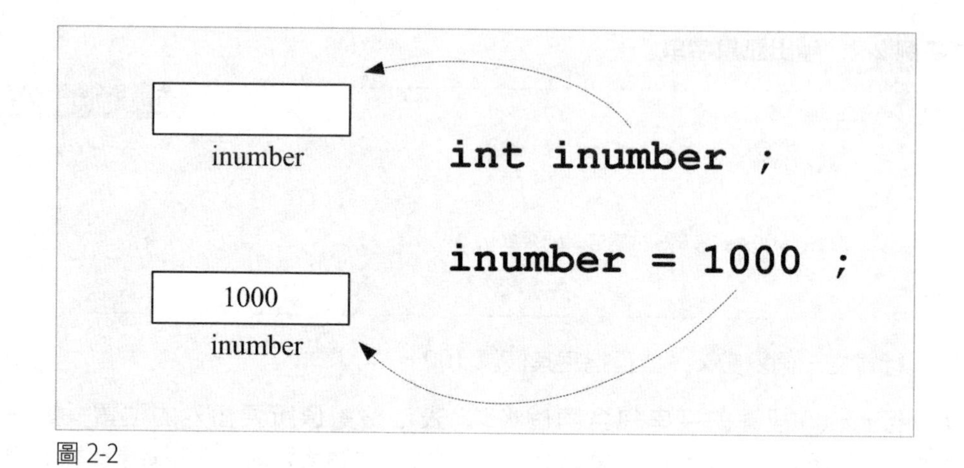

圖 2-2

inumber 預先宣告一個儲存空間，然後將 1000 指定給這個變數，儲存至其對應的空間，我們來看看相關的語法設計：

範例 2-3 變數宣告與設值

p0203_varset

```
001  #include <stdio.h>
002
003  int main()
004  {
005      int x = 100;
006      int y;
007      y = 300;
008      printf("x=%d,y=%d \n", x, y);
009      return 0;
010  }
```

這個範例比上述的範例稍微複雜一點，但是原理均相同。

第 5 行宣告變數 x ，並且將 100 這個值指派給 x。

第 6 行宣告變數 y ，然後第 7 行將 300 這個值指派給 y。

最後第 8 行將 x 與 y 這兩個變數的值輸出，得到以下的輸出結果：

```
x=100,y=300
```

這是最簡單的變數設定，另外在設值的過程中，數值必須能夠符合變數的型態規範，否則會產生溢位的情形，後文討論各種型態細節的時候，會逐一做說明。

2.1.4 同時宣告多個變數

當你要宣告的變數屬於同一種資料型態的時候，可以一次宣告多個變數，例如以下這一行程式碼：

```
int x,y,z   ;
```

這一行程式碼一次宣告了三個 int 型態的變數，一旦執行完畢之後，其中的 x、y 與 z 等三個變數，都可以接受 int 型態的數值資料。

範例 2-4 同時宣告變數與設值

p0204_varsets

```
001  #include <stdio.h>
002
003  int main()
004  {
005      int x, y, z;
006      x = 100;
007      y = 200;
008      z = 300;
009      printf("x=%d,y=%d,z=%d \n", x, y, z);
010      return 0;
011  }
```

第 5 行同時宣告三個變數，x、y 與 z ，然後第 6 ～ 8 行則分別將指定的值指派給這三個變數。

第 9 行輸出結果如下：

```
x=100,y=200,z=300
```

你也可以在一開始就指定部分的變數值，如下式：

```
int x=100,y,z ;
```

接下來再完成 y 與 z 的設值都是可以的。

如你所見，直接在一行程式碼裡面完成宣告以及設值，與分開宣告的意義是相同的，讀者可以自行決定以何種格式來書寫。

2.1.5 修改變數值

變數所儲存的值可以被任意修改，這也是它名稱的由來，只要符合它所宣告的資料型態定義即可，例如以下的程式碼：

```
001  int inumber    ;
002  inumber =1000   ;
003  inumber =2000   ;
```

第 1 行程式碼宣告了一個名稱為 inumber 的變數，第 2 行將一個 1000 的整數設定給它，緊接著第 3 行則重新設定它的值，指定了另外一個整數 2000 給這個變數，在這個過程中，inumber 的值會變成 2000，如果我們利用 printf 將其輸出，會得到一個 2000 的數字。

範例 2-5　修改變數的設值

p0205_varsetm

```
001  #include <stdio.h>
002
003  int main()
004  {
005      int x = 200;
006      int y = 300;
007      x = 789;
008      x = 123;
009      y = 456;
010      printf("x=%d,y=%d \n", x, y);
011      return 0;
012  }
```

第 5 行以及第 6 行，分別宣告了 int 變數 x 與 y ，並且指定初始值。

第 7 行將 789 指派給 x ，第 8 行再重新指派另外一個值 123，第 9 行則將 456 指派給 y。

第 10 行的輸出結果中，你會看到無論 x 或是 y ，結果是最後設定的值。

```
x=123,y=456
```

當然，你也可以將變數本身，指派給另外一個變數，這個時候，它的值會被複製到指派的變數中，來看另外一個範例：

範例 2-6 將變數指派給變數

p0206_varsetv

```
001  #include <stdio.h>
002
003  int main()
004  {
005      int x = 123;
006      int y = 300;
007      y = x;
008      printf("x=%d,y=%d \n", x, y);
009      return 0;
010  }
```

第 7 行將 x 直接指派給 y，因此 y 在這一行執行完畢之後，它的值與 x 完全相同，第 8 行輸出如下：

```
x=123,y=123
```

底下的圖示說明上述程式碼的相關運算：

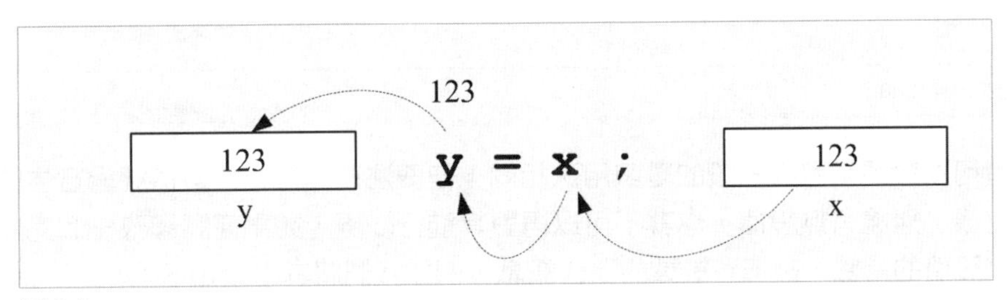

圖 2-3

讀者必須特別注意的是，雖然 x 的值被指定給 y，但是原來 x 的值依然存在，y 只是儲存了一個相同的新值，因此最後輸出的結果值均相同。

2.2 常數

應用程式設計的過程中經常會遇到一些固定的數值，圓周率 PI 即是一個非常典型的常數，這種類型的數值一旦完成宣告設定之後，就無法修改，當資料必須保持常值的時候，將其宣告為常數是比較合適的作法。

常數的宣告必須透過關鍵字 const ，語法如下：

```
const int x = 100 ;
```

與一般的變數宣告無異，只是多了 const 這個保留字，其中的 x 完成設值之後，就不能再更改，否則會造成應用程式的錯誤，我們來看以下的範例：

範例 2-7 常數

p0207_constdemo

```
001  #include <stdio.h>
002
003  int main()
004  {
005      const int x = 100;
006      printf("常數 x = %d \n", x);
007      return 0;
008  }
```

第 5 行宣告一個 const 常數 x ，並且將其值設為 100，第 6 行輸出這個值為 100，如下式：

```
常數 x = 100
```

讀者可以發現常數與一般的變數用法相同，但要注意的是，常數值經過宣告的程序之後，無論有無設值，你就不可以再對其進行變更，如果嘗試修改一個完成初始化設值的常數，會導致編譯的警告訊息，例如我們將其修改如下：

```
const int x = 100 ;
x = 200
```

重新編譯包含這兩行程式碼的檔案，會得到以下的輸出結果：

```
warning: assignment of read-only variable 'x'
```

其中的錯誤訊息，說明無法針對一個宣告為 const 的變數重新設值。

除了以 const 宣告的變數，一般的常值本身也是一種常數，例如下方的程式碼：

```
const int x = 100 ;
```

整數 100 即是一個整數常數，在程式中它可以被直接使用，或是如上式指定一個變數名稱給它，而 x 就成為這個值的識別字，這種常數稱為「literal」，後續討論各種資料型態時，我們會看到其它的型態常數，例如字元、浮點數等等。

literal 很單純，與一般使用的資料值沒有兩樣，只是在使用的時候必須注意搭配它的型態，例如字元必須指定單引號等等，這部分下一節討論資料型態時會有完整的說明。

另外還有一種表示常數的方法，於檔頭以 #define 預先定義處理，如此一來可以方便我們引用常數的內容，來看看以下的範例：

範例 2-8 #define 示範

p0208_definedemo

```
001  #include <stdio.h>
002
003  #define x 100
004  #define y 200
005  int main()
006  {
007      printf("常數 x=%d,y=%d \n", x, y);
008      return 0;
009  }
```

第 3 行與第 4 行利用 #define 預先宣告了 x 與 y 兩個常數的識別字，並且設定了它們的值分別是 100 與 200，接下來的第 7 行程式碼就可以對其進行引用，於畫面中輸出這兩個值，結果如下：

```
常數 x=100,y=200
```

接下來我們討論各種資料型態。

2.3 資料型態

從變數討論的過程中，我們看到了資料型態的重要性，它賦予了變數意義，同時告訴系統要配置多少空間的記憶體來儲存指定的資料物件，這一節我們要來看看其中的相關細節。

2.3.1 關於資料型態

C 語言提供了三種主要類型的資料型態，分別是整數、浮點數與字元，規範變數所能儲存的資料種類以及資料的大小，列舉如下表：

表 2-1

類型	型態	名稱	位元組	型態範圍
整數	short int (int)	短整數	2	- 32768 ~ 32767
	int	整數	4	- 2147483648 ~ 2147483647
	long int (long)	長整數	4	- 2147483648 ~ 2147483647
浮點數	float	浮點數	4	1.2E-38 ~ 3.4E+38
	double	倍精度浮點數	8	2.3E-308 ~ 1.7E+308
字元	char	字元	1	- 128 ~ 127 or 0 ~ 255

根據型態特性，列舉說明如下：

- **整數：**定義特定數值範圍，不帶小數點的整數值。
- **浮點數：**代表包含小數點位數的數值資料，資料大小範圍相較於整數要來得大許多，適合各種大型數值資料的運算。
- **字元：**表示一個單一位元組的字元。

char 用來表示字元，它佔據一個位元組，透過編碼以整數值的方式來儲存，嚴格說來，char 是比 short 還要小的一種整數資料型態，不過我們還是將其分開來討論。

short、int 與 long 這三個整數資料型態還有另外一種無號型態，透過 unsigned 關鍵字設定，列舉如下頁表格。

表 2-2

型態	名稱	位元組	型態範圍
unsigned short int	無號短整數	2	0 ~ 65535
unsigned int	無號整數	4	0 ~ 4294967295
unsigned long int	無號長整數	4	0 ~ 4294967295

無號整數只是將有號整數的正數範圍放大兩倍，並捨棄負數的部分，這對於需要絕對正值的整數資料處理相當有用，例如個人的身高與體重等等，我們可以透過宣告為此種型態的變數來儲存正數資料。

2.3.2 使用整數

整數資料型態用來表示無小數點的數值資料，不同的整數型態，short、int 與 long 的差異，主要在於它們所定義的大小，從上一個小節的表 2-1 中，讀者看到每一種型態均有其預先定義的大小範圍，你不可以將一個超出其定義範圍的值指定給宣告為此型態的變數。

無論何種型態，當你想要儲存整數型態資料時，必須先宣告它，這個部分前述討論變數時已說明，以下的程式碼說明如何宣告一個 short 型態的整數變數：

```
short s = 600   ;
```

當這一行程式碼執行完畢，會宣告一個 short 型態的整數變數 myshort ，系統會配置兩個位元組大小的空間來儲存這個變數的值，你只能將大小介於 -32768 ~ 32767 之間的數值指定給這個變數。

如果需要比較大的整數，可以考慮 long ，不過要注意的是，當你宣告了一個 long 型態的變數，指定給這個變數的數值最好同時標示一個 L（或是 l），如下式：

```
long x = 128L  ;
long x = 128l  ;
```

L 這個字母會告訴編譯器我們要明確指定一個 long 型態的數值給 x 這個變數，另外，第 2 行小寫的「l」效果相同。

一般而言，宣告為整數型態，使用 int 即可，如果是比較小量的資料，則宣告為 short 比較節省記憶體空間。

我們通常直接使用簡寫的型態名稱來宣告，你也可以使用前述表列的全名，例如：

```
short int s = 123   ;
long int x = 4561  ;
```

這兩行的宣告設值效果，同上述的程式碼。

2.3.3 無號整數

如果要宣告無號整數，只要指定關鍵字 unsigned 即可，例如以下程式碼：

```
unsigned int x = 100 ;
```

無號整數沒有負數，正數的範圍則擴充了一倍，允許你將更大的整數值指定給變數，以下透過一個範例進行說明：

範例 2-9 型態轉換錯誤

p0209_unsigned

```
001  #include <stdio.h>
002
003  int main()
004  {
005      short a = 32768;
006      unsigned short b = 32768;
007      short x = 65535;
008      unsigned short y = 65535;
009      printf("a:%d \n", a);
010      printf("b:%d \n", b);
011      printf("x:%d \n", x);
012      printf("y:%d \n", y);
013      return 0;
014  }
```

第 5 行宣告 short 變數 a ，並且指定其值為 32768，這個值超出了 short 允許的最大範圍。

第 6 行透過 unsigned 宣告了一個 short 型態的無號整數，並且將 32768 指定給這個變數，由於它是無號 short 變數，因此儲存超過 32767 的數值。

接來第 7 ～ 8 行同樣宣告有號與無號的 short 整數 x 與 y ，並且將 65535 指定給這兩個變數。

第 9 ～ 12 行則輸出變數的值，我們來看看輸出的結果，列舉如下：

```
a:-32768
b:32768
x:-1
y:65535
```

如你所見，由於 a 的最大範圍是 32767，因此當你將一個大於此值的數值指定給這個變數會造成「溢位」，得到不正確的結果，而 b 是無號整數 short 型態，因此可以容納至 65535 的整數。

x 與 y 的意義同 a 與 b ，65535 是 y 所允許的最大值，而 x 因為超出其允許的範圍，因此得到不正確的值，如下圖：

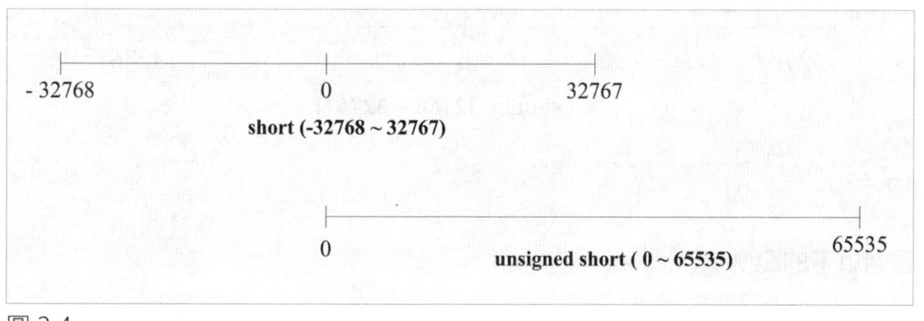

圖 2-4

如果是 short 型態變數，當指定的值超過 32767，它會回到最左邊，從 -327678 開始取值，這種情形稱之為「溢位」，當你將一個超過型態範圍的值，設定給宣告為此型態的變數，便會導致溢位的情形發生，我們繼續往下看。

2.3.4 不當設值溢位

宣告資料變數的時候必須選擇合適的型態，特別是當你使用了長度不足的型態變數來儲存數字時，會導致錯誤的結果。

如果設定給變數的數值超過了預先定義的型態範圍，就會造成溢位（overflow），來看看下頁的程式碼：

```
short s = 32768  ;
```

這段程式碼中的 s 被宣告為 short ，查詢表列的 short 型態，它所能儲存的整數最大值是 32767，這裡指定的數值顯然超過它所允許的範圍，因此導致程式發生溢位。

溢位將導致數值回頭從最小的值開始運算，由於 short 的數值範圍從 -32768 ～ 32767，因此超過了 32767 之後，沒有更大的位置可供配置，因此它從 -32768 重新開始，如下圖：

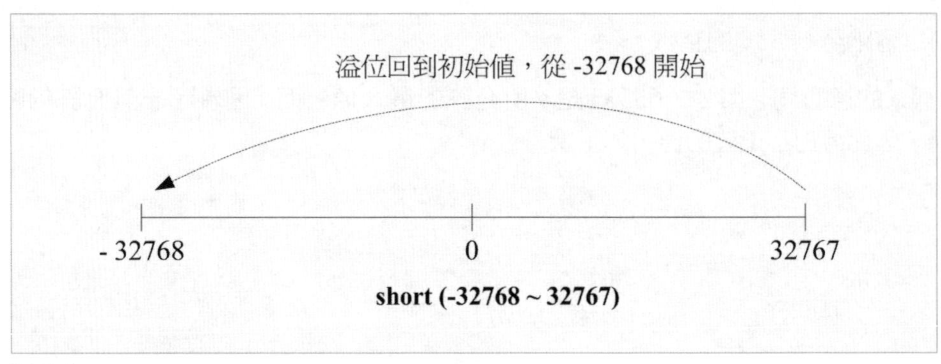

圖 2-5

來看看以下的範例：

範例 2-10　溢位示範

p0210_overflowdemo

```
001  #include <stdio.h>
002
003  int main()
004  {
005      short s = 32768;
006      printf("short 變數 s=%d \n", s);
007      return 0;
008  }
```

第 5 行是一個 short 型態變數，32768 這個值被設定給它，由於超出了 short 所允許的大小範圍，因此得到以下的結果：

```
short 變數 s=-32768
```

如果想要避免溢位的情形，選擇合適的型態是必須特別注意的地方。

2.3.5 浮點數型態

如果程式所要處理的數值資料本身有包含小數點，則必須以浮點數的資料型態宣告變數，例如以下這兩行程式碼：

```
001     double d = 100.123  ;
002     float f  =100.456f  ;
```

第 1 行宣告一個 double 型態的變數，並且指定了一個包含小數點的數值 100.123 給它，第 2 行所宣告的變數 myf 為 float 型態，它的值被設定為 100.456。

第 2 行的數值 100.456 後方連接了字母 f（也可以指定為 F），這個原理與稍早所討論的 long 相同，C 語言在預設的情形下，將所有包含小數點的浮點數當作 double 型態處理，如果想要以 float 型態處理數值，數值尾部必須加上一個 f 字母，強制以 float 的型態處理。直接將一個未以 f 標示的數字指定給 float 變數可以通過編譯，但是會有型態轉換問題，不建議這樣做。

我們甚至可以用科學符號來表示這兩種型態的數字，例如：

```
001 double d1 = 1.02e3
002 double d2 = 1.02E3
```

其中 E 或是 e 的意義均相同，它們表示 10 的次方，第 1 行程式碼宣告的變數 d1 其變數值為 1.02 乘上 10 的 3 次方，第 2 行程式碼的意義相同。

另外，當你要輸出一個浮點數型態的數值時，必須在 printf() 中指定 %f 的格式化符號，否則會得到錯誤的結果，而 %e 則表示以指數型態輸出。

範例 2-11 指數型態表示

P0211_edemo

```
001  #include <stdio.h>
002
003  int main()
004  {
005      float f = 123.4567892e6;
006      double d = 456.789E4;
007      printf("float 變數 s=%f \n", f);
008      printf("double 變數 s=%f \n", d);
009      printf("float 變數 s=%e \n", f);
010      printf("double 變數 s=%e \n", d);
011      return 0;
012  }
```

第 5 行宣告一個 float 型態的變數，並且以指數的型式，指定了一個具小數點的浮點數值，第 6 行宣告的則是 double 型態的變數。

接下來的第 7 ～ 10 行，分別以浮點數與指數的型式輸出 f 與 d 的值，其中 %f 以浮點數的格式輸出指定的值，因此指數的部分會被展開，而 %e 則是維持宣告時的指數格式。

執行這個範例會得到以下的輸出結果：

```
float 變數 s=123456792.000000
double 變數 s=4567890.000000
float 變數 s=1.234568e+008
double 變數 s=4.567890e+006
```

float 與 double 表示相當大的數值，如果你需要處理巨大的數字，這兩種型態是相當合適的選擇，而 double 的範圍比 float 大的多，前者可以處理高達十六個位數左右的數字，而 float 只能處理到最多八個位數，你可以根據需求選擇合適的型態，它們所能表示的位數不同，來看看以下的範例：

範例 2-12 浮點數型態

p0212_digitdemo

```
001  #include <stdio.h>
002
003  int main()
004  {
005      float f = 123.45678f;
006      double d = 123.45678;
007      printf("float 變數 s=%f \n", f);
008      printf("double 變數 s=%f \n", d);
009      return 0;
010  }
```

第 5 行與第 6 行分別建立了測試用的 float 與 double 變數，緊接著將其輸出，會得到以下的結果：

```
float 變數 f=123.456779
double 變數 d=123.456780
```

第 1 行輸出的結果並非我們在程式中第 5 行所指定的 123.45678，因為 float 的精確度無法完整輸出到八位數，而 double 則沒問題，所以第 2 行的輸出是正確的。

2.3.6 字元

嚴格說來，字元是一種整數型態的資料，不過由於它被用來處理文字，因此我們將其獨立出來討論。

char 用來表示單一字元，每一個字元會佔據單一位元組的空間，不同於上述討論的幾種數值資料型態，當你要設定一個字元的時候，必須以單引號做表示，例如以下兩行程式碼：

```
001  char c1='Z'  ;
002  char c2='Y'  ;
```

第 1 行程式碼宣告了一個 char 型態變數 c1，並且以單引號框住做為其值的單一字元 Z ，第 2 行程式碼則宣告另外一個 char 型態的變數 c2，這一次指定給它的是一個英文字母 Y。

範例 2-13　字元資料示範

p0213_chardemo

```
001  #include <stdio.h>
002
003  int main()
004  {
005      char c1 = 'Z';
006      char c2 = 'Y';
007      printf("char 變數 c1=%c \n", c1);
008      printf("char 變數 c2=%c \n", c2);
009      return 0;
010  }
```

第 5 行以及第 6 行分別宣告了 char 型態的變數，並且將一個單一字元指派給它，然後將其輸出，最後的顯示結果為 Z 與 Y 這兩個字元，列舉如下：

```
char 變數 c1=Z
char 變數 c2=Y
```

必須特別注意的是，其中的字元以單引號標示而非雙引號，另外，輸出格式必須指定為 %c。

一開始我們就已經強調了，字元是以數字表示的，它在電腦裡面被編碼成為對應的整數，根據不同的語言文字，有數種不同的編碼系統，而其中最廣為人知的便是 ASCII ，以此編碼系統為例，A 以 65 做表示，因此我們可以直接在程式中以整數表示特定的字元，例如以下這兩行程式碼：

```
001   char x =    65 ;    -> A
002   char y =    90 ;    -> Z
```

如果輸出 x 與 y 這兩個變數，則分別輸出 A 與 Z 這兩個字元，這兩行程式碼所指定的數字，是 A 與 Z 這兩個字元的 ASCII 字元碼。

範例 2-14 字元資料示範

p0214_charint

```
001   #include <stdio.h>
002
003   int main()
004   {
005       char c1 = 65;
006       char c2 = 90;
007       printf("char 變數 c1=%c \n", c1);
008       printf("char 變數 c2=%c \n", c2);
009       return 0;
010   }
```

第 5 行與第 6 行分別將指定的整數值 65 與 90 指派給 char 型態變數，然後於第 7 行與第 8 行將這兩個值輸出，最後得到以下的結果：

```
char 變數 c1=A
char 變數 c2=Z
```

65 是字元 A 的 ASCII 編碼，而 Z 的編碼則是 90，因此我們得到了上述的結果。關於 ASCII 的字元表與相關的說明，請參考附錄 B。

你可以透過指定 %d 輸出特定字元所對應的編碼值，例如以下的程式碼：

```
char x='A'  ;
```

雖然 x 是一個 char ，但是我們希望將其以整數的格式輸出，如果在 printf 函式中指定了 %d ，會得到 65 的輸出結果。

範例 2-15 以整數格式輸出

p0215_charintr

```
001  #include <stdio.h>
002
003  int main()
004  {
005      char c1 = 'A';
006      char c2 = 'a';
007      printf("A 的字元編碼 =%d \n", c1);
008      printf("a 的字元編碼 =%d \n", c2);
009
010      return 0;
011  }
```

如上述的說明，我們分別指定了 A 與 a 兩個字元的變數，然後以 %d 格式符號指定輸出其對應的編碼，因此得到以下的結果：

```
A 的字元編碼 =65
a 的字元編碼 =97
```

一般的字元，例如 A 或是 X ，相信你很容易理解，但是請特別注意數值資料的情況，0 ～ 9 這十個數字，如果以單引號標示，則表示一個字元，否則的話，則代表此編碼的對應字元。

範例 2-16 單引號標示數字

p0216_charintc

```
001  #include <stdio.h>
002
003  int main()
004  {
005      char c1 = '9';
006      char c2 = 9;
007      printf("c1 變數 = %c \n", c1);
008      printf("c2 變數 = %c \n", c2);
009      return 0;
010  }
```

第 5 行將一個 9 的字元指派給 c1 這個變數，而第 6 行指派給 c2 的則是數值 9，第 7 行與第 8 行分別將其所表示的字元逐一輸出，得到以下的結果：

```
c1 變數 = 9
c2 變數 =
```

第 1 行將 9 當作字元輸出，第 2 行則是將 9 這個數值視為 ASCII 編碼，輸出所代表的字元。

與文字有關的還有字串，一個字串是數個字元的組合，例如 kangting 是一個字串，必須以雙引號 "kangting" 做表示，我們在 printf 中所輸出的結果訊息都是字串，因此你會看到其中必須用雙引號包起來，這一部分於第 9 章討論陣列與字串的時候進行說明。

2.3.7 跳脫字元

某些特殊的符號，例如斷行、單引號等等，並沒有辦法直接在程式碼中用鍵盤敲入對應的字元做表示，此時我們可以藉由跳脫字元來要求系統輸出這些特殊字元，列舉如下：

表 2-3

跳脫字元	意義說明	ASCII
\a	警告（alert）	7
\b	退格鍵（backspace）	8
\t	水平跳格鍵（tab）	9
\n	換行（line feed）	10
\r	回復鍵（carriage return）	13
\0	字串結束（null character）	0
\"	雙引號（double quote "）	34
\'	單引號（single quote '）	39
\\	倒斜線（backslash）	92

底下範例示範如何輸出指定的跳脫字元：

範例 2-17 輸出跳脫字元

p0217_echar

```
001  #include <stdio.h>
002
003  int main()
004  {
005      char c1 = 9;
006      char c2 = 10;
007      printf("c1 = [%c] \n", c1);
```

```
008     printf("c2 變數 = [%c] \n", c2);
009     return 0;
010 }
```

第 5 行的 c1 指定了 9，它是一個 \t ，會跳一個 tab 的位置，第 6 行則是 10，它會插入一個斷行，因此第 7 行與第 8 行最後輸出以下的結果：

```
c1 = [   ]
c2 變數 = [
]
```

如你所見，第 1 行輸出的結果，其中跳了一格，第 2 行則是一個斷行。

你可以直接將跳脫字元插入字串中，來看看以下的範例：

範例 2-18 字串與跳脫字元

p0218_cstr

```
001 #include <stdio.h>
002
003 int main()
004 {
005     printf("康廷數位\twww.kangting.tw\n");
006     printf("康廷數位\nwww.kangting.tw\n");
007     return 0;
008 }
```

第 5 行與第 6 行，分別輸出一行指定的字串，第 5 行的字串中間，插入了一個 \t ，而第 6 行的字串中間，則插入了一個 \n ，最後我們得到以下的輸出結果：

```
康廷數位        www.kangting.tw
康廷數位
www.kangting.tw
```

第 1 行的輸出字串，中文與英文之間，插入了一個空白，這是 \t 所造成的效果，第 2 行與第 3 行則斷行輸出，這是 \n 所造成的效果。

從這裡的說明，你現在應該可以理解，我們為何在 printf 的輸出參數裡面，指定了 \n 這個跳脫字元，如此一來才能讓每一段輸出適當的斷行以方便檢視。

另外，單引號、雙引號以及倒斜線，這些代表特殊意義的字元無法如一般字元直接被輸出，以下的程式碼可以讓我們順利指定此特殊字元：

```
char c = '\''    ;
```

來看看其中引號的內容「'\''」，如下圖，左右兩邊的單引號用來標示字元，中間的單引號則是要輸出的內容，倒斜線則表示這是跳脫字元，如此一來便能正確的輸出其中的單引號。

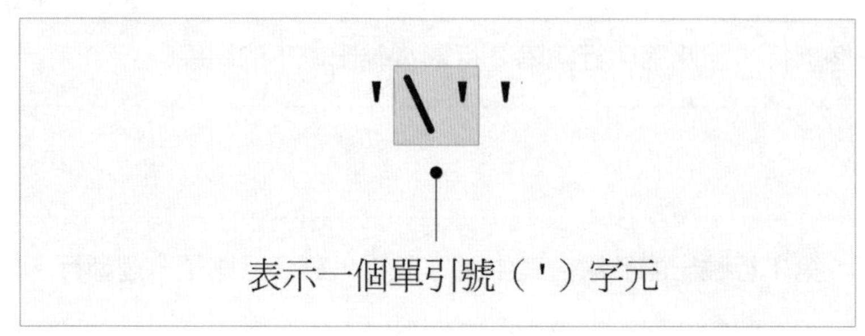

圖 2-6

現在回頭檢視這些跳脫字元，可以發現它們均是由倒斜線加上一個特殊字元所組成。

範例 2-19　跳脫字元

p0219_sstr

```
001  #include <stdio.h>
002
003  int main()
004  {
005      char c1 = '\'';
006      char c2 = '\"';
007      printf("c1 = [%c] \n", c1);
008      printf("c2 = [%c] \n", c2);
009      printf("[\'\"] \n");
010      return 0;
011  }
```

第 5 行將單引號設定給 c1，第 6 行則將雙引號設定給 c2，由於這兩個字元都有特定的用途，因此不能直接使用，我們透過跳脫字元處理，因此第 7 行以及第 8 行可以順利輸出。

第 9 行直接將「\'」與「\"」合併做輸出，最後得到以下的結果：

```
c1 = [']
c2 = ["]
['"]
```

請比對其中的程式碼，無論是單引號或是雙引號均順利輸出，程式碼中的倒斜線做為跳脫字元的識別符號，所以沒有跟著一起輸出。

2.3.8 關於布林型態

某些程式語言提供一種稱為「布林」的資料型態，這種資料型態用來表示 true 與 false 等兩種可能的值，true 表示真的狀態，false 則是偽的狀態，C 語言並沒有此種型態，它以 0 與非 0 的整數值做表示。

當一個運算式最後得到非 0 的結果，被視為 true ，表示這個運算式成立，反之若是結果為 0，則表示為 false ，代表運算式不成立。

我們來看一個簡單的範例：

範例 2-20 布林型態示範

p0220_boolean

```
001  #include <stdio.h>
002
003  int main()
004  {
005      int b;
006      b = 300 < 200;
007      printf("300<200:%d \n", b);
008      b = 300 > 200;
009      printf("300>200:%d \n", b);
010      return 0;
011  }
```

第 5 行宣告一個 int 型態的變數 b ，儲存整數值。

第 6 行將運算式 300<200 的比較結果指定給 b ，緊接著第 7 行輸出 b。

第 8 行則執行 300>200 的比較運算，結果同樣指定給 b ，最後第 9 行再次輸出 b。

來看看這個範例的執行結果，執行後輸出內容如下：

```
300<200:0
300>200:1
```

第 1 行是運算式 300<200 的運算結果，由於 300 這個值比 200 大，因此運算式的比較結果不成立，結果為 false ，輸出值為 0。

第 2 行是運算式 300>200 的運算結果，結果成立，因此輸出為非 0 的值。

這裡要再特別強調的是，值 0 被用來表示 false ，非 0 的值則是 true ，而上述範例的結果值 1 是一個非 0 的值，因此它是 true ，C 語言將所有非 0 的值視為 true。

2.4 型態轉換

到目前為止，我們完成了各種基本資料型態的討論，最後來看一個非常重要的議題—型態轉換，這是相當普遍的運算，它允許我們將某個型態的變數，轉換成另外一種型態，所需的語法如下所示：

```
(type)var ;
```

小括弧中的 type 為所要轉換的目標型態，var 則是所要轉換的變數，這一行程式碼會將變數 var 從它原來的型態轉換成 type 型態。

範例 2-21 型態轉換

p0221_typec

```
001  #include <stdio.h>
002
003  int main()
004  {
005      int x = 100;
006      float y = 100.001;
007      float a = (float)x;
008      int b = (int)y;
009      printf("x:%d \n", x);
010      printf("y:%6.3f \n", y);
011      printf("a:%6.3f \n", a);
012      printf("b:%d \n", b);
013      return 0;
014  }
```

第 5 行宣告一個 int 型態的變數 x ，並且初始化其值為 100。

第 6 行另外宣告一個 float 型態的變數 y ，其值初始化為 100.001 。

第 7 行則透過轉型，將 int 型態的 x 轉換成為 float 型態，並且將結果儲存至 a ，第 8 行則是將 float 型態的 y 轉換成為 int 型態，然後儲存至 b。

```
x:100
y:100.001
a:100.000
b:100
```

x 與 y 是原來的值，a 是 x 轉型之後的值，由於 x 本來是整數 100，因此轉型之後是浮點數，但是沒有小數點位數的值，而 b 則是 y 被轉型之後的整數，因此它的小數點被捨去，只是一個 100 的整數。

轉型必須小心為之，否則會導致資料的錯誤，就如同這個範例中的 float 型態被轉型成為 int ，小數點會被無條件捨去。記住一個原則，將大範圍型態轉換為小範圍型態，會導致資料的遺失，除非確定轉型是你所想要的，否則應該避免這種行為。

除了小數點位數的遺失，我們另外來看看大範圍位數轉換成小範圍的錯誤，底下的範例示範相關的說明：

範例 2-22　型態轉換錯誤

p0222_typecerr

```
001  #include <stdio.h>
002
003  int main()
004  {
005      int x = 32767 + 1;
006      short s = (short)x;
007      printf("x:%d \n", x);
008      printf("s:%d \n", s);
009      return 0;
010  }
```

第 5 行宣告的 int 整數變數，其值為 32767 加 1 等於 32768，而 32767 為 short 型態的最大值。

第 6 行宣告的是一個 short 型態的變數 s ，並且透過型態轉換將 x 轉換成為 short 然後設定給 s。

接下來的第 7 行以及第 8 行，分別輸出 x 與 s 的值，我們來看看這兩個值的結果，列舉如下：

```
x:32768
s:-32768
```

由於 32768 已經超過了 short 的最大允許範圍，因此變數 s 的值變成了 -32768，發生了不當設值溢位的情形。

透過這一節的說明，讀者對於型態轉換應該具備了基礎的概念，在程式設計的過程中，應該儘量避免可能發生的型態轉換錯誤。

結論

本章針對 C 語言的基本語法元素進行完整的說明，讀者在完成本章的學習課程之後，已經具備了使用 C 語言的基礎能力。下一章開始，我們將針對各種構成運算式的運算子進行相關探討，這一部分將建立讀者設計運算式的能力，也是建構具有完整邏輯內容程式的基礎。

摘要

2.1

- 變數的特性：資料種類與資料大小。
- 變數的宣告決定變數的特性。
- 設值的過程，是將等號「=」右邊的值，設定給左邊變數所指向的記憶體空間。
- printf() 函數提供輸出功能，可以直接指定要輸出的字串，或是透過參數設定更複雜的輸出，多參數以「,」隔開即可。
- 變數可以先宣告，再設值。
- 數個相同資料型態的變數，可以一次同時宣告。
- 變數的值可以透過等號「=」重新設值，任意修改。

2.2

- 常數的值無法修改，必須透過關鍵字 const 宣告。
- #define 可以用來預先定義檔案中所要使用的常數。

2.3

- 資料型態包含以下幾類：
  - 整數：不帶小數點的整數值。
  - 浮點數：包含小數點位數的數值資料。
  - 字元：單一位元組的字元。
- unsigned 用來定義無號型態的整數。
- 無號整數將有號整數的正數範圍放大兩倍，並捨棄負數的部分。

- 整數資料型態表示無小數點的數值資料，包含長度從小到大的 short、int 與 long。
- L(l) 用來標示 long 型態的整數。
- 設定給變數的數值超過了預先定義的型態範圍，會造成溢位錯誤。
- 在預設的情形下，浮點數被當作 double 型態處理。
- F(f) 用來標示 float 型態的整數。
- 格式化符號 %f 表示輸出浮點數型態的數值，而 %e 則表示以指數型態輸出。
- 字元 char 是一種整數型態的資料，每一個字元會佔據單一位元組空間。
- 字元以單引號做表示。
- 透過 %d 輸出字元，會得到其對應的編碼數值。
- 數字 0 ～ 9 以單引號標示，表示一個字元而非數值。
- 跳脫字元用來表示特殊符號。
- C 語言以 0 與非 0 的整數值表示布林值，非 0 的值被視為 true ，表示這個運算式成立，反之 0 表示為 false ，代表運算式不成立。

2.4

- 型態轉換是將某個型態的變數，轉換成另外一種型態。
- 將大範圍型態轉換為小範圍型態，會導致資料的遺失。
- 適當的轉型可以在資料運算的過程中，避免資料遺失。

學習評量

2.1

1. 簡述變數的意義與用途？
2. 簡述變數的兩種特性。
3. 變數使用之前，為何必須先經過宣告？
4. 試說明底下這一行程式碼的意義。

```
int x = 2012  ;
```

5. 試撰寫一支程式，宣告兩個 int 變數，x 與 y ，並且設定 x 的值 3600，y 的值為 7200。
6. 嘗試以一行程式碼，宣告三個 int 變數，並且將其命名為 a、b、c。
7. 考慮以下三段程式碼，並回答其中提出的問題。

   a. 請問最後輸出的 x 值是多少？

```
001  int x ;
002  x = 123 ;
003  x = 456 ;
```

   b. 請問最後輸出的 y 值是多少？

```
001  int x = 123 ;
002  int y = 456 ;
003  y = x ;
```

   c. 請問最後輸出的 z 值是多少？

```
001  int x,y,z ;
002  x = 123 ;
003  y = 456 ;
004  x = y ;
005  z = x ;
```

2.2

8. 底下這一行程式碼，宣告了一個變數 x ，記錄水的沸點：

```
const int x = 100 ;
```

這一行程式碼一開始的地方，引用了關鍵字 const ，請問意義為何？

9. 承上題，請說明以下的程式碼，會有什麼問題？

```
001  const int x = 100 ;
002  x= 99 ;
```

10. 考慮以下的程式碼：

```
#define y 200
```

請說明如此宣告變數 y 的意義，還有它的值將為何？

2.3

11. 除了 char 之外，簡述整數型態的三種基本資料型態。
12. char 用來表示字元，不過它卻是一種整數型態，請說明原因為何？
13. 無號整數型態的宣告關鍵字為何？
14. 承上題，無號整數型態與有號整數型態，數值範圍的大小差別為何？
15. 考慮以下的程式碼，其中第 1 行的 L 與第 2 行的 l ，意義為何？

```
long x = 369L  ;
long x = 157l  ;
```

16. 考慮以下的程式碼：

```
001  short a = 32768 ;
002  unsigned short b = 32768 ;
003  short x = 65535 ;
004  unsigned short y = 65535 ;
```

請分別指出，a、b、x 與 y 的輸出結果值為何？

17. 承上題，導致輸出結果的原因是因為溢位的關係，請說明何謂溢位？
18. 考慮以下兩行程式碼，請說明其中 e 與 E 的意義。

```
001  double x = 1.33e3
002  double y = 1.44E4
```

19. 承上題，想要以 printf 輸出其中的 x 與 y 變數，必須使用何種格式碼？如果想要以指數型態輸出所需的格式碼又是什麼？
20. 請問一個字元會佔據幾個位元組空間？

21. 考慮以下的程式碼，其中宣告了一個 char 型態的字元變數，並且將 x 指定給變數，這行程式碼有什麼問題？

```
char x = A  ;
```

22. 請問引用 printf 輸出 char 型態的變數值，所需的格式符號為何？
23. 考慮以下的程式碼，請問最後 a 與 b 輸出值的對應用字元為何？

```
001  char a=72  ;
002  char b=85  ;
```

24. 承上題，底下的兩行程式碼，分別輸出 a 與 b 的值，請說明輸出結果為何？

```
printf("a=%d \n",a);
printf("b=%c \n",b);
```

25. 請說明以下兩行程式碼，其中變數 a 與 b 的值有何差異，其值為何？

```
001  char a = '9' ;
002  char b = 9 ;
```

26. 考慮以下的程式碼，請說明最後輸出結果為何？

```
printf("Alice \nin \nWonderland");
```

27. 考慮以下的程式碼：

```
char c1 = '\\' ;
```

請說明其中單引號以及「\」的意義，並說明輸出結果。

28. 請說明何為「布林」資料型態？ C 語言如何表示這種型態的資料？

2.4

29. 假設宣告了一個 int 型態變數 x ，並且指定以下的運算：

```
float a =(float)x  ;
```

簡述其中 (float) 的意義，a 是何種型態？

30. 考慮以下的程式碼，請說明其中會有什麼問題：

```
001  int x = 32767+1 ;
002  short s =(short)x ;
```

03 運算子

本章針對負責功能實作的程式碼內容進行詳細的說明，相關的議題包含了運算子、運算式與程式敘述，讀者將在這一章看到如何組合這些元素，撰寫實現特定運算邏輯的運算式，最後整合為完整的程式敘述，建立可獨立執行的運算單元。

3.1 程式敘述與運算式

入門程式設計師經常不清楚傳統的數學運算式與程式運算式之間的差異，而運算式與可執行的程式敘述之間的差異為何？它們又有何關聯？想要瞭解這些複雜的語法元素，主要關鍵在於運算子的運用，也就是這一章要討論的主題。在我們進入相關議題的討論之前，從整體的概念開始釐清這些元素之間的關係。

程式由一行行的程式敘述所組成，並且以「;」結尾，建立應用程式所要提供的功能，而最簡單的程式敘述，可以由單一的運算式所組成，到目前為止，本書的範例內容均是此種簡單的程式敘述，而某些比較複雜的程式敘述，可以由數個運算式結合而成。

來看以下的程式範例，這是一個攝氏與華氏溫度轉換程式：

範例 3-1 程式敘述

p0301_statement

```
001  #include <stdio.h>
002
003  int main()
004  {
005      double c = 100;
006      double f = c * (9.0 / 5.0) + 32;
007      printf("攝氏 100 度 = 華式 %f 度 \n", f);
008      return 0;
009  }
```

第 5 行宣告並且設定變數 c 的初始值，代表一個特定的攝氏溫度。

第 6 行則是轉換公式，其中包含了數個運算式，第一段運算式是 9 除以 5，第二段運算則是將 c 乘上 9 除以 5 的結果，然後第三段運算式，則是將最後的結果加上 32。

這個範例的輸出結果如下：

```
攝氏 100 度 = 華式 212.000000 度
```

讀者可以自行修改其中變數 c 的值，檢視各種溫度的轉換結果。

從這個範例的實作內容當中，你可以看到這些四則運算的邏輯與傳統數學是相同的，只是最後的結果被設定給一個變數，透過這個變數取得運算的結果。

3.2 運算子

變數與資料型態提供資料存取運算所需的功能，運算子則負責串接變數，定義具有特定運算邏輯的運算式，構成可獨立執行的程式敘述。運算子以特定的符號做表示，傳統的數學四則運算符號、提供大於等於運算邏輯的比對符號，甚至設值符號「=」均是運算子，這一節我們透過分類逐一討論運算子與各種運算式的組成。

3.2.1 運算元與運算子

運算式主要包含了兩個部分，運算元與運算子，前述章節的語法範例中，我們已經看過了包含簡單運算子的運算式，例如執行設值運算的符號「=」，它是一種設值運算子，會將運算子右邊的數值儲存至左邊的變數，如下圖的運算式：

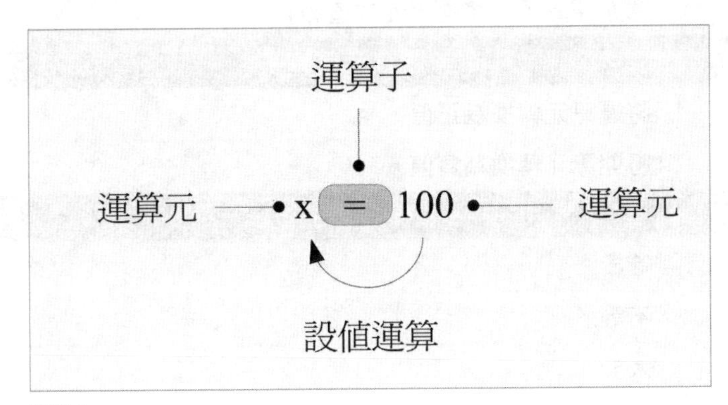

圖3-1

運算子右邊的數值 100 以及左邊的變數 x 是運算元，當這行程式碼執行完畢之後，變數 x 的值將是 100 。

程式執行的過程，基本上是各種運算子針對特定運算元執行其專屬的邏輯運算作業，因此瞭解各種運算子的意義，才有辦法寫出具備各種運算功能的邏輯程式碼。

下表列舉相關的 C 語言運算子：

表 3-1

設值運算子	
=	設值運算。
算數運算子	
+	加法運算（同時用於字串的合併運算）。
-	減法運算。
*	乘法運算。
/	除法運算。
%	餘數運算。
++	遞增運算子，將運算元的值加1。
--	遞減運算子，將運算元的值減1。
單一運算元運算子	
+	將運算元轉換為正值。
-	將運算元轉換為負值。
關係運算子	
==	等於
!=	不等於
>	大於
>=	大於等於
<	小於
<=	小於等於
邏輯運算子	
&&	邏輯 AND 運算。
||	邏輯 OR 運算。
!	邏輯反向運算，反轉 boolean 值。
條件式運算子	
?:	三元運算子（if-then-else 陳述式的簡寫）。

有了相關概念之後，接下來針對表列的運算子逐一做說明。

3.2.2 設值運算子

設值運算子是最普遍的運算子，到目前為止的範例，我們大量使用了設值運算子進行變數的設值運算，前一節亦做了討論，它很單純，基本上就是將運算子右邊運算元的值設定給左邊的運算元，也就是變數，我們來看一個範例：

範例 3-2 設值示範

p0302_assign

```
001  #include <stdio.h>
002
003  int main()
004  {
005      int c = 100;
006      int x = c;
007      printf("c 的值等於 %d\n", c);
008      printf("x 的值等於 %d\n", x);
009      return 0;
010  }
```

第 5 行將 100 這個數值設定給左邊的 int 型態變數 c ，第 6 行則是將 c 這個變數的變數值，設定給左邊的 int 型態變數 x ，因此最後第 7 行與第 8 行輸出的結果都是 100。

```
c 的值等於 100
x 的值等於 100
```

下圖說明這個範例的運算邏輯：

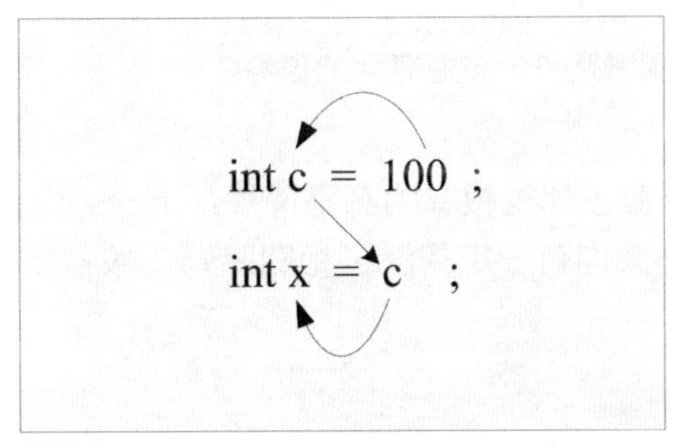

圖3-2

初學者很容易混淆「=」與關係運算子「==」，將其誤用於兩個運算元的比較運算，這個部分後續討論關係運算子時會進一步做說明。

設值運算子「=」不僅可以進行單純的設值，它甚至接受一段運算式，如此一來運算式的結果將會被指定給左邊的變數，例如以下這一行程式碼：

```
double d = a+b ;
```

運算子「=」右邊是一個加法運算式，a 加上 b 之後的值，會被指定給 d ，這也是合法的設值運算，當然，這牽涉到其它的運算子，稍後會有進一步的說明，讀者在這裡要謹記在心的是，無論運算式多麼複雜，「=」右邊的運算式會全部運算完成取得結果值，再設定給左邊的運算元。

3.2.3 算數運算子

這一節來看看算數運算子，下表列舉相關可用的運算子：

表 3-2

運算子	說明	語法範例
+	提供兩個運算元的數學加總運算。	x+y
-	提供兩個運算元的數學減法運算。	x-y
*	提供兩個運算元的數學乘法運算。	x*y
/	提供兩個運算元的數學除法運算。	x/y
%	提供兩個運算元的餘數運算。	x%y
++	遞增運算子，將運算元的值加 1 。	x++
--	遞減運算子，將運算元的值減 1 。	y--

基本上，這一類的運算子就是數學的四則運算加上一個餘數運算子「%」，由於我們對數學的四則運算均有一定認識，相關邏輯比較容易理解，下頁來看一個範例：

範例 3-3 數學四則運算

p0303_math

```
001  #include <stdio.h>
002
003  int main()
004  {
005      double a = 125;
006      double b = 25;
007      double result = a + b;
008      printf("a+b 等於 %f\n", result);
009      result = a - b;
010      printf("a-b 等於 %f\n", result);
011      result = a * b;
012      printf("a*b 等於 %f\n", result);
013      result = a / b;
014      printf("a/b 等於 %f\n", result);
015      return 0;
016  }
```

第 5 ～ 6 行宣告了 a 與 b 兩個變數，並且設定其值為 125 與 25，接下來第 7 行針對 a 與 b 兩個變數進行加法運算，125 與 25 相加變成 150，然後第 8 行加總後的結果輸出。

剩下的程式碼執行其它的四則運算，來看看輸出的結果，列舉如下：

```
a+b 等於 150.000000
a-b 等於 100.000000
a*b 等於 3125.000000
a/b 等於 5.000000
```

算數運算子並不困難，只要具備基本的數學能力即可運用，反而是在運算過程中，因為運算結果值超出指定型態範圍大小的錯誤必須特別注意，第 2 章討論變數型態的時候，曾經提及運算過程所產生的溢位問題，來看以下的範例：

範例 3-4 運算結果溢位

p0304_overflow

```
001  #include <stdio.h>
002
003  int main()
004  {
005      int a = 2147483647;
006      int b = 2;
007      int result = a + b;
008      printf("a+b 等於 %d\n", result);
009      return 0;
010  }
```

第 5 行設定給 a 的值，是 int 型態的最大值，第 6 行是 2，第 7 行加總 a 與 b ，結果將會超出 int 型態所允許的數值範圍。

以下是輸出結果：

```
a+b 等於 -2147483647
```

如你所見，這裡所得到的結果是 -2147483647，而非 2147483647，因為它超出了 int 型態所允許的最大值造成溢位，結果從負數的最小值開始算起。

這一節最後我們來看看「%」運算子，它會針對兩個運算元進行除法運算，然後取得其餘數回傳，因此也稱之為「餘數運算子」。

假設有兩個變數，a 與 b ，其中 a 的值等於 100，b 的值等於 3，則 a%b 的結果將會是 100/3 之後的餘數 1。

範例 3-5 餘數運算子

p0305_moddemo

```
001  #include <stdio.h>
002
003  int main() {
004      int a = 10;
005      int b = 4;
006      int c = 2;
007      int v1 = a % b;
008      printf("a/b 的餘數 :%d \n", v1);
009      int v2 = a % c;
010      printf("a/c 的餘數 :%d \n", v2);
011      return 0;
012  }
```

第 4 行～第 6 行分別宣告三個用來測試的 int 型態變數 a 、b 與 c。

第 7 行針對 a 與 b 進行餘數運算，第 9 行則針對 a 與 c 進行餘數運算。

第 8 行以及第 10 行則分別輸出餘數運算的結果。

```
a/b 的餘數 :2
a/c 的餘數 :0
```

如你所見，第 1 行是 10 除以 4 所得到的餘數 2，第 2 行則是 10 除以 2，得到餘數為 0。

緊接著我們來看看另外兩個遞增與遞減運算子。

「++」與「--」分別針對運算元執行遞增與遞減的運算，這是最簡單的運算式，它可以獨立成為一行可執行的程式敘述：

```
001     int x = 100  ;
002     x++  ;
003     int y = 50  ;
004     y--   ;
```

第 1 行宣告一個變數 x ，並且將其值設為 100，第 2 行引用「++」運算子執行遞增運算，x 本身的值會加 1，變成 101。第 3 行則是宣告一個 int 型態的變數 y ，並且將其值設為 50，第 4 行執行「--」運算，y 此時的值變成 49。

下圖說明「++」的遞增行為，x 本身會對自己執行加 1 的遞增運算，然後再將執行結果指定給自己。

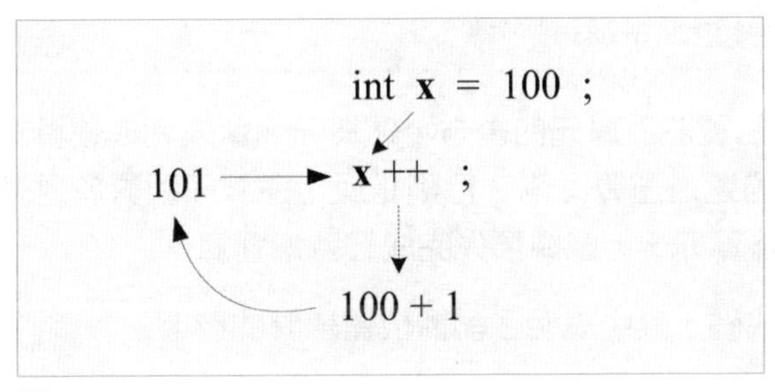

圖3-3

由於最後的結果儲存給自己，因此 x++ 本身就可以成為一個完整獨立的程式敘述，事實上，這個運算式與底下的運算式結果是相同的：

```
x = x+1 ;
```

底下的範例針對遞增與遞減運算子，實作一個簡短的範例：

範例 3-6　遞增與遞減運算子

p0306_unaryidop

```
001  #include <stdio.h>
002
003  int main()
004  {
005      int x = 100;
006      int y = 100;
007      x++;
008      y--;
009      printf("x 等於 %d\n", x);
010      printf("y 等於 %d\n", y);
011      return 0;
012  }
```

第 5 行與第 6 行宣告了 x 與 y 變數，並且設定了變數值。

第 7 行針對 x 執行「++」運算，第 8 行則是針對 y 執行「--」運算，底下是第 9 行與第 10 行的輸出結果。

```
x 等於 101
y 等於 99
```

遞增／遞減運算子，可以套用在運算元之前或是之後，以「++」為例，底下的兩行程式碼均合法：

```
001   x++   ; // 後置運算（postfix）
002   ++x   ; // 前置運算（prefix）
```

第 1 行將「++」配置於運算元的後方，運算元 x 會先完成運算式中的運算，然後再進行自己本身的遞增運算；第 2 行則相反，運算子配置於運算元的前方，運算式中用來運算的運算元 x ，已經預先完成了遞增運算。

底下來看一段程式碼，其中說明了配置位置差異的影響。

```
001   int x = 100 ;
002   int y = 50  ;
003   int result    ;
004   result = x++  ; // 後置運算，result 是 100，x 是 101
005   result = ++y  ; // 前置運算，result 是 51，y 是 51
```

第 4 行會先將 x 原來的值指定給 result 再執行遞增的運算，當這一行執行完畢之後，result 所得到的值是未遞增之前的值，也就是 100，而 x 本身最後還是會完成遞增的運算，因此結果值為 101。

第 5 行的情形則相反，其中的 y 會先執行遞增運算，完成之後，再將結果指定給 result ，當這一行程式碼執行完畢之後，無論 result 或是 y 這兩個變數值的結果均是 51。

讀者可能對其中的遞增與遞減運算感到混淆，我們將其整理如下頁圖：

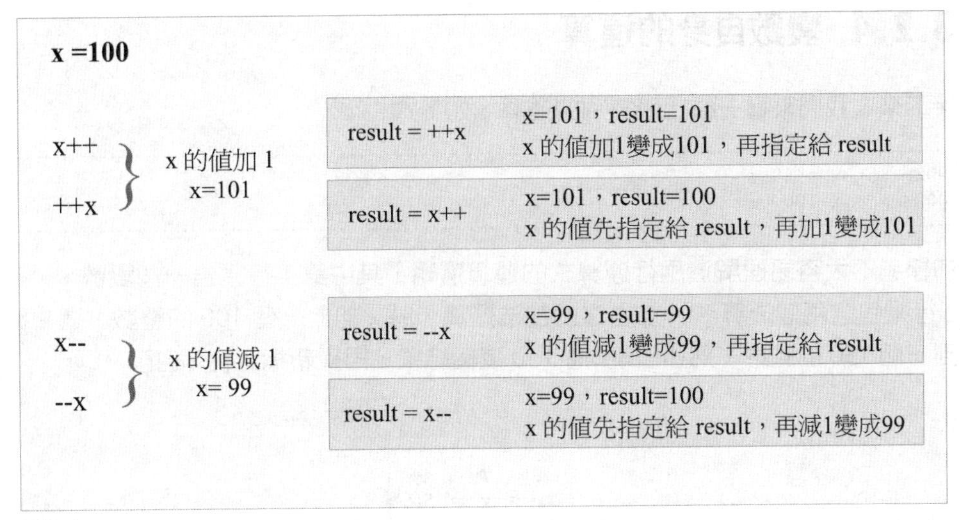

圖3-4

底下利用一個範例說明上述列表的內容：

範例 3-7 遞增 / 遞減的前置與後置

p0307_pfixop

```
001  #include <stdio.h>
002
003  int main()
004  {
005      int result = 0;
006      int x;
007      x = 100;
008      result = ++x;
009      printf("++x=%d,result=%d \n", x, result);
010      x = 100;
011      result = x++;
012      printf("x++=%d,result=%d \n", x, result);
013      return 0;
014  }
```

第 7 行將 x 設定為 100，然後執行「++x」，緊接著第 9 行輸出結果，第 11 行則是執行「x++」運算，第 12 行輸出執行結果。

```
++x=101,result=101
x++=101,result=100
```

從輸出結果可以很明顯看出差異，x 最後的結果都是 101，但是 result 則分別是 101 與 100。

3.2.4 變數自身的運算

接下來，我們來看一種比較特別的運算，如下式：

```
001  int x = 50 ;
002  x = x+100  ;
```

初學者不太容易理解這兩行運算式的運算邏輯，其中第 1 行宣告一個變數 x，第 2 行則包含兩個運算，「=」右邊的加法運算，將 x 加上一個 100 的整數，這會得到一個 150 的結果，然後「=」將 150 這個結果，再重新指定給 x 自己。

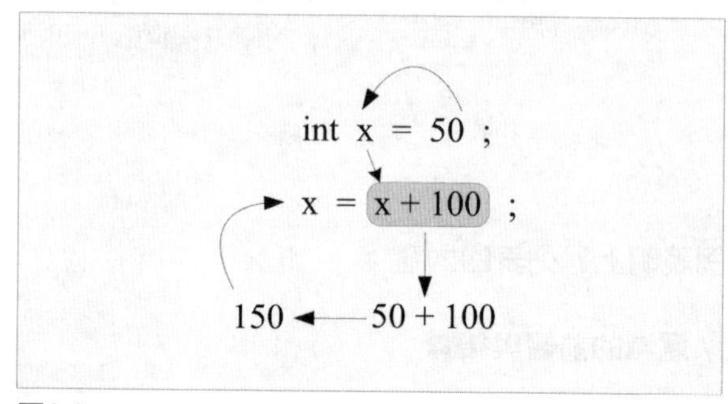

圖3-5

將變數設定給自己是合法的運算邏輯，甚至將變數經過一些複雜的運算後，再將結果設定給自己亦相當常見，接下來的範例示範上述的運算邏輯：

範例 3-8 變數自身設值

p0308_sop

```
001  #include <stdio.h>
002
003  int main()
004  {
005      int x = 100;
006      int y = 200;
007      int z = 300;
008
009      x = x + 100;
010      y = y + x;
011      z = z + y;
012
013      printf("x 等於 %d\n", x);
014      printf("y 等於 %d\n", y);
015      printf("z 等於 %d\n", z);
016      return 0;
017  }
```

第 9 行將 x 變數值加上 100，然後重新設定給自己，接下來的第 10 行則是將 y 與 x 的值進行加法運算，然後再設定給 y ，第 11 行針對 z 與 y 執行相同的運算。

第 13 ～ 15 行逐一輸出 x、y 與 z ，這三個值的運算結果如下：

```
x 等於 200
y 等於 400
z 等於 700
```

x 一開始的值為 100，程式碼的第 9 行為本身的值加上 100，因此輸出為 200。

接下來的 y ，初始值為 200，第 10 行則是本身的值加上 x ，此時的 x 值已經是 200，因此 y 最後的結果為 400。

最後第 11 行，將 z 自身的值加上 y ，z 的初始值為 300，y 此時的值已經是 400，因此最後的值為 700。

3.2.5 單一運算元運算子

這一類的運算子僅針對單一運算元進行運算，列舉如下表，相關的運算包含了遞增、遞減以及正負值、布林值的反轉運算。

表 3-3

運算子	說明	語法範例
+	將運算元的值轉換為正值。	+x
-	將運算元轉換為負值。	-y
!	NOT 邏輯反轉運算。	!0

第一個運算子表示一個正數，由於數值本身就是以正數做表示，因此「+」並沒有什麼效果，例如 +10 與 10 代表同一個值，至於「-」，其運算功能就是典型的數學負號，例如 -10 表示負 10 的數字。

「!」執行邏輯反轉運算，提供 true/false 的反轉，由於 C 語言允許 1 表示 true ，而 0 表示 false ，因此 !1 可以得到 0，反之 !0 得到 1。

「!」也是邏輯運算子。

範例 3-9 一元運算子

p0309_unaryop

```
001  #include <stdio.h>
002
003  int main()
004  {
005      int x = +100;
006      int y = -x;
007      int a = !1;
008      int b = !0;
009
010      printf("x 等於 %d\n", x);
011      printf("y 等於 %d\n", y);
012      printf("a 等於 %d\n", a);
013      printf("b 等於 %d\n", b);
014      return 0;
015  }
```

第 5 行的「+」基本上並不會有任何的影響，第 6 行將 x 的值變成負值，第 7 行則是反轉 1 變成 0，第 8 行則相反。

```
x 等於 100
y 等於 -100
a 等於 0
b 等於 1
```

從輸出結果當中，你可以看到相關的運用。

3.2.6 算數與設值複合運算

算數運算子與設值運算子的關係相當密切，它們甚至可以合併成為一個複合式的運算子，如下式：

```
x += 10   ;
```

「+」與「=」這兩個運算子合併成為單一個運算子，當運算式執行完畢之後，其中的 x 變數會將自己本身的值加上 10，另外要特別注意的是，運算子必須連在一起才會成為合法的運算式。

範例 3-10　運算子複合運算

p0310_cop

```
001  #include <stdio.h>
002
003  int main()
004  {
005      int x = 100;
006      x += 20;
007      printf("x 等於 %d \n", x);
008      x = 100;
009      x -= 20;
010      printf("x 等於 %d \n", x);
011
012      x = 100;
013      x *= 20;
014      printf("x 等於 %d \n", x);
015      x = 100;
016      x /= 20;
017      printf("x 等於 %d \n", x);
018      x = 100;
019      x %= 40;
020      printf("x 等於 %d \n", x);
021      return 0;
022  }
```

第 6 行將 x 加上 20，然後緊接著輸出，接下來則逐一執行其它的複合運算，來看看相關的輸出結果，列舉如下：

```
x 等於 120
x 等於 80
x 等於 2000
x 等於 5
x 等於 20
```

3.3 關係運算子

接下來這一節要討論的關係運算子，針對兩個運算元執行等於、大於或是小於的關係比較，下頁表列舉這些運算子的相關說明：

表 3-4

運算子	說明	語法範例
==	比較左邊運算元是否等於右邊運算元。	x == y
>	比較左邊運算元是否大於右邊運算元。	x > y
<	比較左邊運算元是否小於右邊運算元。	x < y
!=	比較左邊運算元是否不等於右邊運算元。	x != y
>=	比較左邊運算元是否大於等於右邊運算元。	x >= y
<=	比較左邊運算元是否小於等於右邊運算元。	x <= y

比較運算子針對運算子左右兩邊的運算元執行比較運算，如果比較運算的結果成立，則回傳真（true），否則的話回傳結果為假（false），例如以下的敘述：

```
001  int value1 = 1;
002  int value2 = 2;
003  int result = (value1 > value2);
```

第 1 行以及第 2 行分別宣告了一個 int 型態的變數，並且指定了變數值，第 3 行運用了「>」運算子，比較變數 value1 的值是否大於 value2。由於比較運算最後會回傳一個 true/false 的結果，因此這裡宣告一個 int 型態的變數來承接它的比較結果。

如果 value1 的值大於 value2，則 result 的結果值為 1，反之為 false ，這裡的結果為 false ，因此 result 結果值會是 0，C 語言以 0 表示 false ，其它非 0 的數值一律表示 true ，不過 1 通常被用來表示 true。

範例 3-11 比較運算

p0311_cbool

```
001  #include <stdio.h>
002
003  int main()
004  {
005      int value1 = 600;
006      int value2 = 200;
007      int value3 = 800;
008      int result1 = value1 > value2;
009      int result2 = value1 > value3;
010      printf("result1 等於 %d \n", result1);
011      printf("result2 等於 %d \n", result2);
012      return 0;
013  }
```

這個範例示範「>」運算子，第 8 行執行 value1 與 value2 兩個變數的「>」比較，第 9 行則是 value1 與 value3。

第 9 行輸出比較的結果，列舉如下：

```
result1 等於 1
result2 等於 0
```

根據上述的說明，讀者可以自行比對這裡的結果與程式中的比較邏輯，第 1 行是 true 的結果，第 2 行則是 false。

另外，請特別注意其中表 3-4 的第一個運算子「==」，這個運算子比較其左右兩邊的運算元是否相等，它由兩個「=」所組成，與單一個「=」的設值運算子不同，請勿在比較運算的場合使用設值運算子「=」，這會將它右邊運算元的值設定給左邊的運算元。

我們利用另外一個比較完整的範例來看看上述表列運算子的實際運算：

範例 3-12 = 與 == 運算子

p0312_compareop

```
001  #include <stdio.h>
002
003  int main()
004  {
005      int a = 100;
006      int b = 200;
007      int result = 0;
008
009      result = a == b;
010      printf("a==b 結果 %d \n", result);
011      result = a != b;
012      printf("a!=b 結果 %d \n", result);
013      result = a > b;
014      printf("a>b 結果 %d \n", result);
015      result = a < b;
016      printf("a<b 結果 %d \n", result);
017
018      result = a >= b;
019      printf("a>=b 結果 %d \n", result);
020      a += 100;
021      result = a >= b;
022      printf("a 加 100，a>=b 結果 %d \n", result);
023      return 0;
024  }
```

第 5 ～ 7 行，宣告三個用來測試的變數，result 則用來儲存 a 與 b 的「==」比較運算結果。

第 9 行針對 a 與 b 執行「==」運算，緊接著輸出其結果，接下來逐一執行各種比較運算。

有了上述的說明，相信讀者很容易理解底下的輸出結果：

```
a==b 結果 0
a!=b 結果 1
a>b 結果 0
a<b 結果 1
a>=b 結果 0
a 加 100，a>=b 結果 1
```

3.4 邏輯運算子

運算子「&&」與「||」針對兩個運算元進行 AND 或是 OR 等邏輯運算，列舉如下：

表 3-5

運算子	說明	語法範例
&&	針對兩組運算式進行 AND 運算，如果運算子左右兩組運算式的運算結果均是 true 則回傳 true 的結果，否則為 false 。	StatementA && StatementB
||	針對兩組運算式進行 OR 運算，如果運算子左右兩組運算式的運算結果均是 false 則回傳 false 的結果，否則只要有一個是 true 則為 true 。	StatementA || StatementB
!	NOT 邏輯反轉運算。	!0

「&&」與「||」運算子會針對兩個運算元的運算結果執行第二次運算，「!」執行 true/false 邏輯反轉運算，來看以下的程式碼：

```
001  int a = 100   ;
002  int b = 200  ;
003  int c = 300  ;
004  int resulta = a<b && a<c  ;
005  int resultb = a<b || a>c  ;
```

其中的第 4 行，針對兩組運算式執行「&&」運算，由於 a 的值同時小於 b 也小於 c ，兩組運算式均是 true ，因此 resulta 所得到的結果為 true。

第 5 行的運算式中，雖然 a>c 是 false ，但是因為 a<b 為 true ，只要其中有一組運算式是 true ，回傳的結果就會是 true。

現在重新調整運算式，來看看結果有什麼變化，列舉如下：

```
001  int resulta = a>b && a<c  ;
002  int resultb = a>b || a>c  ;
```

第 1 行的「&&」運算結果為 false ，因為第一組運算式不成立，只要其中有一組運算式不成立，結果就會是 false。第 2 行「||」運算結果亦是 false ，因為其中兩組運算式均不成立。

下表整理這兩組運算子的運算邏輯：

表 3-6

運算元 A	運算元 B	&&	||
true	true	true	true
false	false	false	false
false	true	false	true
true	false	false	true

「運算元 A」與「運算元 B」分別代表執行邏輯運算的運算式，當這兩個運算式均是 true 或是 false 的時候，「&&」與「||」並不會有差異，如果「運算元 A」與「運算元 B」的結果相反，則「&&」的運算結果一律為 false ，「||」的運算結果則一律為 true。

底下的範例說明相關運算子的運算：

範例 3-13 示範邏輯運算子

p0313_logicop

```
001  #include <stdio.h>
002
003  int main()
004  {
005      int a = 100;
006      int b = 200;
007      int c = 300;
```

```
008      int cop = 0;
009      cop = (a < b) && (a < c);
010      printf("a 小於 b 而且 a 小於 c : %d \n", cop);
011      cop = (a > b) || (a > c);
012      printf("a 大於 b 或是 a 大於 c : %d \n", cop);
013      return 0;
014  }
```

第 5 ～ 7 行，宣告了三個 int 變數 a、b 與 c ，並且設定了初始值，第 9 行將兩組運算式進行比較，執行「&&」條件式運算，緊接著第 10 行將比較結果與說明訊息合併輸出，第 11 行則是進行「||」運算，同樣的，第 12 行執行運算結果的輸出。

```
a 小於 b 而且 a 小於 c : 1
a 大於 b 或是 a 大於 c : 0
```

從這個執行結果當中，讀者可以看到「&&」與「||」的效果，它們針對兩個運算式的結果進一步做運算。

3.5 條件式運算子

條件式運算子「?:」必須提供三個運算元，根據判斷式的結果，決定最後所要設定的值，它的運算式如下：

```
result = condition ? value1 : value2
```

其中的 condition 為條件判斷式，它最後回傳的是一個 true/false 結果值，如果這個值是 true ，將 value1 儲存至 result ，否則的話則是 value2。

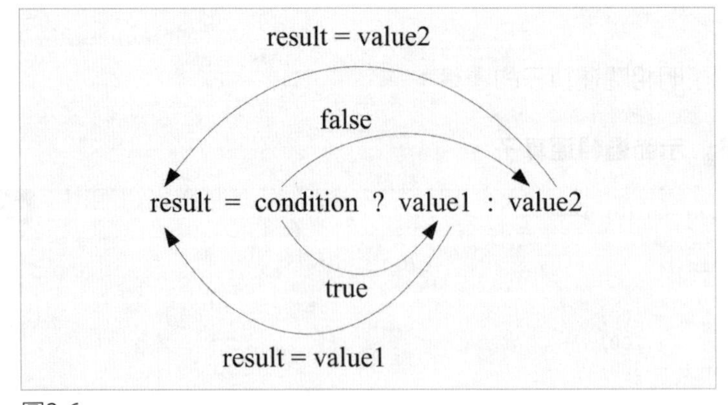

圖3-6

三元運算子的用法很容易理解，我們直接來看範例：

範例 3-14 條件運算子

p0314_tcondop

```
001  #include <stdio.h>
002
003  int main()
004  {
005      int a = 100;
006      int b = 200;
007      char c = a > b ? 'T' : 'F';
008      printf(" a > b : %c \n", c);
009      return 0;
010  }
```

第 7 行運用了條件式運算子，第一個運算元先判斷 a 是否大於 b ，是的話則回傳字元 T 的結果，否則為 F。

第 8 行輸出運算的結果，輸出畫面如下：

```
a > b : F
```

由於 a 的值 100 小於 b 的值 200，因此這個結果將是 F。

3.6 運算子優先順序

複雜的運算式會同時包含數種不同的運算子，你必須考慮這些運算子之間的執行優先順序。一般而言，運算子遵循數學運算規則，先乘除後加減，括弧中的運算式會先執行。除此之外，如果牽涉到比較或是邏輯運算子，則會先執行算數運算。

下表列舉運算子優先順序的通用規則，愈上面的運算子具有愈高的優先權。

表 3-7

類型	運算子
括弧	( ) [ ]
一元運算子	! + - ~ ++ --
算數運算子	* / %
算數運算子	+ -

表 3-7 (續)

類型	運算子
位移運算子	<< >>
關係運算子	<<=>>=
關係運算子	== !=
位元邏輯運算子	&
位元邏輯運算子	^
位元邏輯運算子	|
邏輯運算子	&&
邏輯運算子	||
條件式運算子	? :
設值運算子	=

同一表格列中的運算子則具有相同的優先權，在這種情形下，會從運算式的左邊開始，逐一往右執行，不過，一元運算子、條件式運算子與設值運算子會從右邊的運算元執行到左邊。

另外，表列第一個括弧可以讓你將指定的運算子提高至最優先的順序，例如以下的運算式：

```
001  1+2*3       /* 先執行 2*3 再加 1 */
002  (1+2)*3     /* 先執行括弧中 1+2 再乘以 3*/
```

第 1 行依據運算子的優先順序執行，因此最後的結果是 7，第 2 行先執行括弧中的加法，因此最後得到 9。

底下來看一個完整的實際範例：

範例 3-15 括弧運算優先順序

p0315_barcop

```
001  #include <stdio.h>
002
003  int main()
004  {
005      int a = 10 + 20 * 100 / 10 - 5;
006      int b = (10 + 20) * 100 / (10 - 5);
007      printf(" a 等於 %d \n", a);
```

```
008      printf(" b 等於 %d \n", b);
009      return 0;
010  }
```

第 5 行的運算式沒有任何的括弧，因此它會先執行「*」與「/」這兩個具有高優先順序的運算子。第 6 行會先執行括弧中的運算式，所以「+」與「-」會先執行。

第 7 行與第 8 行分別輸出不同優先順序的運算式執行結果。

```
a 等於 205
b 等於 600
```

如你所見，這兩個運算式因為括弧改變了預設的優先順序，導致最後運算結果的差異。

3.7 運算過程的型態轉換

第 2 章曾經就型態轉換的相關議題做了說明，現在我們要進一步來看看，當運算元包含了各種型態的資料，可能發生的各種型態轉換問題，開發人員必須瞭解運算過程中的轉型機制，才能避免型態轉換的問題造成數值資料遺失，最後導致錯誤的運算結果。

在某些情形下我們可能需要透過轉型，來避免運算過程中可能產生的錯誤，例如將兩個整數進行除法運算時的資料遺失是最典型的例子，來看看底下的程式碼：

```
int a = 5  ;
int b = 2   ;
int c = a/b  ;
```

當你執行這一段程式碼的時候，最後的輸出結果是 2 而非我們直覺的 2.5，會造成這種錯誤的輸出結果，最主要的原因在於其中三個變數全部都是 int 型態，而除法運算的結果 2.5 是一種 double 型態而非 int ，為了符合 int 型態，因此它會捨棄其中的小數點，而最後得到的結果是一個沒有小數點的 int 型態整數。

現在將其中的第三個變數 c ，宣告為 double 如下：

```
double c = a/b   ;
```

比較修改前與修改後的結果，讀者會看到以下的輸出內容：

```
int c = a/b    ;     /* c 的輸出結果為 2 */
double c = a/b    ;  /* c 的輸出結果為 2.0*/
```

如你所見，第 1 行的輸出結果是整數 2，沒有小數點，第 2 行則是 double 型態，但是它的結果是 2.0，這是一個 double 型態的值，但是依然不是正確的結果 2.5。

由於 a 與 b 的除法運算完成之後，得到的結果 2 被轉型成為 double ，因此輸出結果變成 2.0，這一點讀者要特別注意，轉型會自動發生，但是因為轉型的時機不正確因此得到錯誤的結果，如果想要讓運算最後的結果正確，我們必須透過強制轉型來處理相關的運算，這一部分稍後做說明，底下先來看一個相關的範例，其中說明了轉型發生的情形，同時如何取得正確的結果。

範例 3-16 運算過程的型態轉換

p0316_optypec

```
001  #include <stdio.h>
002
003  int main()
004  {
005      int a = 100;
006      int b = 40;
007      double d = 40;
008      int v = a / b;
009      double dv1 = a / b;
010      double dv2 = a / d;
011      printf("a/b(int):%d \n", v);
012      printf("a/b(double):%f \n", dv1);
013      printf("a/d:%f \n", dv2);
014      return 0;
015  }
```

第 5 ～ 7 行分別宣告三個用來測試的變數，其中 a 與 b 為 int 型態，而 d 為 double 型態。

第 8 ～ 10 行針對 a、b 與 d 分別進行除法運算，11 ～ 13 行輸出運算結果。

來看看執行結果，其中只有第 3 行的運算，a/d 最後會輸出正確的答案。

```
a/b(int):2
a/b(double):2.000000
a/d:2.500000
```

第一個計算結果，由於 a 與 b 均是 int ，因此最後得到的結果是 int 型態，第二個計算結果則是轉型為 double 型態的數值，因此有了小數點，由於 a 與 b 均是整數，因此計算的結果，小數點以後的位數均被移除。

最後第三個輸出是正確的結果，由於其中進行除法計算的兩個運算元，d 是 double 型態，a 會先轉換成為 double 型態再做除法運算，因此得到正確的結果。

下圖說明 dv1 與 dv2 這兩個除法結果的運算過程：

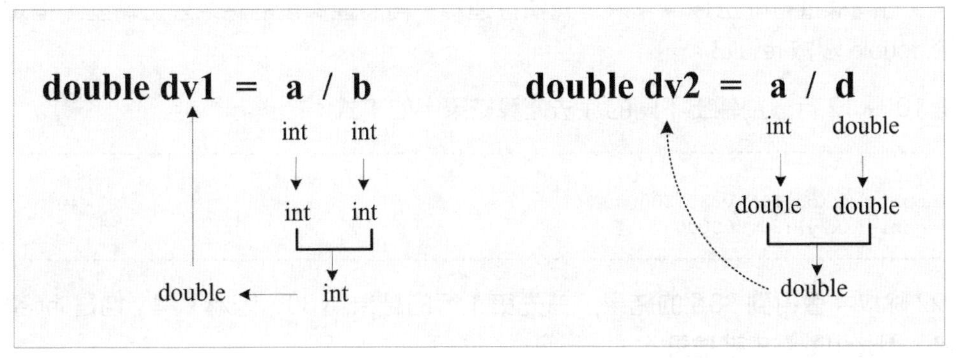

圖3-7

從這個範例中我們可以看到，除非你對型態轉換的機制相當熟悉，否則經常會得到錯誤的結果，因此在執行運算時，最好根據需求，確實的將變數轉型為正確的型態，下一個範例，我們來看相關的示範：

範例 3-17　型態轉換運算錯誤

p0317_typedi

```
001  #include <stdio.h>
002
003  int main()
004  {
005      int x = 122;
006      int y = 4;
007      int result1 = x / y;
008      double result2 = (double)x / (double)y;
009      double result3 = (double)(x / y);
010      printf("x/y:%d \n", result1);
011      printf("(double)x/(double)y:%f \n", result2);
012      printf("(double)(x/y):%f \n", result3);
013      return 0;
014  }
```

第 5 行與第 6 行的變數 x 與 y 為 int 型態，提供除法運算所需的運算元，同時設定了初始化值。

接下來的第 7 行進行 x 與 y 的除法運算，並且將其結果指定給另外一個整數變數 result1。

第 8 行則針對 x 與 y 先進行轉型，然後再執行除法運算，最後將其結果指定給 double 變數 result2。

第 9 行同樣進行除法運算，只是先執行運算，再將運算後的結果經過轉型，指定給 double 變數 result3。

第 10 ～ 12 行分別輸出不同的除法運算結果，如下式：

```
x/y:30
(double)x/(double)y:30.500000
(double)(x/y):30.000000
```

122 除以 4 會得到 30.5 的結果，首先第 1 行的結果為 30，因為 x 與 y 均是 int 整數，因此小數點會被捨棄。

第 2 行將 x 與 y 預先轉型成為 double ，再進行除法運算，由於是 double 型態，因此除法運算之後結果，小數點會被保留下來。

第 3 行則是以 int 型態的 x 與 y 先執行除法運算，然後再進行轉型，由於除法運算已經先將小數點捨棄，因此即使轉型，還是無法得到正確的結果。

結 論

運算子是建構運算式運算邏輯最重要的元素，本章針對撰寫 C 程式所需瞭解的各種運算子做了完整的說明，經過本章課程的洗禮，讀者現在應該可以根據自己的需求，結合運算元以及運算子建立所需的邏輯程式碼。

下一章要討論一個基礎卻同樣重要的議題—資料的輸出與輸入，包含各種格式化的輸出設計說明。

摘 要

3.1

- 程式敘述以「;」結尾，建立應用程式所要提供的功能，而最簡單的程式敘述，可以由單一的運算式所組成，比較複雜的程式敘述，可以由數個運算式結合而成。

3.2

- 運算式包含兩個部分，分別是運算元與運算子。
- 設值運算子將運算子右邊運算元的值設定給左邊的運算元。
- 設值運算子接受一段運算式做為其運算元。
- 算數運算子為數學的四則運算加上一個餘數運算子「%」。
- 算數運算的過程必須小心避免造成溢位。
- 運算子「%」針對兩個運算元進行除法運算，並且回傳餘數。
- 將變數的運算結果設定給變數自己是合法的運算邏輯。
- 遞增、遞減等運算子只針對單一運算元進行運算。
- 遞增／遞減運算子，可以套用在運算元之前或之後。
- 算數運算子與設值運算子可以合併成為複合運算子。

3.3

- 關係運算子針對兩個運算元進行大小比較運算。

3.4

- 邏輯運算子有「&&」與「||」，針對兩個運算元進行 AND 或是 OR 等邏輯運算，通常是兩組運算式。

3.5

- 條件式運算子包含三個運算元，並且根據條件判斷式的結果，決定最後的值。

3.6

- 運算式同時包含數種不同的運算子，必須根據運算子的優先順序執行運算。
- 運算子遵循數學運算規則，先乘除後加減，括弧中的運算式會先執行。
- 運算子優先權：算數運算子 > 關係運算子 > 邏輯運算子 > 條件式運算子 > 設值運算子。

3.7

- 運算過程的資料轉型會導致運算結果的錯誤。
- 透過適當的強制轉型，可以確保正確的運算結果。

學習評量

3.1

1. 簡述程式區塊與程式敘述的分別。
2. 簡述運算式、運算子、運算元以及程式敘述的關係。
3. 請參考 3.1 節中的 statement.c，將其改寫成溫度由華氏轉換成為攝氏單位的功能。
4. 檢視底下的程式碼，其中的 x 是一個變數，編譯包含這一行程式碼的檔案會出現錯誤，請說明原因。

```
x*100+100
```

3.2

5. 請說明設值運算子「=」的功能。
6. 請列舉算數運算子，並且簡要說明之。
7. 請列舉並且簡要說明單一運算元運算子。
8. 請說明以下運算式的運算邏輯，並說明最後的變數 y，其值是多少？

```
int y = 236 ;
y = y +164  ;
```

9. 遞增／遞減運算子，可以套用在運算子之前或是之後，如下式：

```
a++  ;
++a  ;
```

   a. 請說明這兩種運算的名稱為何？
   b. 請說明這兩種運算的差異。
   c. 假設 a 原來的值是 200，請說明第 1 行與第 2 行運算的差異。

10. 承上題，下頁這一段程式碼，會針對兩個變數進行遞增與遞減的運算，不過，運算子配置的方式不同，請說明其中的 resultX 與 resultY 這兩個變數的結果。

```
int x = 123 ;
int y = 456   ;
int resultX = ++x    ;
int resultY = y++    ;
```

11. 請說明底下程式碼的運算邏輯，如果 x 的值等於 100，執行完畢後，它的值為何？

```
x +=123
```

12. 承上題，以下總共四行的程式碼，有一行會出現錯誤，請說明之。

```
X += 40   ;
X -= 40   ;
X *= 40   ;
X / =40   ;
```

3.3

13. 說明以下程式碼的關係比較運算結果。

```
int a1 =  456 ;
int a2 =  654 ;
int a3 =  456 ;
boolean bc1 = (a1 > a2);
boolean bc2 = (a2 < a3);
boolean bc3 = (a3 == a1);
```

14. 請說明「=」與「==」這兩個運算子的差異。

3.4

15. 底下程式碼中，最後的 resultA 與 resultB 結果為何？並請說明其中的比較邏輯。

```
int a = 111    ;
int b = 222  ;
int c = 333  ;
boolean resultA = a<b && a<c  ;
boolean resultB = a<b || a>c  ;
```

16. 下頁是針對兩個 boolean 型態運算結果進行「&&」與「||」運算，請填入其運算的結果。

StatementA	StatementB	&&	||
true	true		
false	false		
false	true		
true	false		

3.5

17. 請說明底下三元運算子各個部分的意義。

```
result = condition ? value1 : value2
```

18. 承上題，假設有一個變數 a ，它的值等於 500，另外一個變數 b ，它的值等於 1000，請說明以下程式碼最後輸出 x 的值為何？

```
char x=a>b?'a':'b'  ;
```

3.6

19. 運算子有先後運算的順序，請說明小括弧「()」在優先順序裡的順位如何？

20. 請問具有相同優先權的運算子，如何決定運算的順序？

3.7

21. 假設有三個 int 型態的數值，分別是 a=10、b=4，而 c=0，請說明以下的程式碼，最後 c 的結果為何，為何會得到這種結果？

```
c=a/b
```

22. 承上題，如果定義另外一個 double 型態的變數 d ，取代上述的 c 變數如下，請說明最後 d 的結果，為何會得到這種結果？

```
d=a/b
```

23 用 21 題的變數 a 與 b ，檢視以下四組程式碼，並請說明其中哪一組可以取得正確的結果？

```
double d = a/b   ;
double e = a/(double)b   ;
double f = (double)(a/b)   ;
double g = (double)a/(double)b   ;
```

04 輸出與輸入

相信讀者對於 printf() 函數已經相當熟悉，這一章我們要針對各種與其有關的輸出與輸入作業（ I/O ）進行討論，stdio.h 這個標頭檔支援相關的功能，透過其中函數的引用，我們就可以很方便的完成基本輸出入功能，這也是前述章節範例中，檔案開始的地方需要對其進行引用的原因。

4.1 printf() 與格式化輸出

這一節首先要討論的是，我們在許多範例中引用的 printf() 函數，它除了可以用來輸出簡單的字串，也能依照指定的格式碼，格式化所要輸出的內容文字。

4.1.1 使用 printf()

到目前為止的範例中，我們大量使用了 printf() 函數輸出程式執行的結果，讀者對於這個函數的基本用法應該已經相當熟悉，現在正式的來看看這個函數，以下是它的語法格式：

```
printf(" 輸出格式字串 ",arg1,arg2,… );
```

第一個參數「輸出格式字串」是必要的，表示要輸出的內容，必須以雙引號包圍標示，接下來的引數 arg1 與 arg2 則是選擇性的，可以是所要輸出的變數或是常數，甚至一段運算式，我們來看一個最簡單的範例：

範例 4-1 示範 printf()

p0401_printfdemo

```
001  #include <stdio.h>
002
003  int main()
004  {
005      printf("Hello, C! \n");
006      return 0;
007  }
```

第 5 行於其中指定了一行字串，執行的時候會將其輸出如下：

```
Hello,C
```

這是最簡單的 printf() 用法，它直接將一段指定的字串輸出。

printf() 函數主要的功能，在於提供自訂格式內容的輸出支援，前述章節的範例中，我們已經熟悉如何透過指定的引數，搭配預先設計好的格式輸出範例結果，緊接著來看看其中的細節。

4.1.2 printf() 與格式化輸出

printf() 搭配預先定義的格式碼，格式化所要輸出的字串，有些格式碼我們已經用過了，例如 %d 與 %f 等等，下表列舉常用的格式碼：

表 4-1

格式碼	說明
%c	以字元格式輸出。
%s	輸出字串。
%d	以十進位格式輸出整數。
%f	以小數點格式，輸出浮點數。
%e	以指數 e 型態，輸出浮點數。
%o	以八進位整數格式輸出。
%u	以無號整數格式輸出。
%x	以十六進位整數格式輸出。
%%	輸出百分比符號。

回到 printf() 函數，這些格式碼被穿插於函數的第一個字串參數中，然後與接下來指定的引數搭配輸出，語法格式如下：

```
printf(".. %* … %*…",arg1,arg2,…)
```

以雙引號標示的部分為所要輸出的內容，其中的「*」為各種格式碼，接下來以「,」分隔的引數，則是在輸出時要逐一插入格式碼位置的值，如下頁圖示：

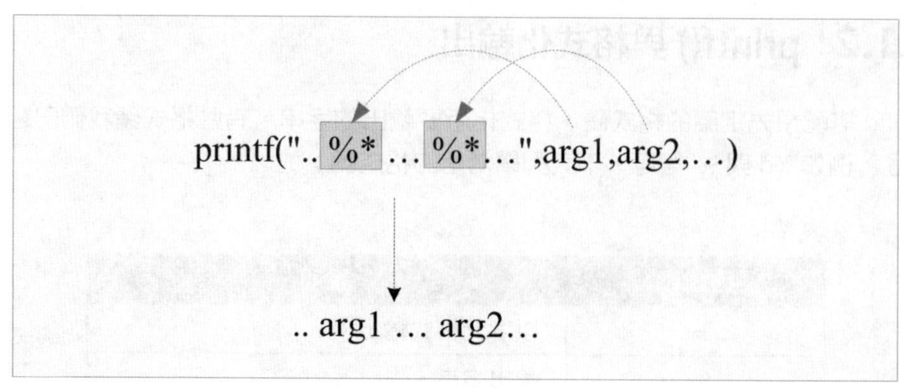

圖 4-1

我們可以將任何引數依照格式碼所指定的格式，穿插於預先指定的輸出字串中，指定的引數最後會逐一根據其對應的位置，嵌入字串當中，最後輸出格式化的結果，來看一個比較複雜的範例：

範例 4-2 格式化輸出

p0402_pformat

```
001  #include <stdio.h>
002
003  int main()
004  {
005      printf("%d%% 的學生拿到 %c，\n%d%% 的學生拿到 %c\n ", 25, 'A', 40, 'C');
006      return 0;
007  }
```

第 5 行呼叫 printf() 函數，並且指定了第一個引數的內容，其中依照所要輸出的字串格式，穿插所需的格式碼，並依序對應第 5 行的四個引數，其中的「%%」只是要輸出「%」符號，因此直接跳過，與四個引數沒有對應的關係，最後輸出的結果如下：

```
25% 的學生拿到 A，40% 的學生拿到 C
```

我們來看看其中的輸出內容與原始程式碼的對應關係，如下頁圖示：

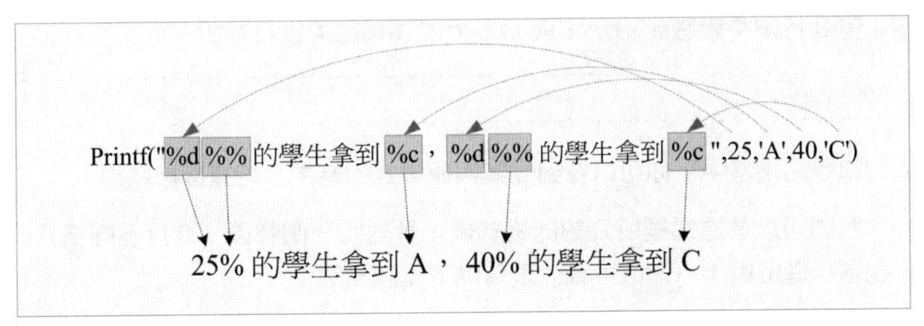

圖 4-2

當然，我們還可以插入跳脫字元，進一步對所要輸出的文字內容進行排版，例如修改上述的範例如下：

```
printf("%d%% 的學生拿到 %c ，\n%d%% 的學生拿到 %c\n ",
        25,'A',40,'C')  ;
```

其中插入了一個 \n 跳脫字元，這一行會輸出以下的結果：

```
25% 的學生拿到 A ，
40% 的學生拿到 C
```

由於最後以 \n 結尾，因此完成輸出之後，會再以一個新行做結束。

如你所見，在這個範例中，我們將特定的整數值與字元直接輸出，事實上 printf() 相當的彈性，你也可以嘗試輸出變數的內容，甚至一段運算式的結果，來看看底下的範例：

範例 4-3 輸出變數與運算式結果

p0403_printfex

```
001  #include <stdio.h>
002
003  int main()
004  {
005      int a = 123;
006      int b = 200;
007      int c = 300;
008      printf("%d+%d+%d=%d \n", a, b, c, a + b + c);
009      return 0;
010  }
```

第 5 ～ 7 行宣告了三個 int 變數，並且分別將一個特定的整數值指定給這三個變數。

接下來第 8 行則將變數 a、b、c 與 a+b+c 的運算結果進行輸出。

```
123+200+300=623
```

從這個執行結果當中，你可以看到變數與運算式的結果，均直接被輸出。

另外，我們可以透過這裡所介紹的格式碼，針對同一個數值，進行不同格式的輸出，包含八進位與十六進位等等，來看以下這個範例：

範例 4-4 輸出 ASCII

p0404_ascii

```
001  #include <stdio.h>
002
003  int main()
004  {
005      int a = 74;
006      printf("%c\t%d\t%o\t%x\n", a, a, a, a);
007      a++;
008      printf("%c\t%d\t%o\t%x\n", a, a, a, a);
009      a++;
010      printf("%c\t%d\t%o\t%x\n", a, a, a, a);
011      a++;
012      printf("%c\t%d\t%o\t%x\n", a, a, a, a);
013      a++;
014      printf("%c\t%d\t%o\t%x\n", a, a, a, a);
015      return 0;
016  }
```

這個範例示範將編號 74 ~ 78 的 ASCII 字元，分別以各種格式輸出。

第 5 行宣告的 a 初始值為 74，第 6 行引用 printf()，分別指定了同時以字元（%c）、十進位（%d）、八進位（%x）與十六進位（%o）格式輸出。

接下來逐一遞增 a 的值，然後做輸出。

我們來看看輸出的結果，由於 74 為 ASCII 的字元 J，因此得到以下的結果：

```
J      74     112     4a
K      75     113     4b
L      76     114     4c
M      77     115     4d
N      78     116     4e
```

讀者可以看到 74 ~ 78 這幾個編碼所代表的字元，以及它們的各種格式表示法，完整列表請參考附錄 B。

4.1.3 型態轉換

你必須注意型態相容的問題，不能隨意指定所要輸出的格式，例如將一個整數以浮點數格式輸出，會得到非預期的結果，來看看以下的範例：

範例 4-5 型態轉換輸出

p0405_ptype

```
001  #include <stdio.h>
002
003  int main()
004  {
005      int x = 123;
006      printf("%f",x);
007      return 0;
008  }
```

第 5 行宣告的是一個 int 型態的變數 x ，並且指定其值為整數 123，第 6 行則將其輸出，但是指定的格式碼為 %f ，它要求以浮點數格式輸出，由於格式不符，因此你會看到以下輸出非預期的結果：

```
0.000000
```

當然，這是錯誤的，有兩種方法可以修正這個問題，首先是指定合法的型態，也就是以 %d 取代 %f ，如下式：

```
printf("%d",x)  ;
```

這表示你確實要輸出一個整數，如此會得到 123 的輸出結果，或者你也可以將 x 轉型成為 double ，如下式：

```
printf("%f", (double) x)  ;
```

在這種情形下，其中的 x 會被轉型成為 double 型態，如此一來就會符合 %f 格式碼，最後輸出 123.000000。

4.1.4 八進位與十六進位格式

格式碼中的 %x 與 %u ，前者提供十六進位格式、後者提供八進位格式的轉換輸出功能，透過這些格式碼的指定，我們可以很方便的以不同格式輸出某個特定數字，來看看下頁的範例：

範例 4-6 八進位與十六進位格式轉換

p0406_octhex

```
001  #include <stdio.h>
002
003  int main()
004  {
005      int x = 78;
006      printf("%d 的八位進位格式：%o\n", x, x);
007      printf("%d 的十六進位格式：%x\n", x, x);
008      return 0;
009  }
```

第 5 行宣告了整數 78，第 6 行指定格式碼 %o 以八進位格式輸出，第 7 行則是指定格式碼 %x 以十六進位格式輸出，以下為輸出結果：

```
78 的八位進位格式：116
78 的十六進位格式：4e
```

讀者可以自行修改其中的 x 變數值，檢視其輸出的結果。

4.1.5 格式化輸出的排版

格式碼可以讓我們以特定的格式，輸出所要顯示的訊息文字，有的時候這樣還是不夠，你可能想要進一步對輸出的內容文字進行排版，例如讓文字靠左、靠右，甚至指定所要顯示的位數，我們可以透過指定「+」與「-」符號，搭配欄位寬度的指定來達到這個目的，所需的格式碼語法如下：

```
%[修飾詞][輸出寬度].[小數位數]格式字元
```

底下逐一說明其中的各項元素，下表列舉其中三種可能的值：

表 4-2

種類	參數	說明
修飾詞	-	靠左對齊。
	0	將 0 填滿空白區域。
	+	顯示正值符號。
	空白	數值為正值的時候，保留一個空白，負值的時候顯示一個負號。
輸出寬度	整數	數值所要顯示的位數寬度，包含小數點。
小數位數	整數	小數位數所要顯示的位數寬度。

一般而言，在預設的情形下，數字輸出的位數都不會是我們想要的，例如以下這一行程式碼：

```
printf("%f ",100.123)  ;
```

其中的 100.123 是一個浮點數，預設會輸出 100.1230000，通常我們並不想要後面多餘的 0，此時只要在格式碼裡面指定所需的長度即可，例如在這個例子中，我們希望只顯示數值 100.123，這個時候將格式調整為 %6.3f 即可，如下式：

```
printf("%6.3f ",100.123)  ;
```

如果重新執行這一行程式碼，會得到 100.123 的結果。

從上述的說明中，我們看到了格式碼的另外一種使用方式，當我們要指定輸出的位數長度時，只要以 [輸出寬度].[小數位數] 的格式指定即可，「.」左邊的數字表示包含小數點位數在內，總共需要的寬度，也就是整個輸出數值的位數，右邊的數字表示小數點所需的位數，因此 6.3 表示我們總共需要六個位數，然後小數點顯示三個位數。

另外還有一種狀況，你可能想要將數個不同位數的數值，以相同長度輸出，此時只要指定長度即可，來看以下的範例：

範例 4-7 排版輸出

p0407_poutput

```
001  #include <stdio.h>
002
003  int main()
004  {
005      printf("%8d\n", 1200);
006      printf("%8d\n", 32);
007      printf("%8d\n", 456);
008      printf("%8.2f\n", 10.123);
009      printf("%8d\n", 100023);
010      return 0;
011  }
```

第 5 ～ 9 行逐一輸出指定的數值，每一個數值無論大小均指定輸出八個位數，如此一來會得到以下的輸出結果：

```
    1200
      32
     456
   10.12
  100023
```

我們也可以指定一個 0，如此一來就會將空白的地方補上 0，例如將其中的部分程式碼修改如下：

```
printf("%08d\n",32)  ;
```

重新執行範例會得到以下的結果：

```
     1200
00000032
      456
    10.12
   100023
```

printf() 預設會將數字靠右對齊，如果想要靠左對齊也是可以的，只要再加上一個負號（-）即可，我們將上述的部分程式碼修改如下：

```
printf("%-8d\n",456)  ;
```

重新執行程式碼，為了方便比對，全部列舉如下：

```
     1200
       32
456
    10.12
   100023
```

如你所見，其中的 456 已經向左靠齊了。

特別提醒讀者的是，如果你使用了負號，又指定了 0，因為數值靠左對齊，不會有填滿的效果。

另外，針對小數點，你也可以直接指定小數位數即可，例如 %.3f 表示要取出小數點後方的個位數，來看以下的範例：

範例 4-8　小數點位數

p0408_floatpoint

```
001  #include <stdio.h>
002
003  int main()
004  {
005      double a = 10023.456789;
006      printf("%.3f \n", a);
007      return 0;
008  }
```

第 5 行宣告了一個 double 型態的變數 a ，並且將一個包含六個小數位數的值指定給它。

第 6 行引用 printf() ，並且指定輸出三個小數位數，得到以下的結果：

```
10023.456
```

如你所見，其中小數點後方只有三個位數被擷取出來。

最後，我們來看另外兩個修飾詞，分別是「+」與空白，正號（+）的功能會在數值是正的時候顯示一個「+」，而「%」符號後面緊接著一個空白，它會在數值為正值的時候，保留一個空白，負值的時候顯示一個負號。

範例 4-9　正負數值的格式化輸出

p0409_pspace

```
001  #include <stdio.h>
002
003  int main()
004  {
005      printf("%+d\n", -100);
006      printf("%+d\n", 100);
007      printf("% d\n", -100);
008      printf("% d\n", 100);
009      return 0;
010  }
```

在這個範例中，第 5 ～ 8 行分別以「+」與空白格式化輸出 100 與 -100 等兩個數值，並且得到以下的輸出結果：

```
-100
+100
-100
 100
```

讀者可以自行比對上述的說明。

最後，我們還要介紹一個在輸出時可以預先設定寬度的符號「*」，以下的程式碼示範所需的語法：

```
printf("%*d\n",5,1)  ;
```

於格式碼中間嵌入「*」這個符號，就可以在第一個引數指定所要預留的寬度，也就是其中的 5，如此一來，便能根據第二個參數 5，以五個字元寬度來輸出第三個參數指定的 1 這個數值。

範例 4-10 預留寬度

p0410_printfstar

```
001  #include <stdio.h>
002
003  int main()
004  {
005      printf("%*d\n", 5, 100);
006      printf("%*d\n", 5, 2012);
007      printf("%*d\n", 5, 1);
008      printf("%*d\n", 5, 12345);
009      return 0;
010  }
```

第 5 ～ 8 行，分別以「*」指定固定寬度輸出，而其中第一個引數為 5，表示以五個字元寬度輸出指定的數值。

來看看這個範例的執行結果，列舉如下：

```
  100
 2012
    1
12345
```

由於每一次的輸出均指定固定的寬度 5，因此，長度不及 5 的數值，會以空白補齊，最後得到上述向右對齊的結果。

4.2 使用 scanf() 與輸入

到目前為止，我們完成了輸出的討論，接下來要來談談輸入的部分，同樣的，在 stdio.h 標頭檔裡面定義了一個方便的 scanf() 函數，可以讓我們建立所需的輸入功能，提供應用程式與使用者互動的功能。

4.2.1 使用 scanf() 建立輸入功能

scanf() 的用法與 printf() 相同，所需的語法格式如下：

```
scanf("格式碼",&x);
```

其中第一個引數是以「%」為字首的格式碼，指定所要接受的輸入資料型態其對應的格式碼，例如 %d 表示你要求使用者輸入的是一個整數，接下來則是用來儲存輸入值的變數，這裡的變數必須以「&」為字首連接變數名稱，例如 & 與 x 合併為 &x。

我們透過一個範例進行說明，先來看看單一輸入參數的作法：

範例 4-11 示範輸入

p0411_scanfdemo

```
001  #include <stdio.h>
002
003  int main()
004  {
005      int var;
006      scanf("%d", &var);
007      printf(" 輸入的數等於 %d \n", var);
008      return 0;
009  }
```

第 5 行宣告一個 int 變數 var ，這個變數用來儲存使用者輸入的整數，接下來的第 6 行則是 scanf() ，它指定了一個「%」格式碼表示要接受 int 型態資料，第二個參數則是以 & 連接 var。第 7 行取得 var ，並且將其輸出於畫面上。

我們來看看這個範例的執行畫面，一開始它會顯示一個完全沒有內容的空白畫面，如左圖，游標處要求你輸入一個任意整數，右圖則是輸入 100 的畫面。

接下來，按一下 Enter 鍵，就會輸出以下的畫面：

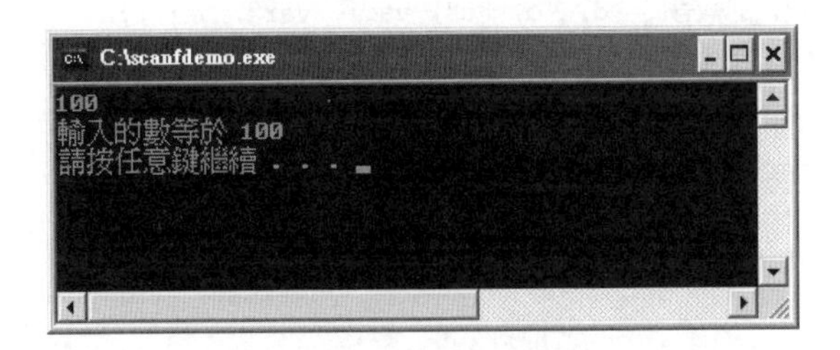

在上述的執行過程中，當使用者輸入 100，這個值會被儲存至變數 var ，因此我們可以透過 var 將其取出顯示在畫面上。

從這個範例中我們還可以瞭解 scanf() 的特性，當程式執行過程中，遇到了引用 scanf() 的程式碼，它會暫停並且等待使用者的輸入，也就是其中第 6 行的這一行程式碼，因此一開始畫面會沒有任何內容，只有一個閃爍的游標提示使用者輸入資料。

另外要再一次提醒讀者，scanf() 中的第二個參數，符號「&」是必要的，如此一來才能正確取得使用者輸入的資料。

4.2.2 多參數輸入

我們也可以進一步接受使用者輸入多個值，scanf() 接受一個以上的輸入參數，所需的語法格式如下所示：

```
scanf("格式碼 1, 格式碼 2,…",&var1,&var2,… );
```

其中格式碼的部分同樣必須配置於雙引號內，然後以逗號隔開，參數的部分則直接以逗號分隔，並且與格式碼逐一對應。

底下直接利用一個範例做說明：

範例 4-12　多參數輸入

p0412_scanfm

```
001  #include <stdio.h>
002
003  int main()
004  {
005      int var1;
006      int var2;
007      char var3;
008      scanf("%d, %d, %c", &var1, &var2, &var3);
009      printf("輸入的數等於 %d, %d, %c", var1, var2, var3);
010      return 0;
011  }
```

第 5 ~ 7 行宣告三個變數，第 8 行指定三個參數，使用者可以一次輸入三個值。

接下來第 9 行的 printf() 將三個使用者輸入的值輸出於畫面。

以下是程式的執行畫面，左邊是一開始的執行畫面，其中輸入了三個參數，並且以「,」隔開，右邊的畫面則是按下 Enter 鍵的結果，如你所見，輸入的三個值依序被取出。

參數之間，不一定只能以「,」分隔，你也可以透過空白做間隔，例如將上述第 8 行修改如下：

```
scanf("%d %d %c",&var1,&var2,&var3)  ;
```

其中的格式碼，分別以空白分隔，這種寫法比較彈性，除了以空白分隔輸入的資料以外，它也接受 Enter 或是 Tab 分隔方式，我們來看看執行的差異：

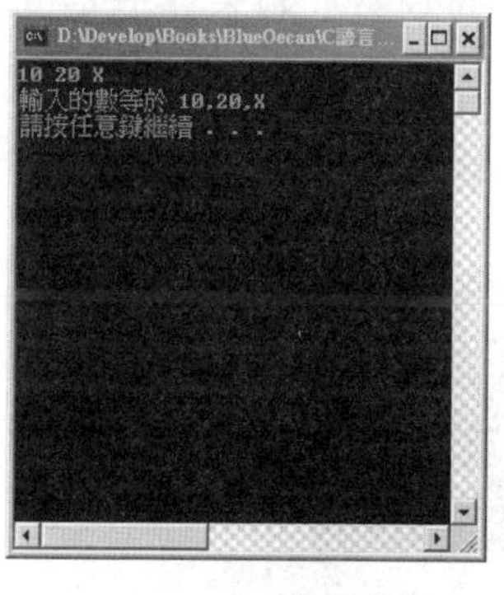

空白分隔

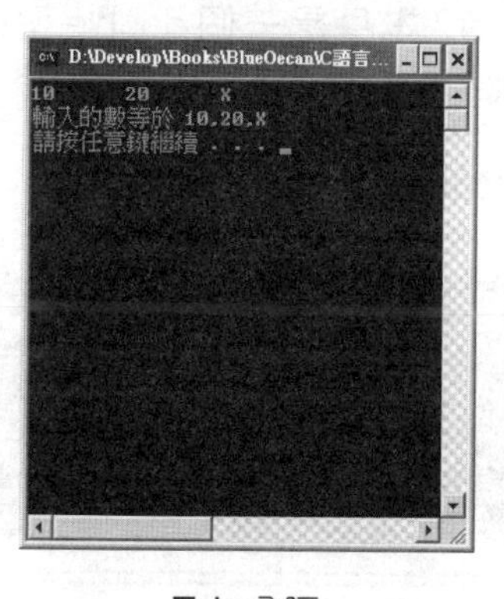

Tab 分隔

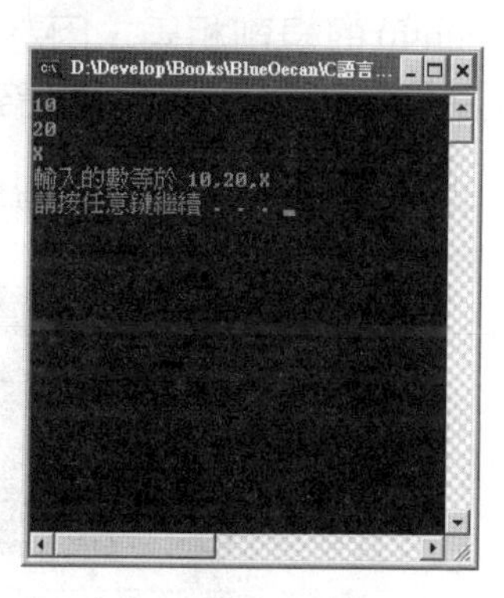

Enter 分隔

4.2.3 scanf() 與數值資料輸入

scanf() 的格式碼與 printf() 使用原理大致上都相同，就如同上一個小節裡面的範例，只要適當的對應變數所宣告的型態即可，例如 %d 必須對應 int 變數，而 %c

則是字元等等，不過這兩者之間還是有一點小差異，如果想輸入 double 型態的數值，必須指定 %lf 格式碼，在「%」後面緊接著 LF 的小寫英文字母。

接下來這個範例，我們來看看 double 與 float 的輸入與輸出：

範例 4-13　浮點數的輸入與輸出

p0413_formats

```
001  #include <stdio.h>
002
003  int main()
004  {
005      int var1;
006      double var2;
007      float var3;
008      scanf("%d,%lf,%f", &var1, &var2, &var3);
009      printf("輸入的數等於 %d,%.2f,%.2f \n", var1, var2, var3);
010      return 0;
011  }
```

這個範例與稍早的例子相同，只是我們在第 6、7 行宣告了一個 double 型態的浮點數變數 var2 與 float 浮點數變數 var3。

第 8 行 scanf() 中的參數列，格式碼中的第二個格式必須是 %lf ，其它則是與 printf() 的規則相同，因為 var2 本身是一個 double 型態的變數，如果你指定的是 %f 而非 %lf ，則不會得到正確的結果。

以下是這個範例的執行輸出結果：

當然，你也可以要求使用者以較不常見的八進位或是十六進位格式來輸入整數，只要指定格式碼為 %o 或是 %x 即可，就如同我們在 printf() 示範的一樣，直接來看下頁範例：

範例 4-14 不同進位格式數值的輸出與輸入

p0414_ohex

```
001  #include <stdio.h>
002
003  int main()
004  {
005      int var;
006      scanf("%x", &var);
007      printf("%x 的十進位格式：%d \n", var, var);
008      return 0;
009  }
```

第 5 行宣告的是一個 int 型態的變數，第 6 行指定了 %x 格式碼，表示接受十六進位格式的輸入值，第 7 行同時指定 %x 與 %d ，輸出變數 var 的十六進位與十進位格式值。

以下是這個範例的執行結果，其中輸入十六進位格式的數值 24af ，接下來被轉換成為十進位格式值輸出。

```
24af
24af 的十進位格式：9391
```

透過格式的設定，我們可以建立接受各種格式輸入值的程式功能，接下來討論有關文字資料的輸入。

4.2.4 scanf() 與字元資料輸入

沒有意外的，與 printf() 完全相同，如果想要接受字元資料的輸入，只要指定 %c 格式碼即可，我們在稍早的範例已經看過相關的設計，不過這裡進一步來看其他的細節，同時討論另外一種型式的文字資料─字串，其中的關鍵依然在格式碼，列舉如下：

表 4-3

格式碼	說明
%c	擷取第一個字元。
%s	擷取整段字串。

如果你指定了「%」格式碼，則 scanf() 只會讀取第一個遇到的字元，來看看下頁的範例：

範例 4-15 擷取字元

p0415_schar

```
001  #include <stdio.h>
002
003  int main()
004  {
005      char var;
006      scanf("%c", &var);
007      printf("輸入的字元是 %c ", var);
008      return 0;
009  }
```

第 5 行宣告的是一個 char 型態的變數 var ，第 6 行指定了 %c 格式碼，表示接受輸入的是一個字元型態的資料，第 7 行則將取得的資料輸出於畫面。

執行這個範例程式，我們會得到以下的執行結果：

```
ABC
輸入的字元是 A
```

一開始輸入了三個字元 ABC ，接下來輸出的只有第一個字元 A ，其它的字元都會被捨棄。

這裡有一點要特別注意的地方，如果輸入的是空白字元，它依然會被當作一般的字元做處理，因此若是輸入的第一個是空白字元，則取得的將是空白字元，要避免這種情形，可以在格式碼之前加上一個空白，如下式：

```
scanf(" %c",&var)
```

其中的 %c 之前插入了一個空白，它就會要求 scanf() 擷取第一個遇到的非空白的字元。

範例 4-16 擷取非空白字元

p0416_bchar

```
001  #include <stdio.h>
002
003  int main()
004  {
005      char var;
006      scanf(" %c", &var);
007      printf("輸入的第一個非空白字元是 %c \n", var);
008      return 0;
009  }
```

第 6 行的 %c 之前有一個空白，如此一來，只有遇到非空白字元，scanf() 才會停止擷取的動作，接下來的第 7 行將取得的第一個非空白字元輸出，來看看執行的結果：

```
     A
輸入的第一個非空白字元是 A
```

第 1 行連續輸入五個空白，然後才是字元 A ，接下來的結果中，只有 A 被擷取出來，所有的空白都會被略過。

緊接著我們來看所謂的字串，它是一連串字元的組合，例如 hello 是一段字串，它由五個字元所組成，如果你想要擷取的是 hello 這樣一整段的字串（這通常比擷取字元還普遍），則必須將格式碼指定為 %s ，底下來看一個範例：

範例 4-17 取得字串

p0417_strdemo

```
001  #include <stdio.h>
002
003  int main(void)
004  {
005      char var[10];
006      scanf("%s", var);
007      printf("%s", var);
008      return 0;
009  }
```

這個範例比較困難的地方，在於其中第 5 行宣告的 char 陣列，由於我們還沒有討論陣列，你暫時將其當作用來儲存特定數量的相同型態資料容器即可。

var[10] 表示一個可以一次儲存十個字元的 char 型態容器，第 6 行指定了 %s ，並且由 var 儲存取得的資料，因此我們可以一次取出十個字元所組成的字串，執行結果如下：

```
Hello,C
Hello,C
```

如你所見，輸入的所有字元全部被一次取出。

另外，還有一點必須注意的是，在輸入字串的時候，所有的字元之間，不可以有空白，scanf() 遇到空白就會直接跳開，來看看以下另外一種輸入結果：

```
Hello C
Hello
```

第 1 行輸入的 Hello 與 C 之間，插入了一個空白，因此只有 Hello 這個字串會被取出。

最後，使用 %s 的時候必須小心，最好明確宣告 char 型態變數的長度，儘管宣告小於所要取得的字元長度變數有時候依然可以取得結果，但也可能發生非預期的錯誤。

字元與陣列是一個複雜的主題，我們在第 9 章會有完整的討論。

4.2.5 連續讀取資料

這一節我們繼續討論資料連續讀取的問題，當程式中配置了一個以上的 scanf() 執行資料的讀取時，你會發現第二個 scanf() 函數並沒有辦法正確的讀取，來看以下的範例：

範例 4-18 連續讀取資料

p0418_scanfs

```
001  #include <stdio.h>
002
003  int main()
004  {
005      char var;
006      scanf("%c", &var);
007      printf("輸入的字元是 %c \n", var);
008      scanf("%c", &var);
009      printf("輸入的字元是 %c \n", var);
010      return 0;
011  }
```

這個範例的第 6 行以及第 8 行，分別引用了 scanf() ，讀取使用者所輸入的字元。一開始第 6 行的 scanf() 等待使用者輸入字元，筆者輸入 X ，按一下 Enter 之後，得到以下的輸出畫面：

```
X
輸入的字元是 X
輸入的字元是
```

這個結果是自動連續完成的，也就是說，第二個 scanf() 函數並沒有等待使用者輸入就直接讀取，然後結束程式，輸出的結果還包含一個斷行。

這與我們所預期的並不相同，你可能難以理解這樣的結果，來看看 scanf() 讀取資料的原理與輸入字元的時候發生什麼事。

當使用者輸入資料的時候，這些字元會被儲存至緩衝區等待讀取，而每一個 scanf() 會依序將其中的字元逐一取出，直到所有的資料取出完畢，接下來的 sacnf() 才會停止讀取，等待使用者輸入資料，如下圖：

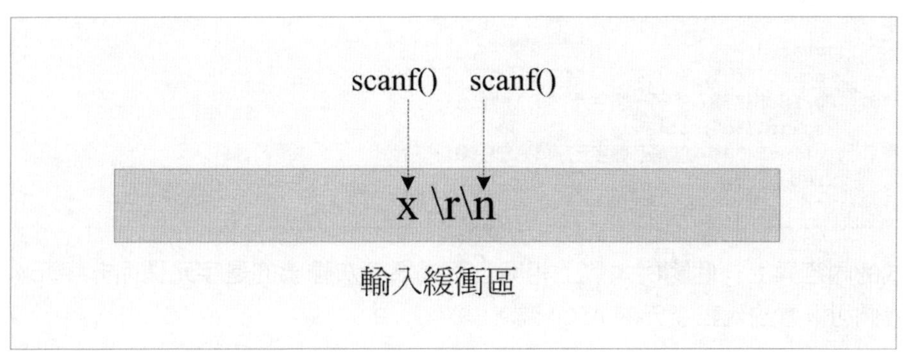

圖 4-3

Enter 鍵被按下開始讀取資料的時候，此時電腦會送入「歸位／換行」字元，連接在輸入的資料後方，執行第一個 scanf() 時，會從左邊開始讀取一個字元 X ，此時 X 被讀取，但是 Enter 鍵送進去的「歸位／換行」字元並沒有被讀取，因此保留在緩衝區內，當下一個 scanf() 被執行的時候，由於緩衝區還有資料，因此它不會再等待使用者輸入，直接從緩衝區當中讀取這個「歸位／換行」字元，因此接下來輸出的內容是一個斷行。

繼續說明之前，先來看另外一個結果，這一次直接輸入兩個字元，然後按一下 Enter ，結果如下：

```
XY
輸入的字元是 X
輸入的字元是 Y
```

如你所見，接下來這個步驟還是一樣自動完成，但是它正確的依序讀取了使用者輸入的字元，如果進一步引用第三次的 scanf() ，則會讀取 Y 之後的斷行字元。

緊接著來看下頁另外一個範例，這個範例直接輸出字元的 ASCII 字元碼：

範例 4-19　連續讀取資料

p0419_scanfcode

```
001  #include <stdio.h>
002
003  int main()
004  {
005      char d;
006      scanf("%c", &d);
007      printf("輸入的第一個字元 %d \n", d);
008      scanf("%c", &d);
009      printf("輸入的第二個字元 %d \n", d);
010      return 0;
011  }
```

程式的內容與上一個範例大致上相同，不過這一次輸出的是字元碼而非字元，因此我們可以看到代表字元的 ASCII 碼。

```
X
輸入的第一個字元 88
輸入的第二個字元 10
```

從輸出結果當中，你會發現我們只輸入一個字元 X ，第一次讀取的是 X 的字元碼 88，第二次讀取的則是斷行字元的字元碼 10。

當你瞭解按下 Enter 鍵之後所發生的事，接下來就可以妥善處理它，有兩種方式可以很容易的讓我們避免讀取斷行的錯誤，首先是稍早提及的略過空白字元方式，另外一種則是清空緩衝區。

我們已在上述討論範例的時候，說明如何在讀取輸入資料時略過空白，而除了空白，斷行也會被直接略過，我們可以利用這個特性來避免斷行被讀取，底下來看一個範例：

範例 4-20　避免斷行讀取

p0420_scanfline

```
001  #include <stdio.h>
002
003  int main()
004  {
005      char c;
006      scanf("%c", &c);
007      printf("輸入的第一個字元 %c \n", c);
008      scanf(" %c", &c);
009      printf("輸入的第二個字元 %c \n", c);
010      return 0;
011  }
```

在第 8 行的 scanf() 函數中，%c 之前插入了一個空白，因此它會忽略緩衝區中空白以及斷行等相關的字元，如此一來，按下 Enter 鍵時的斷行就不會影響字元的讀取作業。

執行範例，於其中輸入一個字元 A ，按一下 Enter 鍵，這個字元會被讀取，然後緊接著游標會出現，等待使用者輸入下一個字元。

```
A
輸入的第一個字元 A
B
輸入的第二個字元 B
```

輸入 B 然後按下 Enter 鍵，接下來就會讀取這個字元，將其顯示在畫面上。

如你所見，這一次的結果正常了，當然，這只是取巧的作法，比較好的方式，是經由清除緩衝區內的資料避免不必要的資料讀取，下一節針對這一方面的議題進行討論。

4.2.6 fflush() 函數與緩衝區資料清除

殘存在緩衝區的資料會導致 scanf() 讀取的錯誤，我們可以透過引用 fflush() 將緩衝區的資料清空來避免這個問題，所需的語法如下：

```
fflush(stdin) ;
```

執行這一行程式碼會清空緩衝區裡面的資料，底下範例說明實際的應用：

範例 4-21 清空緩衝區

p0421_fflush

```
001  #include <stdio.h>
002
003  int main()
004  {
005      char c;
006      scanf("%c", &c);
007      printf("輸入的第一個字元 %c \n", c);
008      fflush(stdin);
009      scanf("%c", &c);
010      printf("輸入的第二個字元 %c \n", c);
011      return 0;
012  }
```

這個範例與前一節討論 scanf() 讀取緩衝區殘值問題的範例 4-20 內容幾乎相同，只是在第 8 行，我們透過 fflush() 的引用，將緩衝區的內容清空，避免不必要的讀取行為。

執行這個範例，會得到與範例 4-20 完全相同的內容。

4.2.7 整數與字串的混合擷取

當輸入值包含整數與字串，我們來看看 scanf() 的讀取情形，考慮以下的範例：

範例 4-22 讀取整數

p0422_numberstring

```
001  #include <stdio.h>
002
003  int main()
004  {
005      int d;
006      char str[16];
007      printf("請輸入欲讀取的資料：");
008      scanf("%d", &d);
009      printf("輸入的數值：%d \n", d);
010      scanf("%s", str);
011      printf("輸入的字串：%s \n", str);
012      return 0;
013  }
```

這個範例並沒有特別的地方，其中要求使用者輸入一段測試用的讀取資料，然後第 8 行讀取其中的整數，並且將取得的整數值輸出於畫面上，第 10 行讀取字串，然後亦將讀取的資料顯示在畫面上。

來看它的執行結果，列舉如下：

```
請輸入欲讀取的資料：2012who
輸入的數值：2012
輸入的字串：who
```

第 1 行輸入一個同時包含整數與字串的值，接下來所擷取的值為其中的整數部分 2012，然後是字串被擷取出來。

從這個範例的執行過程中，我們看到了，當 scanf() 函數讀取整數的時候，它會搜尋資料中一開始整數的部分，然後將其取出，其它非數字的部分則留在緩衝區中，等待下一次的讀取。

而在這個範例中緊接著有下一個 scanf() ，其中指定了讀取字串 %s ，因此剩下的字串被順利讀取。

如果輸入的資料一開始並非整數，則會導致整數讀取的部分錯誤，然後整個輸入的資料被當作字串取出。

4.3 其它字元讀取功能函數

除了 scanf() ，緊接著來看看另外幾個提供字元資料讀取功能的相關函式，列舉如下表：

表 4-4

函式	說明
getchar()	讀取字元，並且將其取出。
putchar()	於螢幕畫面上輸出指定的變數字元內容。
getche()	讀取字元，並且將其取出顯示在螢幕上。
getch()	讀取字元，但是不顯示在螢幕上。

這幾個函數是專門為了字元的存取設計的，它們可以很方便的接受使用者於畫面所輸入的值，請特別注意最後兩個函數，getche() 與 getch() ，必須含括標頭檔 conio.h ，才能順利進行引用。

接下來，我們透過幾個簡單的範例，來看看表列的函數用法：

範例 4-23　讀取字元

p0423_getchardemo

```
001  #include <stdio.h>
002
003  int main()
004  {
005      printf("輸入字元：");
006      char c = getchar();
007      printf("讀取的字元：%c \n", c);
008      return 0;
009  }
```

第 6 行引用 getchar() 函數，它會在使用者按下 Enter 鍵時，從畫面上讀取一個字元，然後將其儲存至變數 c ，第 7 行將取得的字元，輸出於畫面上。

當這個範例開始執行的時候，第 1 行會顯示要求輸入字元的提示訊息，輸入單一字元，例如 X ，然後按一下 Enter 鍵，會得到以下的結果：

```
輸入字元：X
讀取的字元：X
```

這個範例示範了 getchar() 的運用，透過 printf() 將取得的結果輸出於畫面上。

由於執行後的結果事實上只輸出一個字元，因此可以考慮選擇使用 putchar() ，這個函數提供輸出字元的功能，底下來看另外一個範例：

範例 4-24 輸出字元

p0424_putchardemo

```
001  #include <stdio.h>
002
003  int main()
004  {
005      char schar = 'Y';
006      putchar(schar);
007      putchar('O');
008      putchar('U');
009      putchar('\n');
010      return 0;
011  }
```

第 5 行宣告字元型態變數 schar ，並且將 Y 指定給這個變數。

第 6 行引用 putchar 將 schar 輸出於畫面，第 7 行以及第 8 行分別輸出 O 與 U 等兩個字元，第 9 行則輸出斷行字元 \n。

執行這個範例會輸出 YOU 然後斷行。

在這個範例中我們看到了 putcahr() 的運用，對於單一字元的輸出，putchar() 相當的方便，不過在使用上就沒有 printf() 這麼彈性，你可以選擇符合自己需求的輸出方式。

緊接著來看另外兩個字元函數—getche() 與 getch() ，這兩個函數的功用與上述的 getchar() 類似，差別在於它們會即時取得使用者輸入的字元。

範例 4-25 讀取字元

p0425_getchedemo

```
001  #include <stdio.h>
002  #include <conio.h>
003  int main()
004  {
005      printf("輸入字元：");
006      char che = getche();
007      printf("\n輸入的字元：%c\n", che);
008      return 0;
009  }
```

第 2 行先將所需的標頭檔 conio.h 含括進來。

第 6 行引用 getche() 以取得使用者所輸入的字元，並且將其指定給 che 變數。

接下來的第 7 行則顯示所輸入的字元。

執行這個範例的時候，一開始會出現如下執行結果的第 1 行的訊息，輸入一個字元的時候請特別注意，不需要再按下 Enter ，程式會自動讀取，然後完成第 2 行的輸出。

```
輸入字元：H
輸入的字元：H
```

從這個執行結果當中，讀者看到了 getche() 與上述範例中 getchar() 的差異，不需要再經過 Enter 鍵就能完成輸入。

另外還有一個提供字元讀取功能的函數 getch() ，這個函數與 getche() 的差異，在於它不會顯示所讀取的字元，換句話說，你看不見所輸入的字元，我們來看這個範例：

範例 4-26 讀取字元

p0426_getch

```
001  #include <stdio.h>
002  #include <conio.h>
003  int main()
004  {
005      char che[6];
006      int i = 0;
007      printf("輸入 5 個字元密碼：");
008      for (i = 0; i < 5; i++) {
009        che[i] = getch();
010      }
011      che[5] = '\0';
012      printf("\n輸入的字元：%s\n", che);
013      return 0;
014  }
```

第 5 行宣告一個 char 型態的陣列，用來儲存使用者輸入的字元，它的長度是 6，第 8 行開始的 for 迴圈，執行五次，每一次要求使用者輸入一個密碼字元，由於 getch() 並不會將使用者輸入的字元顯示出來，因此輸入完成之後，它會執行下一次迴圈等待使用者輸入下一個字元。

一旦完成五次的單一字元輸入，接下來跳出迴圈，將一個字串結束字元指定給陣列的最後一個索引位置。

第 12 行輸出陣列 che 的內容。

來看看執行的結果，一開始顯示輸入密碼的訊息，如下式：

```
輸入 5 個字元密碼：
```

於其中連續輸入任意五個字元，請特別注意在第五個字元結束的時候，程式會自動結束輸入，然後直接顯示以下的訊息：

```
輸入 5 個字元密碼：
輸入的字元：abcde
```

getch() 並不會顯示使用者所輸入的字元，同時使用者輸入之後便自動結束字元的讀取。

結論

本章討論了基本的輸出入議題，同時針對各種相關的函數進行了完整的說明，完成本章課程內容的學習之後，相信讀者能夠輕易利用其中所討論的函數，建立具備互動功能的簡單程式。

接下來的兩個章節，將針對流程控制語法進行相關的討論，包含決策流程控制與重複執行迴圈，說明更複雜的程式架構設計。

摘要

4.1

- printf() 函數提供自訂格式內容的輸出支援。
- printf() 搭配預先定義的格式碼，進行輸出內容的格式化，包含 %d、%f 等等。

- printf() 函數的引數，根據對應的格式碼嵌入輸出的字串中。
- 透過指定不同的格式碼，以字元（%c）、整數（%d）等特定格式輸出指定的值。
- 格式碼的型態必須與指定的值配合，否則會輸出錯誤的值。
- 透過修飾詞與寬度、小數位數的指定，針對格式化的輸出進行排版。

4.2

- scanf() 函數支援輸入的功能。
- 當輸入的值超過一個以上時，只需將引數以「,」隔開格式碼與引數，並且將格式碼與引數逐一對應即可。
- 超過一個以上的輸入值，可以利用空白分隔格式碼，這種型式的輸入設定，接受空白、Tab 鍵以及 Enter 鍵的輸入。
- 輸入 double 型態的數值，必須指定 %lf 格式碼。
- 格式碼 %c 接受包含空白的單一字元輸入，%s 接受字串的輸入。
- 於格式碼 %c 之前插入空白，將令 scanf() 擷取第一個遇到的非空白字元。
- scanf() 會讀取緩衝區中存在的任何字元。
- 略過空白讀取，可以避免斷行被讀取。
- fflush() 函數提供緩衝區資料的清除功能。

4.3

- getchar() 支援字元的讀取，pubchar() 支援字元的輸出。
- 標頭檔 conio.h 的 getche() 與 getch() 支援字元的讀取。

學習評量

4.1

1. 請說明以下這一行程式碼的輸出結果為何？並簡單解釋輸出結果。

```
printf("西元%d年，中華民國%d年",2011,100);
```

2. 完成下表的說明內容：

格式碼	說明
%c	
%s	
%d	
%f	
%e	

3. 請說明以下這一行程式碼的輸出結果為何？並簡單解釋輸出結果。

```
printf("西元%d年\n中華民國%d年",2011,100);
```

4. 考慮以下的程式碼，請說明它們輸出結果的差異。

```
001  printf("%d \n",77);
002  printf("%c \n",77);
003  printf("%x \n",77);
004  printf("%o \n",77);
```

5. 考慮以下的程式碼，請說明它的輸出結果會有什麼問題？

```
001  float f = 123.23 ;
002  printf("%d",f) ;
```

6. 承上題，請說明如何透過轉型避免上述的錯誤？

7. 考慮以下的程式碼：

```
printf("%5.2f",659.1234) ;
```

請寫出其輸出結果，並且說明格式符號中間數字 5.2 的意義。

8. 考慮以下的程式碼：

```
001  printf("%8d\n",1000) ;
002  printf("%d\n",1000) ;
```

請說明這兩行程式碼輸出的差異，並且試著解釋這個結果。

9. 承上題，請問如何讓這兩行數字能夠靠左與靠右對齊？

10. 請說明符號「*」套用於格式化符號中的意義為何？

11. 承上題，請說明以下三行程式碼的輸出結果為何？

```
001  printf("%*d\n",6,1000) ;
002  printf("%*d\n",6,100) ;
003  printf("%*d\n",6,10) ;
```

4.2

12. 簡述 scanf() 函數的功能。

13. 承上題，考慮以下這一行程式碼：

```
scanf(" %d ", & var) ;
```

請說明其中執行的情形以及最後 var 的值為何？

14. 請說明以下這一行程式碼的問題。

```
scanf(" %d ",x) ;
```

15. 請試著撰寫一行程式碼，讓使用者可以連續輸入兩個整數。

16. 以下兩行程式碼，請說明它們的差異為何？

```
001  scanf("%lf",&x)  ;
002  scanf("%f",&y)  ;
```

17. 考慮以下兩行程式碼：

```
001  scanf("%s",&x)  ;
002  scanf("%c",&x)  ;
```

請說明第 1 行與第 2 行的 x 有什麼差異？

18. 考慮以下兩行程式碼：

```
001  scanf(" %c",&x)  ;
002  scanf("%c",&x)  ;
```

請說明第 1 行與第 2 行的差異為何？

19. 考慮以下的程式碼：

```
001  char x,y ;
002  scanf("%c",&x)  ;
003  scanf("%c",&y)  ;
```

請說明當使用者輸入連續字元 AB，而程式碼執行完畢，其中 x 與 y 的輸出值為何？

20. 承上題，如果輸入單一字元 A，則 x 與 y 的輸出值為何？

21. 考慮以下兩段程式碼：

A

```
001  char x ;
002  scanf("%c",&x)  ;
003  printf("%c\n",x);
```

B

```
001  int x ;
002  scanf("%d",&x)  ;
003  printf("%d\n",x);
```

當使用者輸入 123，請問 A 段程式的輸出結果與 B 段程式的輸出結果分別為何？並請說明原因。

22. 簡述 fflush(stdin) 這個函數的功能。

23. 考慮以下的程式碼：

```
001  char x ;
002  scanf("%c",&x)  ;
003  printf("%c\n",x);
004  fflush(stdin) ;
005  scanf("%c",&x)  ;
006  printf("%c\n",x);
```

請說明當使用者輸入連續字元 AB，程式的執行結果為何？

4.3

24. 請說明 getchar() 與 getche() 這兩個函數在執行上的差異為何？
25. 呼叫 getche() 與 getch() 這兩個函數必須引用何種標頭檔？

05 決策流程控制

接下來連續兩章，針對 C 語言的流程控制語法進行討論，主要有兩大類，分別是決策流程控制與迴圈，前者根據特定的運算式結果，決定執行的流程，後者則是重複某個特定的程式區塊，無論何者均會改變程式的執行流程，本章從概念開始，逐一討論決策流程控制的語法與實作細節。

5.1 關於流程控制

在沒有撰寫任何控制程式碼之前，應用程式敘述會從上而下逐行執行，直到所有的敘述結束，本書到目前為止所有的範例都是此種類型，它很單純，在執行的過程中，除非發生錯誤，否則程式的流程就如同單行道，從第一行敘述開始，執行到最後一行，然後結束，下圖說明其中的過程：

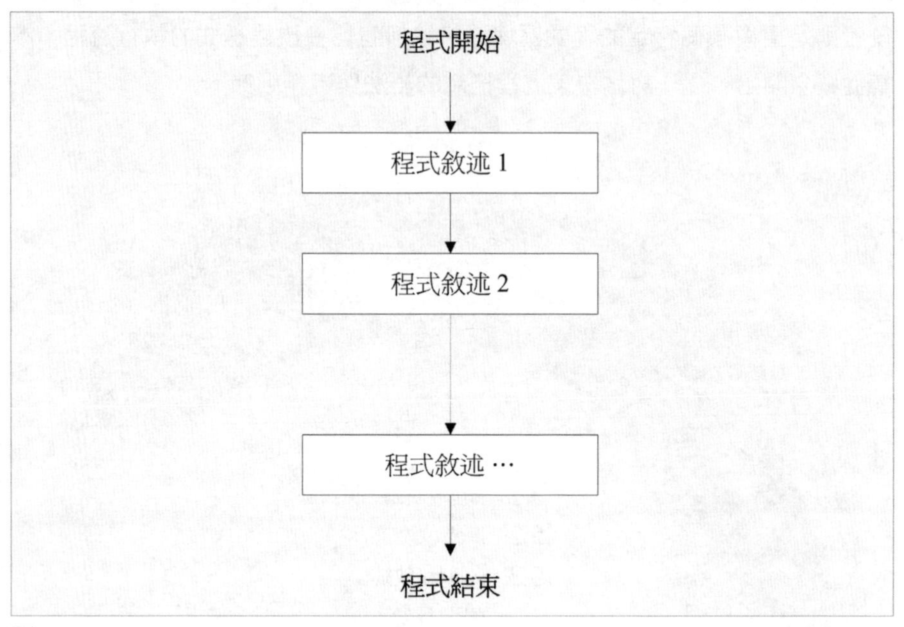

圖 5-1

為了提供各種複雜的功能，真正的應用程式邏輯通常沒有這麼單純，並非每一行程式敘述均會執行，某些程式碼可能因為不符合所設定的條件而直接跳過，下頁圖示是一種典型的程式分支流程：

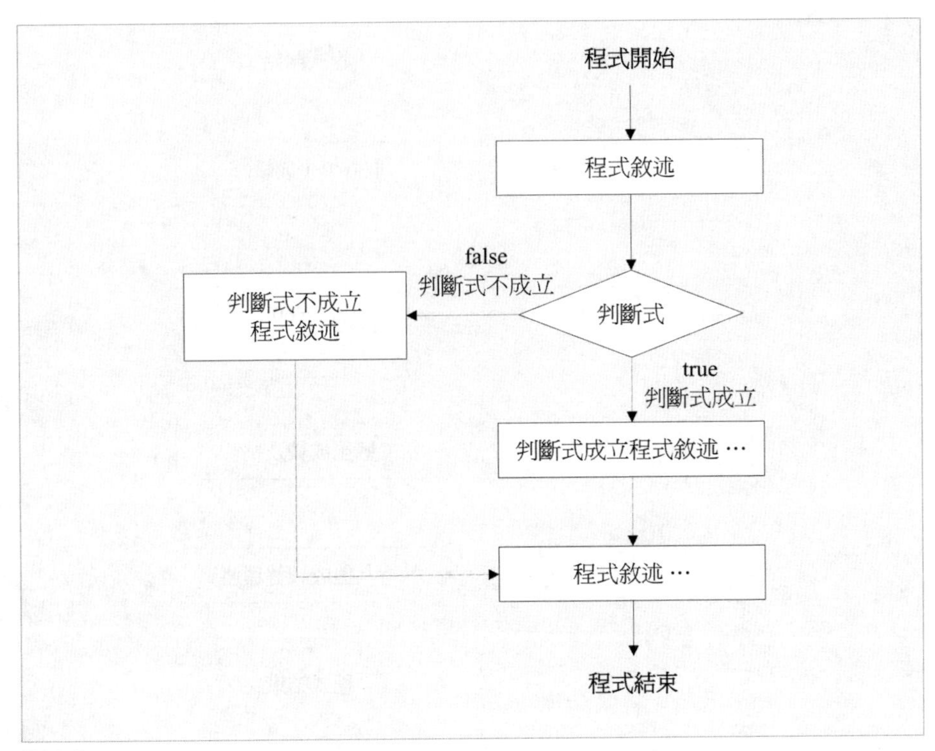

圖 5-2

圖中的程式流程在執行過程中，會先經過一個判斷式，如果條件成立回傳 true 的結果，它會持續往下執行，否則的話，則執行另外一個流程，也就是 false 的結果。

假設你正在開發學生管理系統，其中有一項功能會根據學生的成績顯示及格與否，所需的流程如下頁圖示：

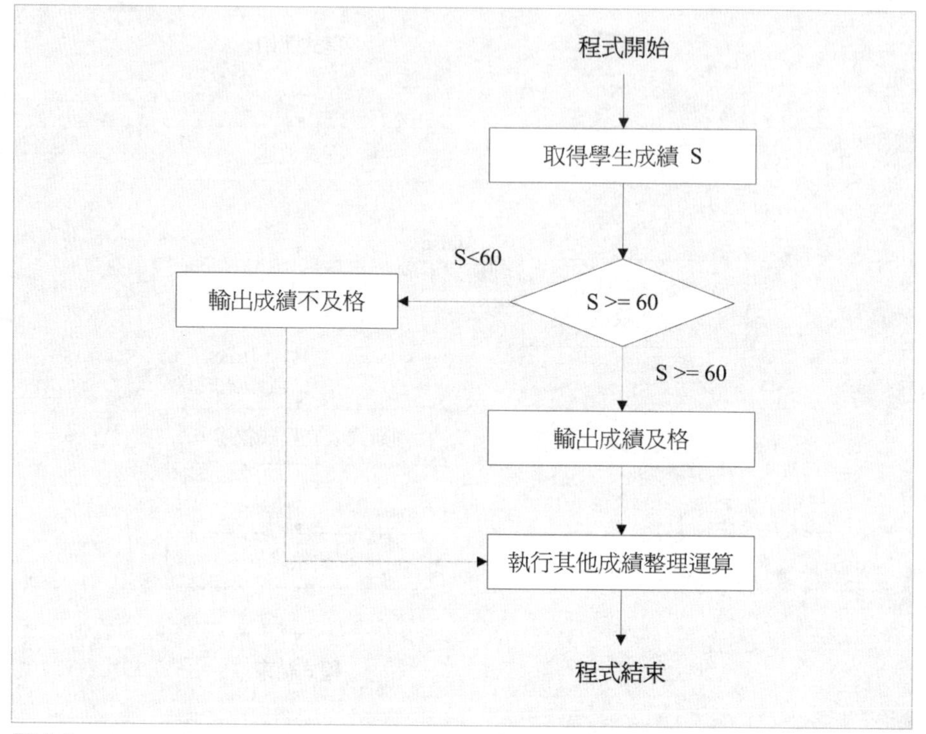

圖 5-3

其中的 S 是用來儲存學生成績的變數，接下來的程式判斷 S 的值是否大於等於 60，然後根據判斷結果，執行特定的程式敘述。

如你所見，一旦導入邏輯判斷，程式的執行就不再直線進行了，它的走向也會複雜許多，C 語言針對各種邏輯判斷所需，提供了專屬的語法敘述，這些敘述隔離出獨立的程式區塊，根據判斷結果，決定所要執行的區塊。

5.2 if-else 敘述

這一節針對最簡單的流程控制語法 if-else 進行說明，它包含幾種版本，可以執行各種不同的邏輯判斷，甚至允許我們進行多重判斷、支援巢狀階層式判斷架構等等。

5.2.1 使用 if

if 敘述是最簡單的決策流程控制語法，這種類型的控制語法適合判斷式只有 true（真）與 false（偽）等兩種結果的判斷式，來看它的基本語法：

```
if(判斷式)
{
    if 程式區塊 ;
    …
}
其它程式敘述  ;
…
```

這段語法包含幾個重要的部分，列舉說明如下：

1. if 關鍵字構成了判斷式的程式區塊。
2. 關鍵字後方小括弧的「判斷式」是運算式，它會回傳 true/false（1/0）的結果。
3. 左右大括弧形成 if 程式區塊，並且根據「判斷式」的執行結果來決定是否執行其中的程式碼。
4. 若是「判斷式」的回傳值為非 0 的結果，也就是 true ，則進入大括弧區塊中執行其中的程式碼，直到區塊內容執行完畢，否則直接跳出區塊內容，繼續往右大括弧的下一行程式敘述（如果有的話）開始執行。

下頁的圖示，說明上述步驟的程式執行流程：

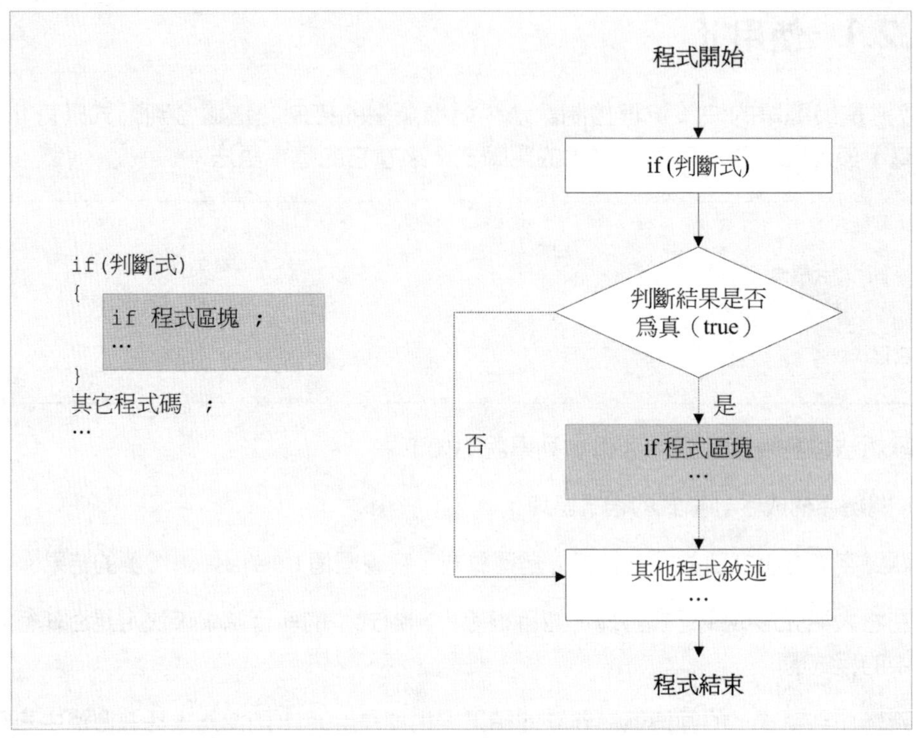

圖 5-4

圖示中的深色區塊為 if 區塊的內容，只有判斷條件式回傳結果為 true 的時候，它才會執行，否則會直接跳開這個區塊的程式碼。

在我們討論第一個範例之前，要特別提醒讀者的是，第 2 章曾經就布林型態做過討論，C 語言並沒有這種型態，它以 0 代表「偽」的狀態，也就是 false ，其它非 0 的值則表示「真」的狀態，也就是 true。

if 判斷式則判斷是否為非 0 的結果，當判斷式最後回傳的是非 0 的結果，則表示判斷式為真，如此一來會執行 if 區塊中的程式碼，而接下來的課程當中，為了方便說明一律以 true 與 false 做表示。

範例 5-1 簡單 if 語法示範

p0501_ifdemo

```
001  #include <stdio.h>
002
003  int main()
004  {
005      int a = 100;
006      int b = 200;
007      if (a < b)
008      {
009        printf(" 比對結果 a<b \n");
010      }
011      printf("if 判斷式執行完畢 \n");
012      return 0;
013  }
```

第 5 ～ 6 行，分別宣告一個 int 型態的整數變數 a 與 b ，第 7 行以一個 if 判斷式判斷是否變數 a 的值小於 b ，是的話，輸出相關的說明訊息，這一行判斷式中，如果 a 小於 b 則表示結果為 true ，執行大括弧中的程式碼，否則為 false ，直接跳過大括弧的程式碼。

第 11 行輸出另外一段說明訊息，表示 if 判斷式執行完畢。

來看看這個範例的執行結果：

```
比對結果 a<b
if 判斷式執行完畢
```

如你所見，比對的結果輸出於畫面上，說明了 a 與 b 的比較運算結果，a 的值等於 100，b 的值等於 200，因此 a 的確小於 b。

最後我們整理一下這個程式執行的邏輯，列舉說明如下：

1. a 是否小於 b ？

2. 如果 a<b ，輸出相關的說明訊息。

3. 如果 a>b ，直接跳出 if 區塊。

如果將其以流程圖示範，結果圖示如下：

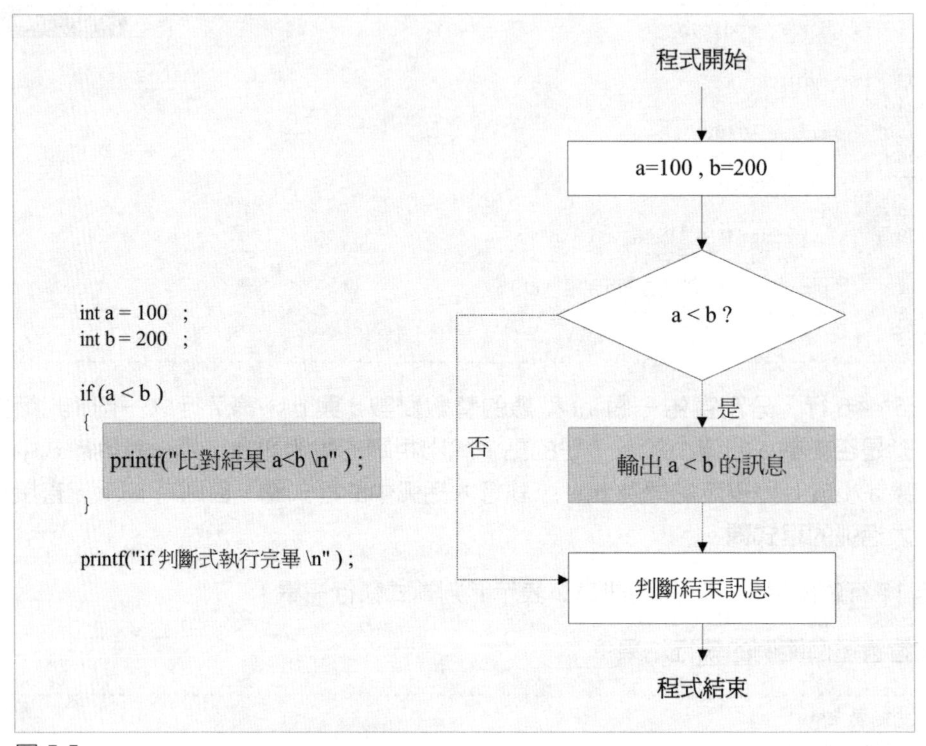

圖 5-5

上述的範例只看到 a 小於 b 的執行結果，現在做一個實驗來看看另外一個結果，修改其中 a 與 b 的變數值比較運算式，如下式：

```
int a = 600   ;
int b = 200   ;
```

重新執行範例，這一次判斷結果並沒有輸出訊息，因為 a 的值大於 b ，if 判斷式大括弧內部的程式碼並沒有執行，只看到最後輸出的訊息字串，如下式：

```
if 判斷式執行完畢
```

這個範例是最簡單的 if 判斷式，if 判斷式還有不同的架構，你還可以在 if 判斷式裡面執行更複雜的判斷運算，讓我們繼續往下看。

5.2.2 包含運算式的 if 判斷式

大部分的情形下，應用程式所需的邏輯判斷式並沒有上述所討論的那麼簡單，if 判斷式會更複雜一點，甚至是幾個運算式合併的結果，底下討論另外一個實際的範例：

範例 5-2 if 判斷式

p0502_ifsdemo

```
001  #include <stdio.h>
002
003  int main()
004  {
005      int a;
006      scanf("%d", &a);
007      if (a % 2 > 0)
008      {
009        printf("a 等於 %d 是奇數 \n", a);
010      }
011      if (a % 2 == 0)
012      {
013        printf("a 等於 %d 是偶數 \n", a);
014      }
015      return 0;
016  }
```

第 5 行宣告一個 int 型態的變數 a ，第 6 行接受使用者輸入任意的整數值，並且將其儲存至變數 a。

第 7 行是一個 if 判斷式，其中引用 % 運算子，檢視除以 2 之後，是否有餘數，是的話，則輸出這個值是奇數的訊息。

第 11 行則判斷除以 2 之後是否餘數為 0，是的話則輸出這個值是偶數的訊息。

現在來看看執行結果，一開始輸入 11，由於這是一個奇數，因此第 7 行的 if 判斷式為 true ，執行這個範例會輸出以下的結果：

```
11
a 等於 11 是奇數
```

重新執行一次，於其中輸入 10，得到的結果如下式：

```
10
a 等於 10 是偶數
```

此時第 7 行 if 判斷式的回傳值將為 false ，而第 11 行的判斷式為 true ，因此輸出結果為偶數。

在這個範例中，a 先經過 % 運算，再進一步與 0 做比較以取得比較的結果，其中執行了以下的判斷式：

1. a 除以 2 的餘數是否大於 0 ？
2. 如果餘數大於 0 則輸出 a 是奇數的訊息，否則的話直接結束 if 判斷式。
3. a 除以 2 的餘數是否等於 0 ？
4. 如果餘數等於 0 則輸出 a 為偶數的訊息，否則的話直接結束 if 判斷式。

到目前為止，讀者看到了幾個簡短的範例，並且從中體驗了 if 判斷式的運作，這是最簡單且常見的 if 判斷式，下一個小節我們繼續來看看看複雜的 if 判斷式。

5.2.3 結合邏輯運算子

如果 if 判斷式必須超過一個以上的運算式才能取得判斷的結果，我們就必須透過邏輯運算子結合判斷式來達到所需的判斷功能。

以下的執行流程示意圖，是結合邏輯運算子「&&」與判斷式的典型運算式，其中包含了兩個運算式：

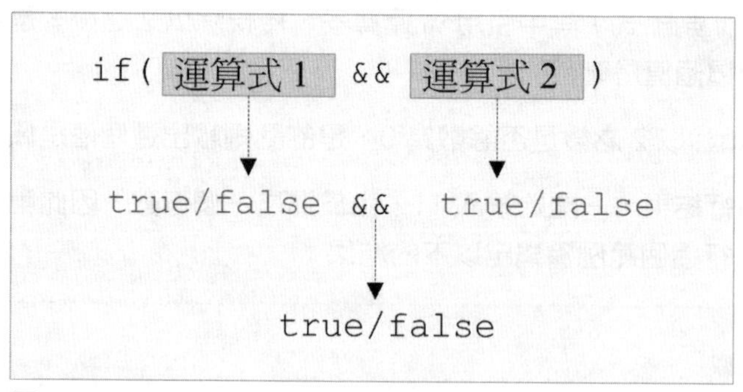

圖 5-6

「運算式 1」與「運算式 2」，這兩個運算式會先獨立運算，然後回傳 true 或是 false 的結果，邏輯運算子再進一步針對這兩個運算式的結果進行運算，回傳最後的運算結果，if 判斷式則根據這個結果決定是否執行其中的區塊。

現在回到本章一開始流程圖提及的成績判斷程式，這便是一個很典型的例子，假設我們需要成績分數的判斷標準級距如下表，除了 60 以上為及格之外，當分數落在 59 與 40 之間，則必須補考，若是分數低於 40 則死當，分級如下表：

分數級距	說明
100 ~ 60	及格
59 ~ 40	補考
39 ~ 0	死當

現在根據這個級距設計 if 判斷式，建立符合各區間條件的判斷式。

範例 5-3 if 與運算子合併示範

p0503_ifcb

```
001  #include <stdio.h>
002
003  int main()
004  {
005      int a;
006      scanf("%d", &a);
007      if (a > 59)
008      {
009        printf("%d 及格 \n", a);
010      }
011      if (a < 60 && a > 39)
012      {
013        printf("%d 不及格，補考 \n", a);
014      }
015      if (a < 40)
016      {
017        printf("%d 死當 \n", a);
018      }
019      return 0;
020  }
```

第 5 行宣告的 int 變數 a ，用來記錄使用者輸入的分數，第 7 行是第一個判斷式，如果分數大於 59 分，則輸出這個分數及格的說明訊息。

第 11 行的 if 判斷式包含兩個運算式，如果分數在 60 與 40 分之間，也就是同時通過了 a<60 以及 a>39 這兩個判斷式，則輸出補考的相關訊息。

最後，第 15 行則判斷分數是否低於 40，是的話則輸出死當的相關訊息。

執行這個範例，假設輸入 45，這個值介於 60 與 39 之間，因此輸出的結果如下：

```
45
45 不及格，補考
```

如你所見，第 11 行的判斷式執行結果為 true ，因此第 13 行會輸出補考的相關訊息，讀者可以自行輸入不同範圍的整數看看相關的執行結果。

5.2.4 if 的簡易寫法

if 敘述並不一定需要使用大括弧來界定所要執行的程式區塊內容，如果大括弧的程式區塊裡面只有一行敘述，可以省略大括弧，直接寫下這一行程式碼，如下所示：

```
if( 判斷式 )
    statement  ;
```

沒有標示大括弧，只有緊接著 if 下方的第一行程式碼會執行，通常會透過縮排與其它的程式碼做區隔，例如：

```
if( 判斷式 )
    statementA  ;
statementB  ;
statementC  ;
```

另外，if 判斷式與 statement 也可以併成一行，這是合法的，如下式，如果 statement 不是太長的話，可以選擇這種簡便的寫法：

```
if( 判斷式 ) statement ;
```

現在，我們重新改寫前述的範例，會得到以下的內容：

範例 5-4　if 的簡短寫法

p0504_ifline

```
001   #include <stdio.h>
002
003   int main()
004   {
005       int a;
006       scanf("%d", &a);
007       if (a % 2 > 0)
```

```
008        printf("%d 是奇數 \n", a);
009
010      if (a % 2 == 0)
011        printf("%d 是偶數 \n", a);
012      return 0;
013  }
```

第 8 行是第 7 行開始的 if 判斷式，由於只有一行，因此不需要大括弧，第 10 行則直接將運算式與 if 判斷式合併成為一行。

這個範例的功能與稍早範例 5-2 程式相同，不過要特別注意的是，不用大括弧雖然方便，但是它會產生一些副作用，導致你不想要的結果。

來看看以下的程式碼，其中緊接著 if 下方有三段敘述：

```
if( 判斷式 )
    statementA  ;
    statementB  ;
    statementC  ;
```

這一段程式碼與下述稍早提及的程式碼意義是相同的：

```
if( 判斷式 )
    statementA  ;
statementB  ;
statementC  ;
```

當這段程式碼被執行時，if 判斷式所影響的程式碼只有 statementA 一行，expression 的結果無論是 true 或是 false ，statementB 與 statementC 都會執行，這一點請讀者務必特別注意，它們的意義與大括弧的引用效果相同，如下式：

```
if(expression){
    statementA  ;
}
statementB  ;
statementC  ;
```

瞭解上述的語法結構非常重要，最好的方式是明確的在 if 判斷式後方加上大括弧，如此一來就能明確規範 if 判斷式的程式區塊範圍，而非僅是透過縮排處理，編譯器並不會理會排版的內容。

範例 5-5 if 未設定大括弧的錯誤

p0505_iflines

```
001  #include <stdio.h>
002
003  int main()
004  {
005          int a    ;
006          scanf("%d",&a) ;
007          if(a %2 > 0 )
008              printf(" 輸入的結果：" ) ;
009              printf("%d 是奇數 \n",a ) ;
010          return 0;
011  }
```

第 7 行開始是一個 if 判斷式，其中執行運算式 a%2>0 的判斷。

請注意 if 判斷式並沒有加上大括弧，因此當 if 判斷式的結果為 true 時不會有問題，如果是 false ，則只有其中的第 8 行會被跳過，第 9 行依然會被執行，來看看執行的結果，先輸入奇數 11，則得到以下結果：

```
11
輸入的結果：11 是奇數
```

這個結果沒有問題，接下來輸入一個偶數值 10，執行結果如下：

```
10
10 是奇數
```

如你所見，由於沒有大括弧，因此只有第 8 行跳過沒有執行，第 9 行依然正常執行，得到錯誤的輸出結果。

要修正這個程式，必須明確的加上大括弧，如下式：

```
001  if(a %2 > 0 )
002  {
003    printf(" 輸入的結果：" ) ;
004    printf("%d 是奇數 \n",a ) ;
005  }
```

讀者應該小心設計判斷式的結構以避免上述的結果。

5.2.5 巢狀式 if 區塊

瞭解 if 敘述的架構運作之後，很容易就能理解巢狀式 if 區塊的原理，它只是在原來的大括弧程式區塊中，再嵌入一層 if 敘述，原理則完全相同。以下是一段合法的巢狀式 if 區塊：

```
if( 外部 if 判斷式 )
{
    if( 內部 if 判斷式 )
    {
       內部 if 程式碼區塊   ;
      …
    }
}
```

其中以網底標示的部分，為巢狀內部 if 區塊，外層 if 的判斷式如果是 true ，會進入內部 if 區塊，進一步執行其中的內部 if 判斷式，再決定是否執行內部 if 區塊中的程式碼。

下圖說明巢狀式 if 判斷式的運算邏輯：

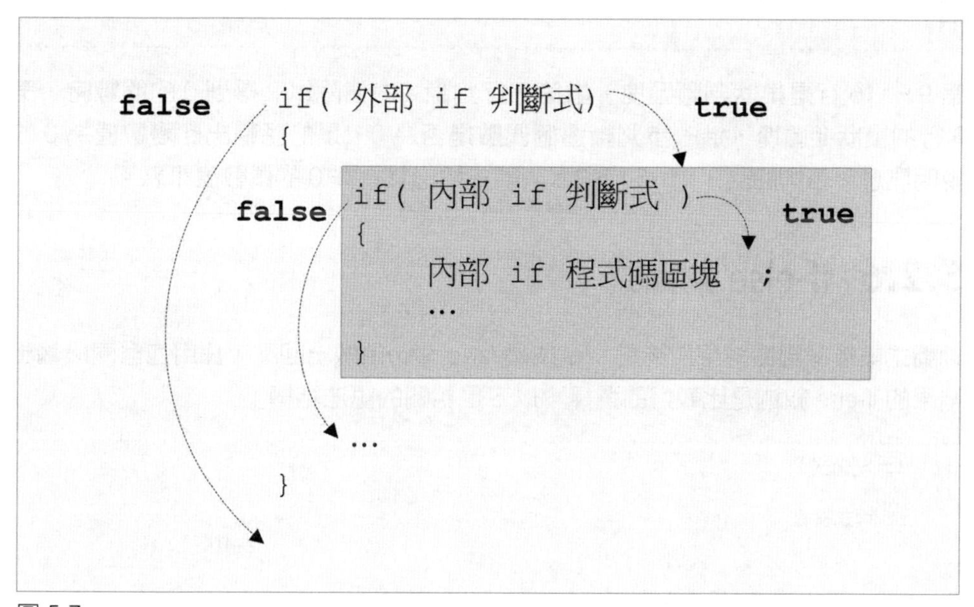

圖 5-7

你可以從流程圖看到，當內部的 if 區塊執行完畢之後，就會繼續執行外部 if 區塊剩下的程式碼，直到整個 if 區塊結束。

現在我們透過一個簡單的範例，來看看巢狀式 if 敘述的用法。

範例 5-6　示範巢狀式 if

p0506_ifnestdemo

```
001  #include <stdio.h>
002
003  int main()
004  {
005      int a;
006      scanf("%d", &a);
007      if (a % 2 == 0)
008      {
009        if (a == 0)
010        {
011          printf("輸入值 %d 是 0 \n", a);
012        }
013        if (a != 0)
014        {
015          printf("輸入值 %d 是 偶數 \n", a);
016        }
017      }
018      return 0;
019  }
```

第 9 ~ 16 行是巢狀判斷區塊，當第 7 行判斷 a 的值除以 2 得到 0 的餘數時，第 9 行的巢狀 if 區塊，進一步判斷這個偶數是否為 0，是的話輸出此變數值為 0 的說明訊息，否則的話，第 15 行的 if 判斷式輸出其為非 0 的偶數值訊息。

5.2.6 if-else 判斷式

判斷式最後輸出的結果無論是 true 或是 false 都必須做出回應，採用包含兩段輸出結果的 if-else 敘述是比較好的選擇，以下是相關的語法結構：

```
if( if 判斷式)
{
    if 程式區塊
    …
}
else
{
    else 程式區塊
    …
}
```

如果條件判斷式最後的運算結果是 false ，則會緊接著執行 else 後方大括弧程式區塊裡面的 else 程式區塊，下圖說明其中的流程：

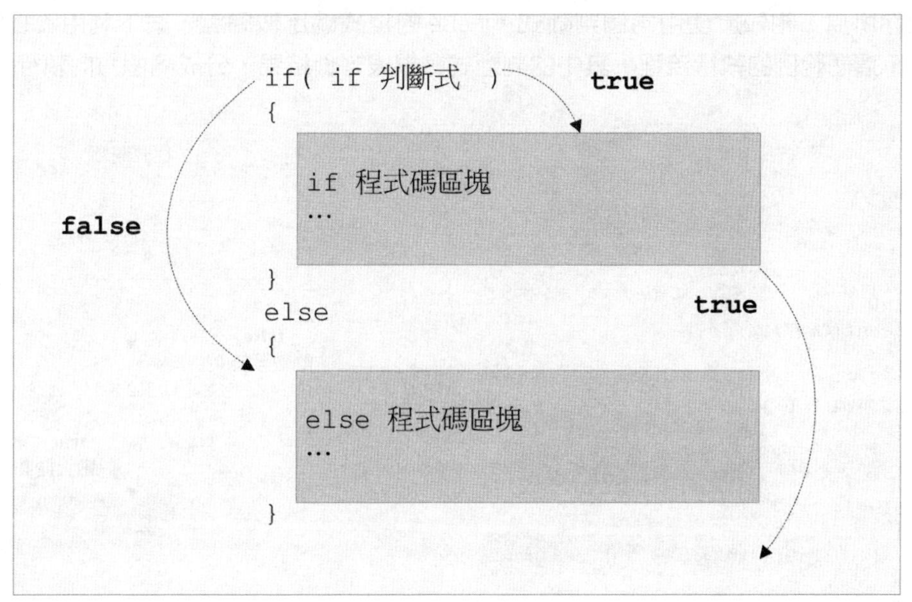

圖 5-8

與單純的 if 判斷式流程比較，讀者可以很明顯看出它們的差異，此種版本的 if 判斷式多了一個 else 區塊，負責提供 if 判斷式結果為 false 時，所要執行的功能程式碼。

範例 5-7 if-else

p0507_ifelse

```
001  #include <stdio.h>
002
003  int main()
004  {
005      int a;
006      scanf("%d", &a);
007      if (a % 2 == 0)
008      {
009        printf("%d 是偶數 \n", a);
010      }
011      else
012      {
013        printf("%d 是奇數 \n", a);
014      }
015      return 0;
016  }
```

第 7 行開始的 if-else 判斷式，當 a 的值是偶數時，if 的結果是真，執行第 9 行的程式碼，否則的話執行第 13 行的程式碼。

如你所見，相較於使用兩個判斷式，if-else 的程式碼比較簡潔，底下利用流程圖表示這個範例的執行流程，其中的判斷式會根據判斷結果，分成兩個方向執行：

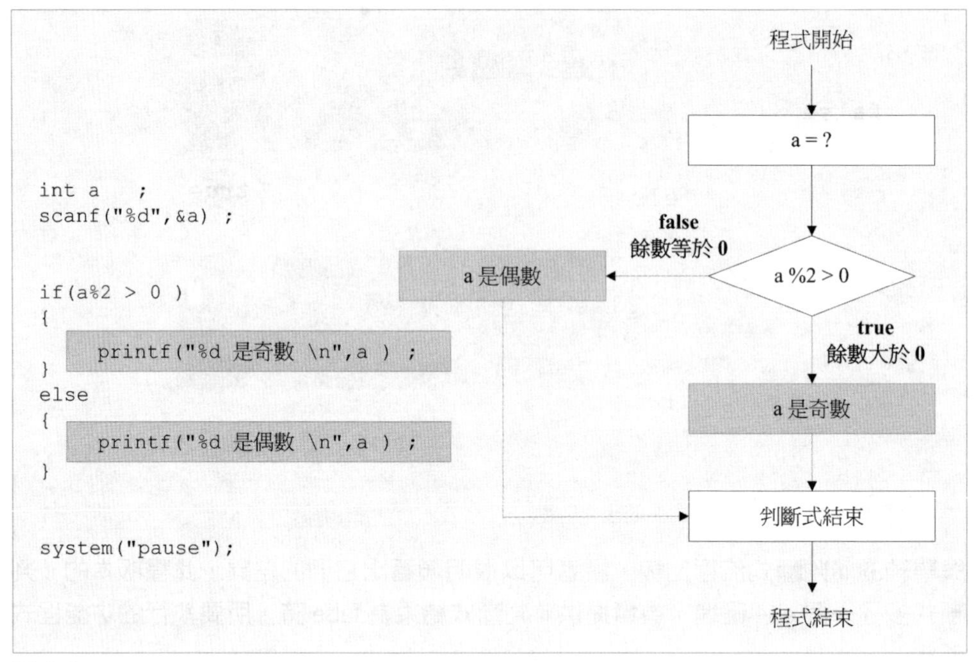

圖 5-9

當你使用了 if-else 判斷式時，如果判斷式的運算結果為 false ，會無條件執行其中 else 區塊的程式碼，另外，if-else 同樣支援省略大括弧的單行敘述，例如這個範例中的判斷式可以修改如下：

```
if(a%2 == 0 )
    printf("%d 是偶數 \n",a ) ;
else
    printf("%d 是奇數 \n",a ) ;
```

由於只有一行，因此這段敘述本身是合法的，如果只是單純的判斷，使用此種格式會更為簡潔，當然你必須考慮到稍早討論的單行執行邏輯問題。

如果 else 區塊裡面的程式碼還必須進一步做判斷時，它就無法達到我們的要求，在這種情形下，可以進一步使用 if-else if。

5.2.7 if-else if 判斷式

有兩種作法可以讓我們達到進一步判斷的目的，先來看比較簡潔的作法，直接於 else 後方連接另外一個 if 判斷式，語法如下：

```
if(if 判斷式)
{
    if 區塊程式敘述
    …
}
else if(else if 判斷式)
{
    else if 區塊程式敘述
    …
}
```

其中的 else 後方同時連接著一個 if 判斷式，當其中的運算式結果為 true 的時候，流程才會跳至 else 區塊中執行，否則整個 else 區塊的內部區塊不會被執行。

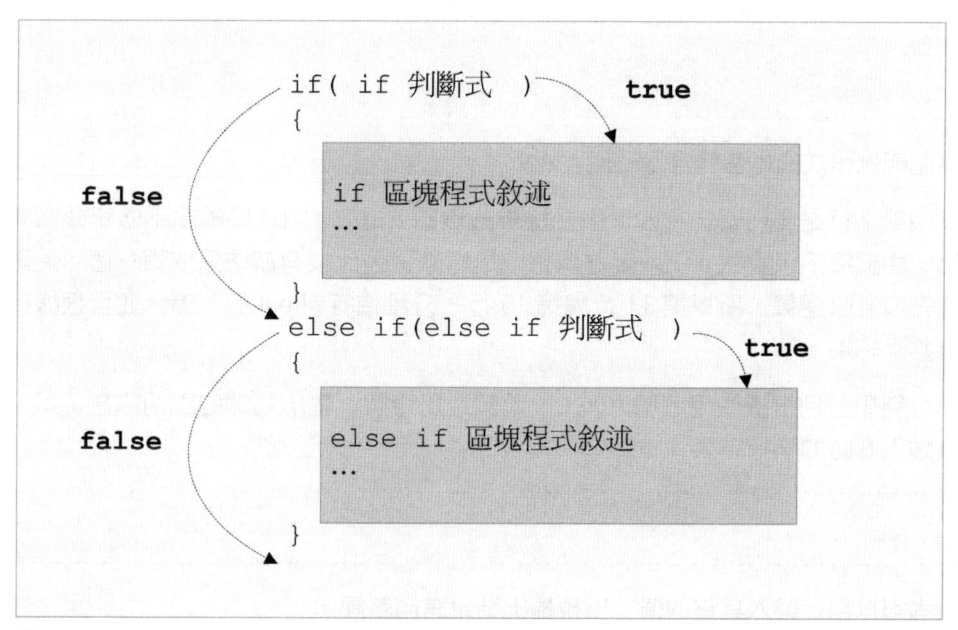

圖 5-10

從上述的流程圖中，讀者可以看到其中的 else if 會在第一個 if 運算式結果為 false 的時候，進一步做判斷，而非無條件的執行其中的程式碼。

另外要注意的是，if 與 else-if 這兩個區塊，只有一個會執行，如果 if 判斷式為 true ，當程式的執行流程跳至其中執行時，它會在執行完畢的時候，跳出整個 if-else ，繼續往下執行，而不再執行 else-if 的判斷。

範例 5-8 if-else

p0508_ifelseif

```
001  #include <stdio.h>
002
003  int main()
004  {
005      int a;
006      scanf("%d", &a);
007      if (a == 0)
008      {
009        printf(" 輸入值為 0 \n");
010      }
011      else if (a % 2 == 0)
012      {
013        printf("%d 是偶數 \n", a);
014      }
015      else if (a % 2 > 0)
016      {
017        printf("%d 是奇數 \n", a);
018      }
019      return 0;
020  }
```

這個範例程式的內容包含了三個判斷式。

其中第 7 行是 if 判斷式，如果所要檢視的變數 a 是 0，則直接輸出不做奇偶數判斷，由於接下來變數 a 不一定是偶數或是奇數，因此沒有辦法只依賴一個 else 區塊完成判斷運算，所以第 11 行與第 15 行，分別進行 else-if 的判斷，並且根據輸出判斷結果。

執行結果分別根據使用者輸入為 0、偶數或是奇數，輸出相關的說明訊息，以下為輸入 0 時的執行結果：

```
0
輸入值為 0
```

讀者可以自行輸入其它的值，檢視輸出結果有何差異。

5.2.8 else 與 else if 的合併使用

在某些情形下，我們可能需要同時混用 else 與 else if ，讀者要注意的是，這兩個敘述同時出現在 if 判斷式中是合法的，如果你在其中配置了 else ，表示其它的 if 判斷式均失敗時，就必須執行這個區塊的程式碼，基本上你可以將其視為預設要執行的區塊，語法結構如下所示：

```
if(判斷式)
{
    …
}
else if(判斷式)
{
    …
}
else
{
    // 預設要執行的區塊
}
```

使用此種格式的語法要注意的是，else 必須配置於所有其它的 if 敘述之後，否則整個 if 區塊將會出現錯誤。

現在，我們另外實作一個範例進行說明，討論稍早提及的學生成績分數判斷邏輯，加入一個 else 判斷式，避免範圍超出 0 ～ 100 的分數無法處理。

範例 5-9　混合 else 與 else-if

p0509_ifelseife

```
001  #include <stdio.h>
002
003  int main()
004  {
005      int a;
006      scanf("%d", &a);
007      if (a > 59 && a <= 100)
008      {
009        printf("%d 及格 \n", a);
010      } else if (a < 60 && a > 39) {
011        printf("%d 不及格，補考 \n", a);
012      } else if (a < 40 && a >= 0) {
013        printf("%d 死當 \n", a);
014      } else {
015        printf("分數必須介於 0~100 \n", a);
016      }
017      return 0;
018  }
```

程式中的第 7、10 以及 12 行，分別判斷不同級距的分數，並且根據分數輸出成績的等級。

前面三個判斷式沒有辦法辨識超過 100 或是小於 0 的分數，由於其中只要超過 59 分，一律視為及格，如此一來，即使判斷分數超過 100，例如 999，它依然會輸出及格的訊息，同樣的，對於小於 0 的負數則會輸出死當的訊息。

第 14 行會擷取 0 ～ 100 區塊以外的數值，當所有判斷式失敗的時候，執行其中的內容，如此一來，當使用者所輸入的數值小於 0 或是超過 100，則執行此區塊的內容程式碼。

來看相關的執行結果，輸入 125，這是一個不合理的值，輸出結果如下：

```
125
分數必須介於 0~100
```

你可以嘗試輸入其它的值，例如小於 0 的負值，看看最後的結果。

5.2.9 if-else 巢狀迴圈

除了單純的 if 判斷式，我們同樣也可以在 else 裡面配置子區塊，形成巢狀式的 if 判斷式，甚至更多的 if-else ，只要抓住 if 敘述的原理即能理解判斷邏輯，例如以下的程式碼內容：

```
if(expression)
{
    if(expression)
    {
      statement-nestA  ;
      …
    }
}
else
{
    if(expression){
      statement-nestB  ;
      …
    }
}
```

這段巢狀式語法比較複雜，if 以及 else 區塊內部均配置了巢狀式的 if 子區塊。

現在重新修改上述的範例，列舉如下：

範例 5-10 混合 else 與 else-if

p0510_ifelsen

```
001 #include <stdio.h>
002
003 int main()
004 {
005     int a;
006     scanf("%d", &a);
007     if (a == 0)
008     {
009       printf("a 是 0");
010     } else {
011       if (a % 2 > 0) {
012         printf("%d 是奇數 ", a);
013       } else {
014         printf("%d 是偶數 ", a);
015       }
016     }
017     return 0;
018 }
```

在這個版本的範例中，第 11 行開始是 else 判斷式，如果 a 不是 0，則進入這個判斷式，其中是另外一個 if-else 判斷式，執行非 0 數字的奇偶數判斷。

到目前為止，我們討論了數種不同結構的 if 判斷式區塊，它們各自形成一塊能夠獨立執行的程式單位，並且根據判斷式的結果，決定是否執行區塊中的程式碼，儘管 if 可以滿足各種判斷式的需求，如果你需要具有規律性的判斷式，可以考慮另外一種比較方便的敘述—switch ，接下來我們討論這種型式的判斷式。

5.3 switch 敘述

當我們談到的 if-else 判斷式中，曾經透過多個 if 與 else 的合併，針對同一個運算式的結果，實作出多重判斷邏輯，類似這種多重區塊的選擇執行，我們可以透過 switch 判斷式，以更簡潔的語法來達到相同的效果。

5.3.1 使用 switch 實作多重判斷式

底下是 switch 的語法，它最主要的功能是根據一個固定的運算式結果，進行多重的選擇判斷。

```
switch( 運算式 ){

    case value1:
      符合 value1 程式敘述
      break;
    case value2:
      符合 value2 程式敘述
      break;
      …
    case valuen:
      符合 valuen 程式敘述
      break;
}
```

switch 關鍵字用來建構多重判斷式的程式區塊，它有幾種元素，我們來看看：

1. 緊接著後方小括弧裡面的運算式，其結果做為所要執行的區塊依據。
2. 運算式的結果必須是 byte、short、char 以及 int 其中一種整數型態的值，否則的話這個判斷式會失敗。
3. 緊接著 switch 大括弧裡面的區塊，以 case 關鍵字開始，定義各種情況下所要執行的區塊內容。
4. case 後方緊接著是比對值，當 switch 運算式的執行結果符合這個條件值，則其中的內容會執行。
5. 每一個 case 區塊最後的 break 敘述，表示這個 case 區塊結束，這一行會跳出整個 switch。
6. 只有一個 case 會執行。

下頁是 switch 語法的流程，switch 後方運算式的運算結果，會與接下來區塊中每一個 case 後方的值逐一比對，一旦比對吻合，即進入其中執行，結束後則跳出整個 switch。

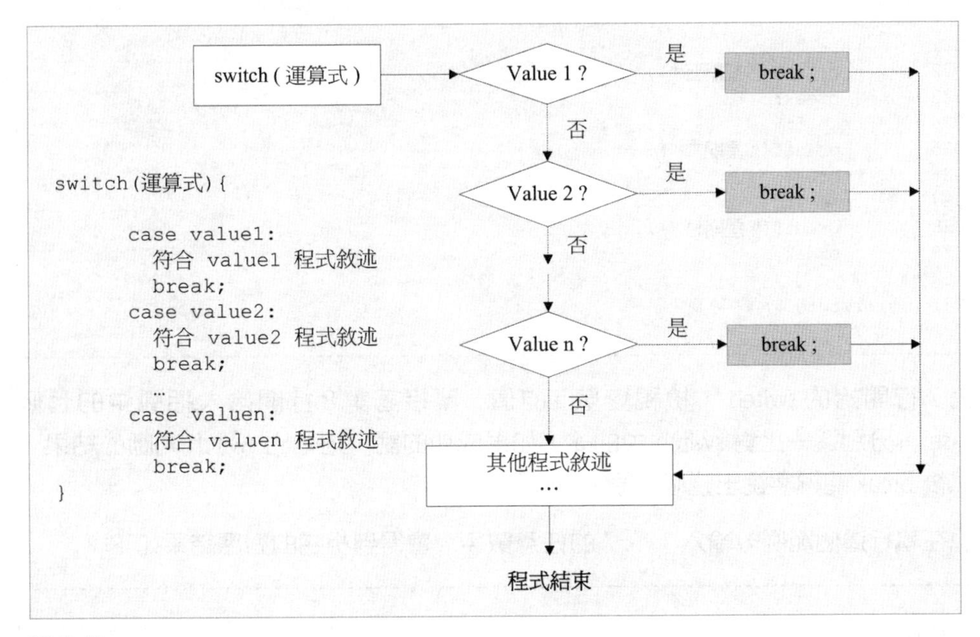

圖 5-11

以下是一個使用 switch 的典型範例，其中透過取得的整數值，決定所要輸出的是一星期中的哪一天：

範例 5-11 switch 判斷式

p0511_switchdemo

```
001  #include <stdio.h>
002
003  int main()
004  {
005      int a;
006      scanf("%d", &a);
007      switch (a)
008      {
009      case 1:
010        printf(" 星期一 ");
011        break;
012      case 2:
013        printf(" 星期二 ");
014        break;
015      case 3:
016        printf(" 星期三 ");
017        break;
018      case 4:
019        printf(" 星期四 ");
020        break;
```

```
021        case 5:
022          printf("星期五");
023          break;
024        case 6:
025          printf("星期六");
026          break;
027        case 7:
028          printf("星期七");
029          break;
030        }
031        return 0;
032    }
```

第7行開始的 switch，檢視變數 a 的值，緊接著第8行開始大括弧中的七個 case，分別逐一比對 switch 中的 a，如果成功的話，則輸出 switch 判斷的結果，然後 break 關鍵字跳出整個迴圈。

現在執行這個範例，輸入 1 ~ 7 的任意數字，會得到相關的對應結果如下：

```
5
星期五
```

從這個範例中，我們看到了基礎的 switch 應用，根據 switch 運算式的結果，只有符合此結果值的 case 區塊裡面的程式敘述會被執行。

5.3.2 break 與 case 中斷

在 switch 區塊中，每一個 case 裡面的 break 如果省略，程式碼依然會正常執行，這是一種合法的狀態，不過程式在 case 結束之後並不會停止，直到 break 出現為止，這表示可能會有連續一個以上的 case 被執行，如果需要同時執行多個 case，可以利用省略 case 的技巧來達到這個目的。

以下透過一個範例說明省略 break 對程式所造成的影響。

範例 5-12　省略 break 影響

p0512_switchbreak

```
001  #include <stdio.h>
002
003  int main()
004  {
005      char g;
006      printf("輸入年齡：A(0~13)、B(14~20)、C(21~60)、D(>65)  \n");
007      scanf("%c", &g);
```

```
008     switch (g)
009     {
010     case 'A':
011       printf("兒童票:50");
012       break;
013     case 'B':
014     case 'C':
015       printf("成人票:100");
016       break;
017     case 'D':
018       printf("老人票:80");
019       break;
020     }
021     return 0;
022 }
```

這個範例模擬售票程式，其中第 6 行的訊息說明各種年齡的代碼，第 7 行讓使用者輸入所指定的代碼，並儲存至 g。

接下來第 8 行開始的 switch ，逐一根據字元 g 的內容，判斷所要購買的票種，然後輸出此票種的價格。

其中第 13 行的 case 區塊省略了內容，同時沒有 break ，因為票價設定 B 與 C 的票種相同，均是 100 元，因此輸入 B 與 C 均會跳至第 15 行輸出相同的訊息。這段以網底標示的 case 區塊內容，與底下的寫法相同：

```
001  case 'B':
002    printf("成人票:100");
003    break  ;
004  case 'C':
005    printf("成人票:100");
006    break  ;
```

現在執行這個範例，分別輸入 B 與 C ，我們來看這兩種狀況的輸出結果：

```
輸入年齡:A(0~13)、B(14~20)、C(21~60)、D(>65)
B
成人票:100
```

這是輸入 B 的結果，接下來我們再執行一次，輸入 C ，得到相同的輸出：

```
輸入年齡:A(0~13)、B(14~20)、C(21~60)、D(>65)
C
成人票:100
```

如你所見，省略 break ，可以讓我們更彈性的運用 switch ，不過你必須讓這兩個共用敘述內容的 case 並列，才能得到所要的效果，當然，省略一個以上的 break 同樣是合法的。

5.3.3 default

switch 另外還有一個 default 預設狀態，當所有的 switch 判斷式均不符合的情形下，便會執行 default 區塊，當你設定了 default ，表示這個 switch 區塊結束之前，一定會有一個區塊被執行。

```
switch(express){

    case result1:
      statement1;
      …
      break;

    default:
      …
}
```

以網底標示的程式碼，是 default 關鍵字，這個關鍵字型態的區塊，會在上方所有 case 均未符合的情形下執行。

在上述的範例中，讀者可能已經想到了，如果輸入的值沒有任何一個 case 是符合的，就不會有結果，如果想要妥善處理這樣的狀況，關鍵字 default 是非常合適的選擇。

緊接著來看一個範例，其中實作了判斷某個特定月份所屬季節的功能，同時運用了上述所討論的 break 省略技巧：

範例 5-13 default 示範

p0513_defaultdemo

```
001  #include <stdio.h>
002
003  int main()
004  {
005      int a;
006      scanf("%d", &a);
007      switch (a)
008      {
009      case 1:
010      case 2:
```

```
011       case 3:
012         printf("第一季");
013         break;
014       case 4:
015       case 5:
016       case 6:
017         printf("第二季");
018         break;
019       case 7:
020       case 8:
021       case 9:
022         printf("第三季");
023         break;
024       case 10:
025       case 11:
026       case 12:
027         printf("第四季");
028         break;
029       default:
030         printf("-");
031       }
032       return 0;
033   }
```

第 8 行開始，每一段 case 均包含了三個連續的 case ，由於這三個 case 的結果均相同，因此均省略了 break 關鍵字，代表月份的變數 a 只要是 1、2 或是 3，均會回傳第一季，其它的 case 原理相同。

最後第 29 行則是 default ，如果 a 這個變數值不在 1 ～ 12 的範圍，就不是一個合法的值，因此直接輸出格式不符的訊息字串。

讀者可以嘗試修改其中變數 a 的值，檢視每一個不同的數值所顯示的值。

在執行結果當中，首先輸入一個在範圍內的值，例如 6，會得到以下的結果：

```
6
第二季
```

接下來，輸入一個不在範圍內的值，例如 13，得到以下的結果：

```
13
-
```

由於 13 沒有任何符合的 case ，因此執行 default 的預設區塊，輸出「-」的結果。

結論

這一章針對兩種流程控制語法，if 與 switch 進行了完整的討論，經過本章課程的洗禮，讀者開始具備設計複雜流程所需的基礎能力，同時可以設計出非直線執行的程式範例，下一章同樣討論流程控制的相關議題，重點則放在迴圈語法的說明與實際運用。

摘要

5.1

- 為了提供各種類型的功能，真正的應用程式敘述通常並非直線執行。
- 透過流程控制，程式根據特定的邏輯判斷，以非直線方式執行。

5.2

- if 敘述根據 0 與非 0 的判斷式結果，決定是否執行其中的程式區塊。
- if 判斷式將非 0 的結果視為 true ，0 則為 false。
- 複雜的 if 判斷式可能結合了數個運算式。
- if 判斷式如果超過一個以上的運算式才能取得判斷的結果，可以透過結合邏輯運算子來達到判斷的目的。
- 如果 if 敘述的程式區塊裡面只有一行敘述，可以省略大括弧，甚至合併成為一行。
- 巢狀式 if 區塊的結構，是在 if 程式區塊中，再嵌入一段完整的 if 敘述，成為其子區塊。
- if-else 敘述同時提供 true 與 false 兩種判斷結果的執行區塊。
- if-else 同樣支援省略大括弧的單行敘述。
- else 可以直接連接另外一個 if 判斷式，執行進一步的判斷。
- if 與 else-if 這兩個區塊，只有一個會執行。
- 同時混用 else 與 else if 是合法的，else 可以被視為預設執行區塊。
- else 內部區塊允許再配置 if 或是 if-else 敘述，形成更複雜的巢狀區塊。

5.3

- switch 根據一個固定的運算式結果，進行多重的選擇判斷。
- switch 運算式的結果必須是整數型態的值。
- 省略 break 會導致連續一個以上的 case 被執行，適合同時執行多 case 的狀況。
- default 區塊於所有 case 均未符合的情形下被執行。

學習評量

5.1

1. 請說明導入流程控制，如 if 判斷式的程式執行流程與一般的程式流程差異。

5.2

2. 檢視以下的 if 判斷式語法，請說明其中 expression 的意義，它如何影響大括弧中標示為網底的區塊程式碼？

```
if(expression){
    if-statement1 ;
    if-statement2 ;
    …
}
```

3. 檢視以下的程式碼，請說明其中的運算邏輯，並說明運算的結果。

```
int X = 123   ;
int y = 321 ;
if(x < y ){
       printf("x<y")    ;
}
```

4. 檢視以下兩段程式碼，並說明它們的差異。

```
if(expression)
{
    …
}
```

```
if(expression1  && expression2)
{
    …
}
```

5. 以下兩段程式碼，請說明它們的差異？

```
if(expression)
{
    Statement1
    Statement1
}
```

```
if(expression1)
    Statement1
    Statement2
```

6. 下頁的程式片段，其中包含了一組所謂的巢狀判斷式，用來判斷指定的成績分數是否及格：

```
if(s<60){
     if(s>=50){
         printf(" 補考 ") ;
     }
     if(s<50){
          printf(" 不及格 ") ;
     }
}
```

根據此判斷式，請完成下述表格的輸出結果：

分數s	輸出結果
56	
50	
45	

7. 考慮以下的程式片段，它會根據判斷式的結果，輸出變數 s 所儲存的分數是否及格：

```
if(s >59 ) {
    printf("%d：及格 ",s) ;
}
if(s <60) {
    printf("%d：不及格 ",s) ;
}
```

請利用 if-else 語法，改寫這段程式。

8. 承上題，請說明 if-else 的流程與 if 的差異。

9. 底下判斷式語法，運用了 if-else if，其中將變數 s 所代表的分數分成三個級距 A、B 與 C：

```
if(s >59 ) {
    printf("%d：Level A",s) ;
}
else if( s<60 && s>49)
{
    printf("%d：Level B",s) ;
}
else
{
    printf("%d：Level C",s) ;
}
```

請完成下表的輸出結果：

分數s	輸出結果
80	
50	
45	

5.3

10. switch 根據一個指定的運算式結果，來決定是否執行某個 case 區塊裡面的程式碼，如下式：

```
switch(express){

    case result1:
    statement1;
    …
    break;

    case result2:
    …
}
```

請說明其中 express 回傳的值，必須是何種型態才能進行判斷？

11. switch 敘述中的每一個 case 區塊，均必須配置一個 break，以在某個 case 完成之後跳離 switch，檢視以下的程式片段：

```
switch(week ){
       case 1:
            printf ("星期一沒精神") ;
            break  ;
       case 2:
       case 3:
       case 4:
            printf("星期二 ~ 星期四努力工作") ;
            break  ;
       case 5:
            printf("星期五精神百倍") ;
            break  ;
       case 6:
       case 7:
            printf("放假真舒服，人生快樂不過如此") ;
            break  ;

}
```

假設其中的 week 代表一星期中的某一天（1 ～ 7），請說明 week 分別是 1 ～ 7 時，每一個 case 的輸出結果，並且說明原因。

12. 承上題，我們將 switch 的內容調整如下：

```
switch(week ){
      case 1:
          printf(" 星期一沒精神 ") ;
          break  ;
      ...
      case 7:
          printf(" 放假真舒服，人生快樂不過如此 ") ;
          break  ;
   default：
          printf (" 一星期只有七天 ") ;
}
```

當 week 等於 8 的時候，請說明輸出結果，並請說明標示為網底的區塊意義。

06 迴圈

C 語言有兩種主要的迴圈結構敘述—for 與 while ，提供不同狀況的迴圈重複運算需求，前者適合重複次數固定的迴圈，後者則適用於不定次數的迴圈。當程式需要重複執行某個區塊的程式碼，將相關的程式碼配置於 for 或是 while 迴圈敘述所構成的區塊中即可達到所需的功能。本章針對相關語法與功能進行詳細的討論。

6.1 關於迴圈

迴圈是一種針對某個區塊的程式碼重複執行的運算，一個典型的迴圈，包含兩個主要的部分，分別是判斷是否重複執行的條件運算式，以及重複執行的程式區塊，如下圖：

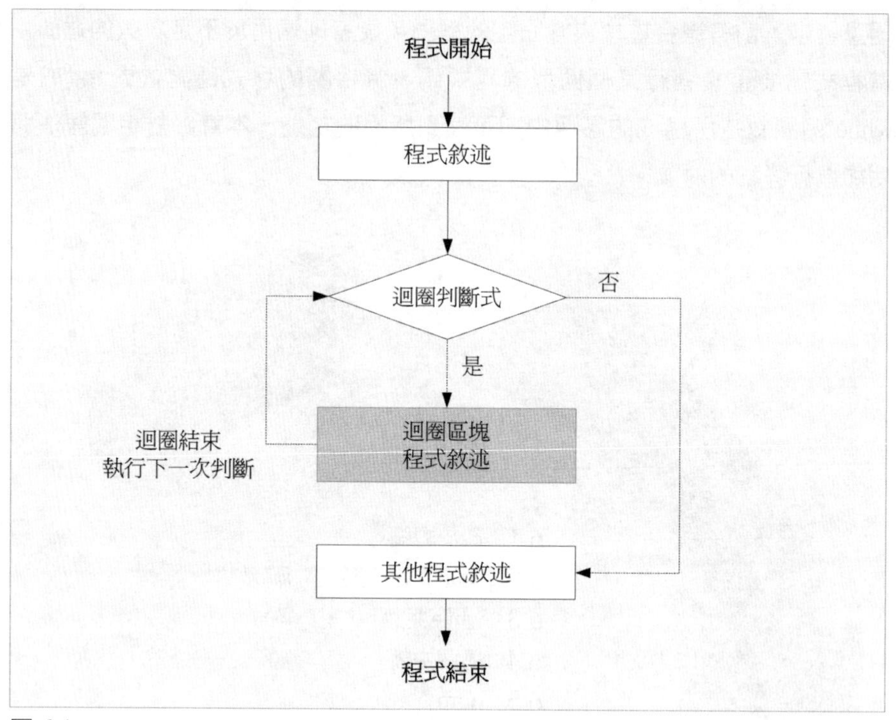

圖 6-1

當程式開始進入迴圈時，會先經過一個判斷式，就如同 if 判斷式，如果符合迴圈的條件，它就執行其中預先設計好的迴圈區塊內容，當區塊的內容執行完畢之後，程式的流程會再回到迴圈開始的地方進行判斷，這個流程會重複執行，直到迴圈的判斷失敗為止，此時迴圈會終止，跳出迴圈後繼續往下執行。

在我們正式討論迴圈的語法之前，先來看看為什麼需要迴圈。假設有一個程式要計算 1 到 10 的加總，來看看傳統的作法。

範例 6-1 重複執行程式

p0601_oneten

```
001  #include <stdio.h>
002
003  int main()
004  {
005      int i = 0;
006      i += 1;
007      i += 2;
008      i += 3;
009      i += 4;
010      i += 5;
011      i += 6;
012      i += 7;
013      i += 8;
014      i += 9;
015      i += 10;
016      printf("1 加到 10 等於 %d \n", i);
017      return 0;
018  }
```

第 5 行宣告一個用來執行加總計算的 int 型態變數 i，從第 6 行開始逐一為這個變數從 1 加到 10，最後的第 16 行，輸出加總的結果。

這個範例的輸出結果如下：

```
1 加到 10 等於 55
```

這個範例執行十次的加總運算，最後得到我們要的結果，此種重複運算的情形相當普遍，如果沒有迴圈敘述，很多程式功能將無法實作，試想如果需要執行的加總運算是 1 ～ 1,000,000，這種逐行執行的程式碼將會是一場災難。

迴圈有數種不同的形式，你必須小心使用，否則的話將導致無法跳出迴圈的程式錯誤，緊接著我們從 for 迴圈開始討論如何實作固定次數的迴圈。

6.2 固定次數的迴圈 – for 敘述

當程式要重複執行某段程式碼的時候，有兩個重點必須考量，分別是重複的次數以及執行動作停止的時機，其中重複的次數決定我們應該使用何種迴圈，如果重複執行的次數固定的話，可以透過 for 敘述來實作，這也是我們首先要來看的迴圈。

6.2.1 使用 for 迴圈

以下是 for 迴圈的語法：

```
for （計數初始值；迴圈判斷式；改變計數）
{
    迴圈區塊程式敘述
}
```

for 關鍵字定義迴圈所要執行的次數、結束的時機等相關資訊，這些資訊全部指定於 for 關鍵字後方的小括弧裡面，緊接著大括弧的內容則是迴圈每一次重複執行的內容。

for 關鍵字後方小括弧中，三組以「;」分隔的運算式，定義迴圈計數器，控制迴圈區塊中程式敘述的執行次數，它們的意義列舉說明如下：

1. 第一個「計數初始值」初始化計數器的起始值，這個運算式只會執行一次。
2. 「迴圈判斷式」是一組運算式，定義計數器何時停止，如果它的結果是 true ，表示迴圈將繼續重複執行迴圈中的程式碼，否則跳出迴圈。
3. 最後的「改變計數」則負責改變計數器的值，通常是針對計數器的值進行遞增或是遞減的操作。

讀者要注意的是，其中的三段敘述句，都是一段簡單的完整運算式，尤其最後一段，通常我們會設定遞增或是遞減，你也可以指定一次增加或是減少一個區間的數量。

接下來透過一個迴圈，重新實作本章一開始的 1 加到 10 的範例功能：

範例 6-2　第一個迴圈程式

p0602_firstloop

```
001  #include <stdio.h>
002
003  int main()
004  {
005      int s = 0;
006      int i;
007      for (i = 0; i <= 10; i++)
008      {
009        s += i;
010      }
011      printf("1 加到 10 等於 %d \n", s);
012      return 0;
013  }
```

第 7 ～ 10 行是一個迴圈，其中針對變數 s 進行加總，一直到計數的值等於 10 才結束迴圈，最後第 11 行輸出迴圈執行的結果。

這個範例的程式碼行數並沒有比上述的程式碼少幾行，不過，如果將其中第 7 行 i 的判斷式從 i<=10 改為 i<=100000，就可以得到 1 加到 100000 的結果，這就是迴圈的威力，讀者可以自行開啟程式嘗試看看。

有了實際範例的經驗，我們來看看語法細節，底下圖示說明 for 迴圈的執行流程：

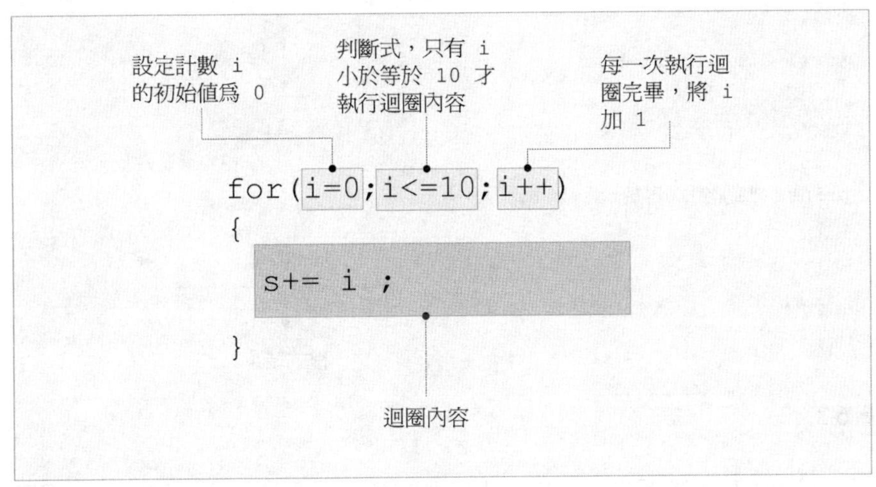

圖 6-2

每一次 for 區塊裡面的程式敘述執行完畢時，它會跳回 for 重新執行小括弧中的運算式，一直到判斷式的結果為 false 時跳出迴圈。

現在將上述的程式內容與流程圖對比繪製如下頁：

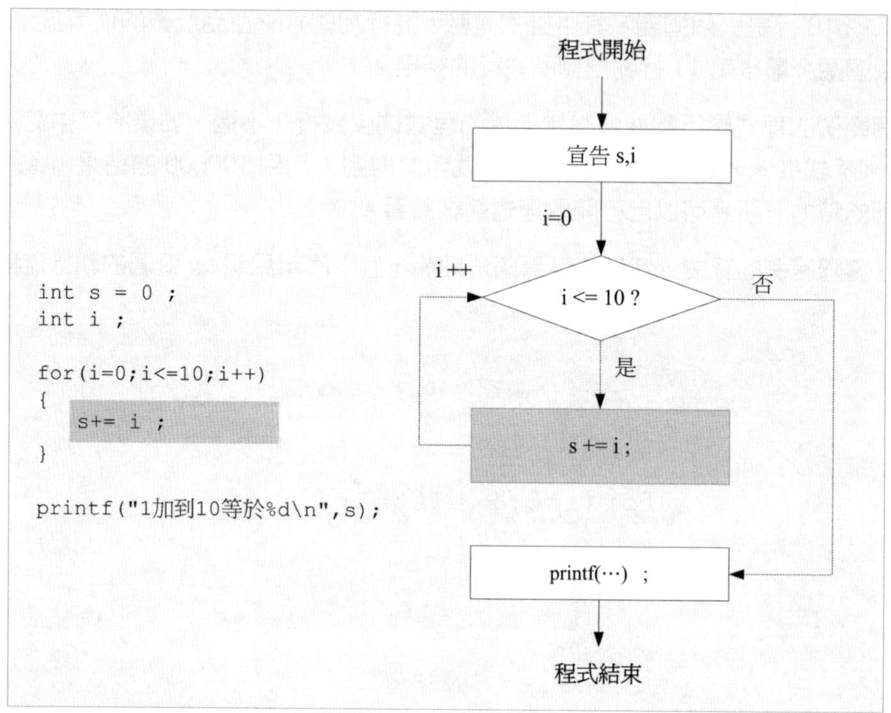

圖 6-3

有了 for 迴圈的基本瞭解之後，接下來我們繼續來看看迴圈設定的進一步細節。

6.2.2 for 無窮迴圈

for 迴圈允許你不設定任何的計數值，只要指定空白的內容，再以「;」隔開即可，如下式，不過要特別注意的是，如此一來會造成一個無窮的迴圈。

```
for(;;){
    …
}
```

無窮迴圈會導致應用程式無法停止，最後造成執行錯誤，來看下頁這個範例：

範例 6-3 無窮迴圈

p0603_loopi

```
001  #include <stdio.h>
002
003  int main()
004  {
005      int i = 0;
006      for (;;)
007      {
008        i++;
009        printf("loop:%d \n", i);
010      }
011      return 0;
012  }
```

第 6 行是一個沒有任何運算式的 for 迴圈，迴圈的執行過程中，每一次均會將變數 i 的值加上，然後輸出於畫面上，執行結果如下：

```
loop:1
loop:2
loop:3
loop:4
loop:5
loop:6
…
```

這個迴圈一旦執行就不會中止，但它是一個正確的程式，有的時候，我們可能沒有辦法明確指定何時停止程式的執行，此種形式的 for 就相當好用，在這種情形下，我們可以加入 if 判斷式。

當 i 的值到達某一個數字的時候，就停止迴圈，在這個範例中，我們可以在迴圈中加入一行 break 程式碼，修改後內容如下所示：

```
001  for(;;)
002  {
003    i++ ;
004    printf("loop:%d \n",i)    ;
005    if (i>10) break   ;
006  }
```

其中第 5 行於 i 大於 10 的時候，執行 break 中止迴圈的執行。

break 在這裡的意義同 switch 中的用法，它會強制中止這個迴圈的執行作業，因此在 i 到達 11 時，結束輸出。

6.2.3 迴圈計數的進一步設定

迴圈的計數值也可以逆向執行，例如以下這一段程式碼建立從 100 逐一遞減至 1 的計數：

```
for(i=10;i>=0;i--)
{
    …
}
```

上述程式碼中的 i 為逆向遞減，直到值小於 0 停止迴圈。

如果將前述的範例調整成為逆向執行，最後依然會得到相同的結果，只是運算的過程是從 10 逐次遞減至 1，因為其中的計數值一開始為 10，每一次減 1，同時判斷重新計算的值是否還是大於等於 0，是的話則繼續執行，否則結束迴圈。

底下是一個完整的逆向迴圈範例：

範例 6-4 逆向迴圈

p0604_loopn

```
001  #include <stdio.h>
002
003  int main()
004  {
005      int s = 0;
006      int i;
007      for (i = 10; i >= 0; i--)
008      {
009        s += i;
010      }
011      printf("10 加到 1 等於 %d \n", s);
012      return 0;
013  }
```

如同上述說明，請特別注意其中第 7 行的 for 迴圈設定條件，列舉說明如下：

1. 一開始的計數值 i 被設定為 10。
2. 當 i 大於等於 0 的時候，繼續下一次的迴圈，否則便結束迴圈。
3. 每一次迴圈 i 變數值被減 1。

底下是這個範例的輸出結果，其中的 i 依序遞減加總，一直到它等於 0 的時候被終止。

```
10 加到 1 等於 55
```

迴圈的計數值每一次變動的大小也不一定需要是 1，你可以根據自己的需求，自訂每一次迴圈的間隔，底下透過另外一個範例進行說明：

範例 6-5 間隔非 1 的計數迴圈

p0605_loops

```
001  #include <stdio.h>
002
003  int main()
004  {
005      int s = 0;
006      int i;
007      for (i = 0; i <= 10; i += 2)
008      {
009        printf("%d", i);
010        s += i;
011      }
012      printf("\n2 到 10 的偶數加總等於 %d \n", s);
013      return 0;
014  }
```

第 7 行的 for 迴圈定義中，每一次迴圈將 i 加上 2，然後第 9 行輸出 i 的值，並且將 s 與目前 i 的值加總。

最後第 12 行將加總後的值輸出，以下為最後的輸出結果。

```
0246810
2 到 10 的偶數加總等於 30
```

第 1 行是每一次迴圈執行時輸出的值，剛好是 0 到 10 的偶數，接下來第 2 行的結果則是這些數值的加總。

從上述的說明中，我們看到了迴圈設計的彈性，不過也正因為如此，若是不小心使用，亦將導致無窮迴圈的結果，我們來看看底下這個範例。

範例 6-6 不當設計的無窮迴圈

p0606_iloops

```
001  #include <stdio.h>
002
003  int main()
004  {
005      int i;
006      for (i = 0; i < 10; i--) {
007        printf("loop:%d \n", i);
008      }
009      return 0;
010  }
```

這是一個不當設計的迴圈，當這個範例執行的時候，會不斷輸出訊息，除非終止這個程式。

其中第 6 行 for 迴圈設定的邏輯如下：

1. 一開始的計數值 i 被設定為 0。
2. 當 i 小於 10 的時候，繼續下一次的迴圈，否則便結束迴圈。
3. 每一次迴圈 i 被減 1。

讀者應該注意到這個邏輯的問題了，其中第二項的判斷式，只要迴圈 i 小於 10 便持續執行，直到 i 大於或是等於 10 才能終止迴圈，但是 i 每經過一次迴圈就會被減 1，因此永遠無法達到停止迴圈的設定，導致了無窮迴圈。

執行這個範例會持續第 7 行的程式碼，持續輸出 i 的值無法停止。

當然，這是一個合法的程式，然而它並不會有正常的執行結果，上述所討論的無窮迴圈會在特定的狀況下使用無計數條件的 for 迴圈，然而這裡純粹是因為計數值設定的錯誤，請特別避免這種情形發生。

6.2.4 巢狀式 for 迴圈

C 語言同樣允許建構多重巢狀式 for 迴圈，當你需要在每一次迴圈裡面，再執行一次迴圈作業時，這是一種非常方便的作法，巢狀式迴圈相當普遍，特別是在集合資料處理的運算場合中經常可以看到相關的應用。

我們先來看巢狀式 for 迴圈的語法：

```
for (…)
{
    for (…)
    {
      statements ;
      …
    }
}
```

其中以網底標示的部分，為巢狀迴圈的內部 for 迴圈，它會在每一次外部 for 迴圈進入執行時，重新完整的執行一次，因此內部迴圈執行的次數將會是本身的次數乘上外部迴圈的次數。

接著來看一個巢狀迴圈的範例，其中展示典型的巢狀迴圈效果。

範例 6-7　巢狀式 for 迴圈

p0607_nestfor

```
001 #include <stdio.h>
002
003 int main()
004 {
005     int i, j;
006     int count = 0;
007     int counti = 0;
008     for (i = 1; i <= 10; i++)
009     {
010       count++;
011       for (j = 1; j <= 100; j++)
012       {
013         counti++;
014       }
015     }
016     printf(" 外部迴圈次數：%d \n", count);
017     printf(" 內部迴圈次數：%d \n", counti);
018     return 0;
019 }
```

這個範例配置了一組巢狀迴圈，第 8 行是外層迴圈，int 型態變數 i 提供所需的計數功能，count 變數則記錄每一次外層迴圈的執行次數。

第 11 ～ 14 行則是內層迴圈，變數 j 提供內層迴圈計數，counti 記錄內層迴圈的次數。

透過 count 與 counti ，能夠得知外層迴圈與內層迴圈的執行次數，第 16 行與第 17 行分別輸出這兩個變數的值。

```
外部迴圈次數：10
內部迴圈次數：1000
```

從執行結果讀者可以發現，外部迴圈每執行一次，內部迴圈必須完整的全部執行一次，因此內部迴圈執行的總次數為 10 乘上 100，等於 1000 次。

6.3　while 迴圈

如果執行的迴圈沒有固定次數，使用 for 迴圈會比較麻煩，除了利用無窮迴圈之外，還必須設定終止條件，while 迴圈很適合用來處理這樣的情況，這一節我們討論 while 迴圈的運用。

6.3.1 使用 while 迴圈

以下列舉 while 迴圈的語法：

```
while( 迴圈判斷式 )
{
    迴圈區塊程式敘述
}
```

while 後方小括弧中的迴圈判斷式，其回傳 true/false 的運算結果，如果這個結果值不等於 0，也就是 true ，則其中 while 大括弧區塊內的程式敘述便會被執行，完成之後程式會再回到 while 重新執行一次判斷式，一直到它的值為 false 為止。

while 根據小括弧中判斷式的運算結果，決定是否執行大括弧裡面的程式碼，因此它執行迴圈的次數並不固定，底下透過一個範例，我們來看看相關的應用：

範例 6-8 while 示範運用

p0608_while

```
001  #include <stdio.h>
002
003  int main()
004  {
005      int i = 0;
006      int j = 10;
007      while (i < j)
008      {
009        i += 3;
010        j += 1;
011      }
012      printf("i=%d,j=%d \n", i, j);
013      return 0;
014  }
```

第 5 行與第 6 行分別宣告了變數 i 與 j ，並且設定了變數的初始值 0 與 10。

第 7 行開始的 while 迴圈，每一次為變數 i 加上 3，變數 j 則加上 1，一直到 i 的值不再小於 j ，便停止迴圈，輸出 i 與 j 的內容。

i 的初始值比 j 的初始值多了 10，每一次迴圈，i 的值比 j 多加 2，因此經過五次迴圈的計算，i 的值會追上 j ，最後兩個變數的值都變成 15，以下是輸出結果：

```
i=15,j=15
```

同樣的，我們來看看它語法的示意圖，列舉如下：

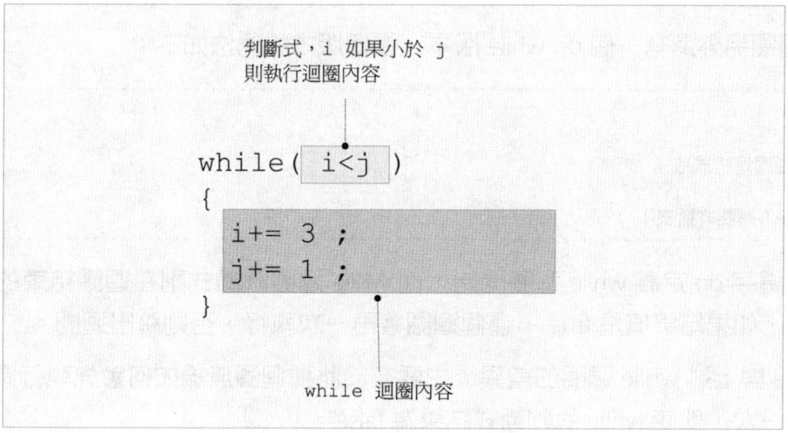

判斷式，i 如果小於 j
則執行迴圈內容

```
while( i<j )
{
  i+= 3 ;
  j+= 1 ;
}
```

while 迴圈內容

圖 6-4

網底標示部分的程式碼，根據 while 後方的運算式結果，決定是否執行，每一次迴圈變化的 i 與 j 值，決定迴圈的執行結果，我們將其轉換成為流程圖如下：

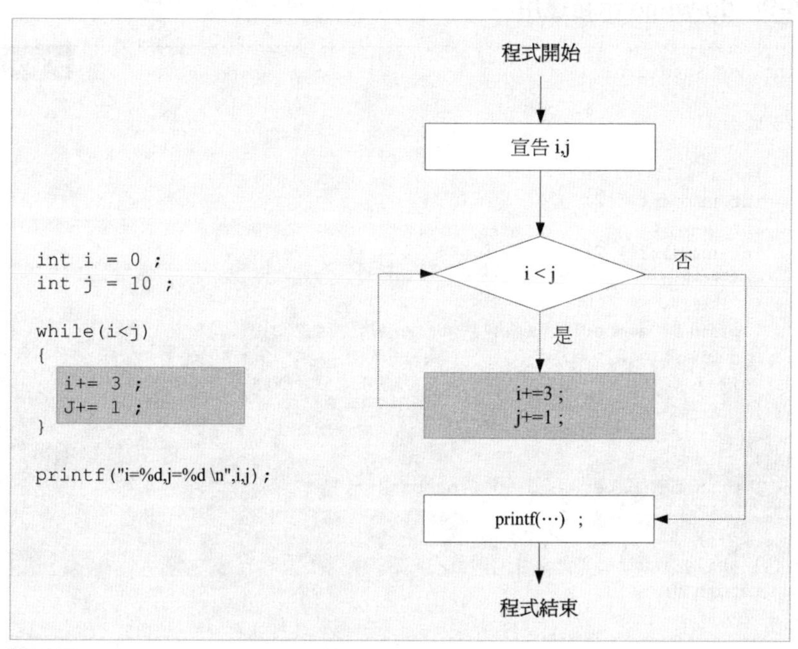

圖 6-5

從這個流程圖中，我們可以更清楚整個 while 迴圈的執行原理，相較於 for ，它比較單純，只需判斷條件值，沒有計數的問題。

6.3.2 do - while

while 迴圈另外還有一個 do-while 版本，這個版本的語法如下：

```
do
{
    迴圈區塊程式敘述

} while( 迴圈判斷式 ) ;
```

其中關鍵字 do 定義 while 迴圈開始，而 while 迴圈判斷式則在迴圈結束的時候執行運算，如果結果值是 true ，這個迴圈會再一次執行，否則跳出迴圈。

do-while 與上述 while 迴圈的差異，主要在於此種迴圈無論如何會先執行區塊中的程式碼一次，即使 while 的判斷式結果為 false。

在大部分的場合，while 與 do-while 並沒有差別，它們只會影響第一次的執行，底下這個範例說明其中的差異：

範例 6-9 do-while 示範運用

p0609_dowhile

```
001  #include <stdio.h>
002
003  int main()
004  {
005      int i = 1;
006      int number1 = 2;
007      int j = 1;
008      int number2 = 2;
009      while (number1 % 2 != 0)
010      {
011        printf("number1：%d \n", number1);
012        number1 = 3 * i;
013        i++;
014      }
015      do
016      {
017        printf("number2：%d \n", number2);
018        number2 = 3 * j;
019        j++;
020      } while (number2 % 2 != 0);
021      return 0;
022  }
```

為了比較 while 配置的差異，這裡使用了兩段 while 迴圈。

第一段迴圈從第 9 行開始，先檢視 number1 是否除以 2 不等於零，也就是說，如果它是奇數的話，就進入迴圈，輸出其變數值，然後將變數 i 乘以 3 之後設定給它，最後第 13 行，將 i 再加上 1。

第 15 行是另外一個 while 迴圈，這個迴圈一開始先輸出 number2 這個變數，然後將變數 j 乘上 3，最後則將 j 加 1，而第 20 行的 while 檢視 number2 是否為奇數，是的話則繼續下一個迴圈。

底下列舉這個範例的執行結果：

```
number2：2
number2：3
```

範例中的兩段迴圈，每一段均針對一個指定的變數進行奇偶數判斷，然後這個變數會被調整乘上 3 的倍數，再進行下一次的判斷。

在第一段迴圈中，由於開始的初始值是一個偶數，因此第一段迴圈無法通過 while 檢視，沒有任何輸出。

第二段迴圈由於無論如何必須先執行一次，因此它會直接輸出其中的 number2，但是一進入迴圈之後，number2 被調整成為 3 的倍數，因此迴圈結束時，while 判斷式還是 true ，繼續下一次的迴圈，直到它變成 6，才結束迴圈的執行。

底下是這個範例中 do-while 與 while 迴圈的執行示意圖：

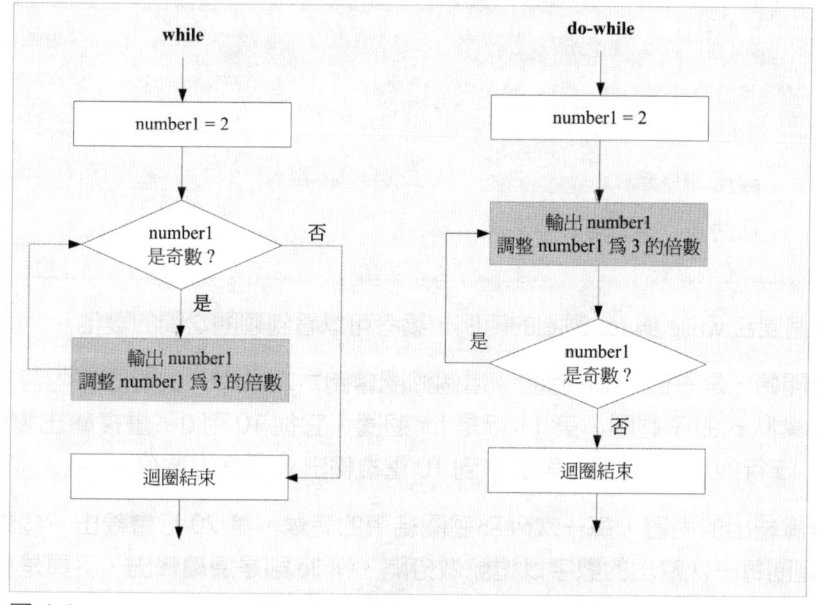

圖 6-6

讀者可以看到 do-while 迴圈第一次是無條件進入的，這是與 while 迴圈的最大差異。

6.3.3 巢狀式 while

while 迴圈同樣支援巢狀式結構，甚至可以同時混合 for 迴圈，結構以及運作原理，同稍早曾經提及的 for 迴圈，此種類型的迴圈，外部迴圈每執行一次，內部迴圈便會完整全部執行一次，底下來看一個相關的範例：

範例 6-10 while 巢狀式迴圈

p0610_whilenest

```
001 #include <stdio.h>
002
003 int main(void)
004 {
005     int i = 0;
006     int w = 0;
007     int c = 0;
008     while (c < 6)
009     {
010       c++;
011       for (i = 10; i >= 0; i--) {
012         printf("%d,", i);
013       }
014       w = 0;
015       while (w <= 10)
016       {
017         printf("%d", w);
018         w++;
019       }
020       printf("\n");
021     }
022     return 0;
023 }
```

這是一個混合 while 與 for 迴圈的範例，讀者可以看到迴圈之間的變化。

第 8 行開始，是一個 while 迴圈，這個迴圈會跑六次，每一次迴圈的內容，包含了兩個巢狀式的子迴圈，第 11 行是 for 迴圈，它從 10 到 0，重複輸出變數 i 的值，第 15 行的 while 迴圈，則從 0 到 10 重複輸出 w 這個變數值。

為了辨識輸出的內容，每一次外部迴圈結束的時候，第 20 行會輸出一個斷行，而 for 迴圈每一次輸出的數字以逗號做分隔，while 則是連續輸出，下頁是執行結果：

```
10,9,8,7,6,5,4,3,2,1,0,012345678910
10,9,8,7,6,5,4,3,2,1,0,012345678910
10,9,8,7,6,5,4,3,2,1,0,012345678910
10,9,8,7,6,5,4,3,2,1,0,012345678910
10,9,8,7,6,5,4,3,2,1,0,012345678910
10,9,8,7,6,5,4,3,2,1,0,012345678910
```

如你所見，每一行輸出均代表執行了一次外部 while 迴圈，內部迴圈則是 for 先執行，然後才是 while。

6.3.4 while 無窮迴圈

while 迴圈後方的運算式可以直接指定一個非 0 的值，如此一來將導致無窮迴圈，如下式：

```
while(1){
    迴圈區塊程式敘述
}
```

由於每一次 while 運算式的結果均是 true ，因此它永遠無法跳出迴圈，這個程式亦無法終止執行，相反的，如果其中的值是 0，則會導致其中的程式碼永遠無法執行。

我們可以利用這種特性，建立一個無窮迴圈，再於迴圈區塊內指定所要結束的條件值，於適當的時機結束迴圈的運算。討論 for 迴圈的時候，已經看過了這一方面的應用，現在來看看 while 實作的版本。

範例 6-11　while 無窮迴圈

p0611_whilei

```
001  #include <stdio.h>
002
003  int main()
004  {
005      /*
006      int b;
007      scanf("%d", b);*/
008      while (2)
009      {
010        printf("loop \n");
011      }
012      return 0;
013
014     /*
015      int count = 1;
```

```
016      while (2)
017      {
018        printf("%d ", count);
019        count++;
020      }
021      return 0;*/
022  }
```

第 7 行接受使用者輸入一個整數值，這個整數值被當作參數，傳入第 8 行的 while 迴圈當作判斷式。

第 10 行迴圈內容程式碼，逐一輸出 loop 這個字串。

當使用者輸入 0 的時候，會導致 while 無法通過條件式，因此程式直接結束，如果輸入的是非 0 的整數，則被當作是 true 的結果，因此將會造成一個無窮迴圈，loop 這個字串不斷的被輸出直到程式被關閉。

從這個範例中我們看到了，如果 while 的判斷式一直維持在 true 的狀態，迴圈就不會停止而無限的執行，當然，你可以搭配討論 for 時所提及的 break 關鍵字設定終止條件來改變迴圈的行為，緊接著下一個小節，我們來看看與這個關鍵字有關的流程控制。

6.4 迴圈中斷

緊接著這一節來看看強制中斷迴圈的語法，在某些情形下，你可能會需要強制程式流程離開正常執行的迴圈，C 語言支援幾種不同的語法功能，除了在 switch 敘述看到的 break ，另外還有一個 continue ，這一節同時做說明。

6.4.1 break

當我們沒有做任何設定的時候，在預設的情形下，只有在到達指定的條件時，才會結束迴圈的執行，我們可以透過 break 敘述，來強制中斷迴圈，break 在討論 switch 敘述的時候便已經做過說明，它的意義相同，只要將其配置於迴圈區塊內指定的位置，就能達到中斷的效果。

下頁是使用 break 的語法：

```
while(判斷式){
    …
    break ;    // 程式在這裡中斷跳出迴圈
    …
}
```

當程式執行到 break 這一行敘述時，迴圈便會中斷，跳出整個大括弧的執行範圍區塊。

使用 break 中斷迴圈的執行要特別注意，由於它會無條件中斷並且跳出迴圈，因此通常 break 敘述會搭配 if 敘述判斷是否要執行，只有在某些條件符合的情形下，才會執行 break 敘述來中斷迴圈。

下圖說明包含 break 敘述的 while 迴圈流程：

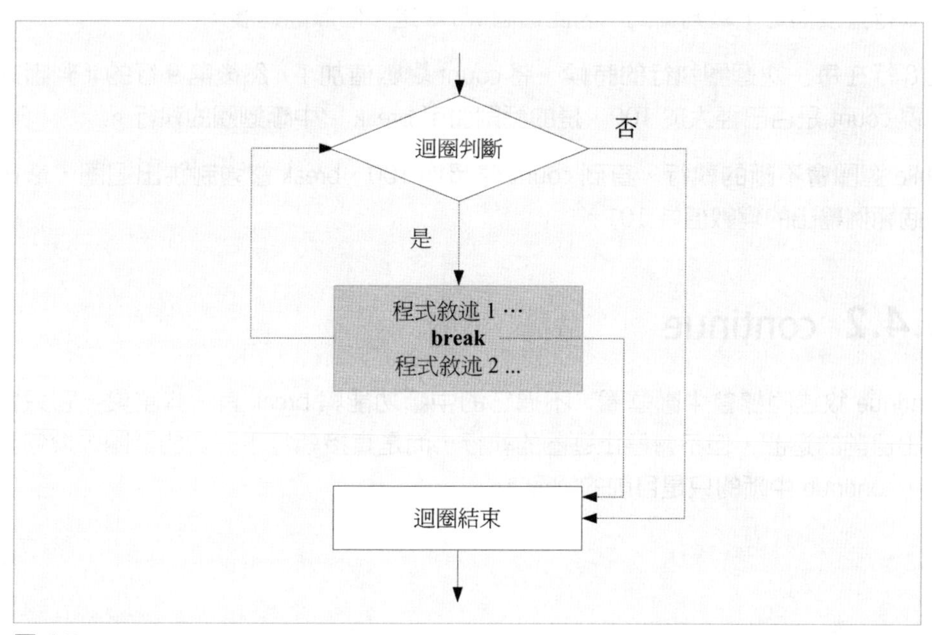

圖 6-7

儘管我們在前述的範例看過了 break 的應用，無論如何，為了完整的說明，下頁透過一個實際的範例進行討論：

範例 6-12　while 無窮迴圈與 break 中斷

p0612_whilebreak

```
001  #include <stdio.h>
002
003  int main()
004  {
005      int count = 0;
006      while (1)
007      {
008        count++;
009        if (count > 100)
010          break;
011      }
012      printf("count 等於 %d \n", count);
013      return 0;
014  }
```

第 6 行直接指定 1 為判斷式，因此這個 while 是一個無窮迴圈。

第 8 行在每一次迴圈執行的時候，將 count 變數值加 1，然後第 9 行的 if 判斷式檢視 count 是否已經大於 100，是的話則引用 break ，中斷迴圈的執行。

while 迴圈會不斷的執行，直到 count 值超過 100，break 會強制跳出迴圈，最後這個範例輸出的變數值為 101。

6.4.2 continue

continue 敘述同樣會中斷迴圈，不過它的中斷功能與 break 有一些差異，它只會跳出目前的迴圈，但不會停止迴圈的執行，而是直接執行下一次的迴圈，換句話說，continue 中斷的只是目前的迴圈。

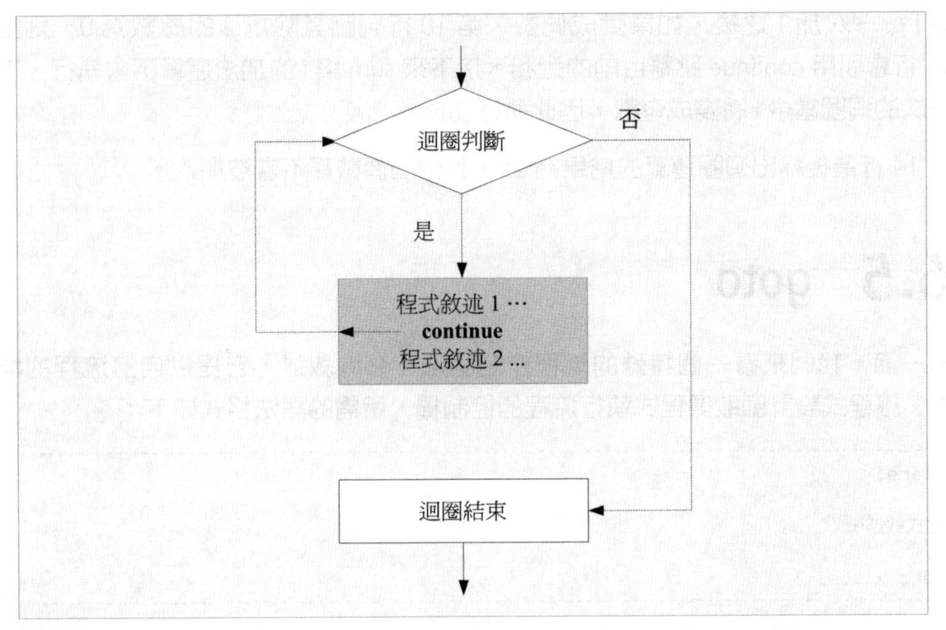

圖 6-8

我們可以利用這種特性，彈性的控制迴圈執行部分內容，來看以下範例程式：

範例 6-13 while 無窮迴圈與 continue 中斷

p0613_whilecontinue

```
001  #include <stdio.h>
002
003  int main()
004  {
005      int i = 0;
006      int sum = 0;
007      while (i < 10)
008      {
009        i++;
010        if (i % 2 == 0)
011          continue;
012        sum += i;
013      }
014      printf("%d", sum);
015      return 0;
016  }
```

第 7 行開始是一個 while 迴圈，其中判斷 i 如果不是小於 10，則跳出迴圈。

當 i 每一次加 1 之後，如果變成偶數，第 10 行判斷其除以 2 的餘數為 0，則第 11 行會引用 continue 跳離目前的迴圈，接下來 sum 與 i 的加法運算不會執行，下一次的迴圈當中 i 將變成奇數，因此執行加總。

第 14 行最後輸出迴圈運算的結果為 25，其中的偶數都不會被加入。

6.5 goto

這一節，我們來看一個特殊的流程控制語法—goto 敘述，它提供自訂流程的能力，讓程式設計師取得程式執行流程的控制權，所需的語法格式如下：

```
xlabel：
程式敘述…
goto xlabel ;
```

其中的 xlabel 是自訂的標籤識別名稱，後方必須連接一個「:」，它的功能在於做為程式位置的定位點，根據流程控制的需求，配置於程式中某個想要執行的位置。

當程式執行到 goto 敘述的時候，它會根據關鍵字後方的標籤名稱，找到此標籤配置的位置，然後從標籤的所在位置開始往下執行。

我們透過一個實際的範例進行說明：

範例 6-14　示範 goto

p0614_goto

```
001  #include <stdio.h>
002
003  int main()
004  {
005  lblinput:
006      printf("請輸入一個整數 :");
007      int d;
008      scanf("%d", &d);
009
010      if (d == 0)
011        goto lblend;
012
013      if (d % 2 > 0)
014        printf("輸入的值 %d 是奇數 \n\n", d);
015      else
016        printf("輸入的值 %d 是偶數 \n\n", d);
```

```
017
018     goto lblinput;
019
020  lblend:
021     printf("輸入 0 ,程式結束\n");
022     return 0;
023  }
```

這個範例程式配置了兩個標籤，分別是第 5 行的 lblinput 標籤，以及第 20 行的 lblend 標籤。

第 6 行輸出提示訊息，要求使用者輸入一個整數，第 8 行等待使用者輸入，取得輸入值 d 之後，第 10 行判斷 d 是否為 0，如果是 0 的話，goto 敘述將程式執行流程跳至第 20 行，結束整個程式的執行。

第 13 行的 if 判斷式，判斷是否 d 除以 2 的餘數大於 0，根據結果輸出此值為奇數或偶數的訊息。

第 18 行的 goto 敘述則是重新將程式流程轉移至第 5 行，再一次要求使用者輸入測試值。

由於其中使用了 goto 敘述，因此程式會重複執行，直到輸入 0 之後，才會跳至程式結束的說明訊息，最後停止執行，底下為程式的執行過程：

```
請輸入一個整數 :99
輸入的值 99 是奇數

請輸入一個整數 :100
輸入的值 100 是偶數

請輸入一個整數 :56
輸入的值 56 是偶數

請輸入一個整數 :0
輸入 0 ,程式結束
```

筆者在測試的過程中，輸入了三個值，分別是 99、100 以及 56，程式根據值輸出奇偶數的說明訊息，最後當輸入 0 的時候，結束程式的執行。

來看看下頁這個範例中，goto 的執行流程：

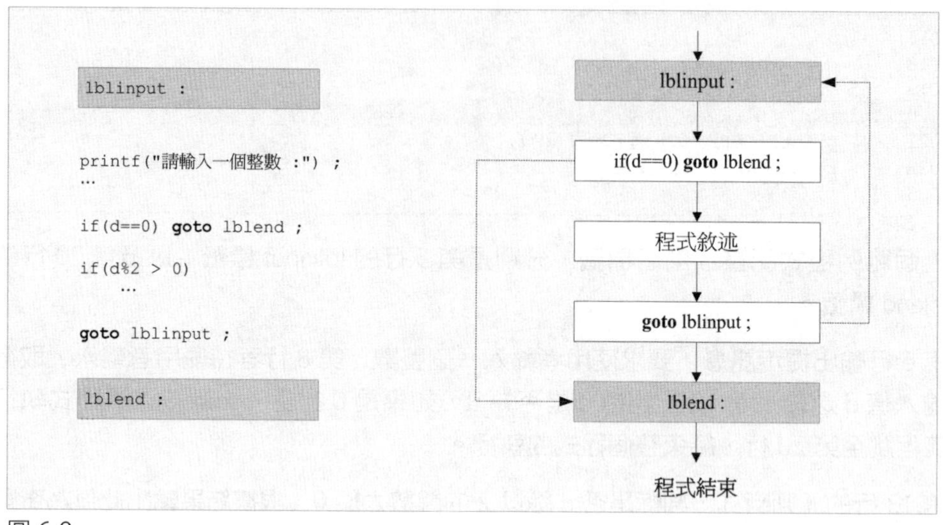

圖 6-9

如你所見，goto 敘述可以讓你完全控制程式的執行流程，有兩點必須特別說明，首先是標籤的配置，如你所見，它允許配置於 goto 之前或之後的位置，另外一點，由於執行的流程沒有一定的規則，使用 goto 必須非常小心，它很容易破壞程式的結構，導致程式除錯與理解的困擾。

有經驗的程式設計師通常不會使用 goto 來達到流程控制的目的，由於它有容易破壞程式結構的副作用，也因此新一代的程式語言不是限縮 goto 的功能，就是直接移除對 goto 的支援。

6.6 區塊變數的有效範圍

到目前為止所討論的流程控制區塊，包含前一章的 if 、switch 敘述，以及本章的 for 與 while 迴圈，均會形成一個封閉區塊，在這些區塊中，如果宣告了變數，則這個變數將只在區塊裡面有效，區塊以外的位置對其所執行的存取操作都會發生錯誤。

以最簡單的 if 區塊為例，在 if 大括弧範圍裡面宣告的變數，如果在區塊外部對其進行存取會發生錯誤，因為區塊代表一個封裝的區域，在區塊裡面可以存取外部資源，但是外部無法存取區塊裡面的資源。

現在，我們來看一個範例，其中設定了不同區塊的變數，同時示範區塊內的變數存取操作。

範例 6-15　區塊變數

p0615_blockv

```
001  #include <stdio.h>
002
003  int main()
004  {
005      char message[12] = "Hello";
006
007      if (1)
008      {
009        char messageB[12] = "Welcome";
010        printf("%s", message);
011      }
012      printf("%s", messageB);
013
014      return 0;
015  }
```

第 5 行宣告了一個 message 字元陣列，而第 9 行則在 if 區塊內宣告了另外一個 messageB 字元陣列。

第 10 行輸出 message 的內容，由於這個變數在 if 區塊外部，因此它可以被引用。第 12 行嘗試輸出 messageB ，這個變數是 if 區塊內部的變數，外部程式碼無法對其進行存取，因此這一行會出現變數 messageB 沒有宣告的錯誤。

下一章討論函數的時候，還會針對函數區塊的變數存取進行相關的討論，無論如何，只要把握區塊範圍的原則，就可以避免這一方面的錯誤。

結論

本章結束了流程控制語法的相關討論，無論是決策控制或是重複執行迴圈，讀者現在都具備設計非直線流程的能力，因此可以實作出更複雜的程式邏輯，這也是入門者脫離基礎語法課程，開始進入程式設計實作最重要的階段。

下一章我們開始討論 C 語言最重要的關鍵核心—函數設計，它是構成 C 程式架構最重要的元素，同時也將進一步說明如何透過標準函數的運用，快速建構程式功能。

摘要

6.1

- 迴圈針對某個區塊的程式碼執行重複運算。
- 迴圈包含兩個部分：重複執行條件運算式與程式區塊。

6.2

- for 敘述包含迴圈計數器的定義，與控制迴圈區塊中程式敘述的執行次數。
- 空白 for 迴圈運算式內容，會造成無窮的迴圈。
- 迴圈計數值可以逆向執行，不過必須小心設計上的問題導致無窮迴圈。
- 巢狀式迴圈在迴圈區塊裡面，再配置子迴圈。

6.3

- while 迴圈根據條件判斷式的結果，決定迴圈是否執行，因此執行的次數不確定。
- do-while 迴圈是 while 迴圈的另外一種版本，差別在於它先完成迴圈內容程式碼的執行再做判斷。
- while 支援巢狀式迴圈。
- 直接將非 0 的值指定為 while 判斷式，將導致無窮迴圈。

6.4

- 於迴圈區塊中指定 break ，可以達到強制中斷迴圈的效果。
- continue 敘述同樣會中斷迴圈，不過它只中斷目前的一次迴圈，直接繼續下一次的迴圈。

6.5

- goto 敘述提供程式設計師自訂程式流程的能力。
- 標籤可以配置於 goto 敘述的前後位置。
- goto 敘述容易破壞程式的結構，因此不建議使用。

6.6

- 程式區塊內部的變數只在區塊裡面有效，外部執行的存取操作都會發生錯誤。

學習評量

6.1

1. 簡述迴圈的功用，它與一般的程式流程有何差異？

6.2

2. 請說明底下 for 迴圈語法的意義。

```
for(…){

     /* for 區塊內容 … */
}
```

3. 請說明 for 迴圈語法中，關鍵字 for 後方三組以「;」分隔的運算式的意義。

```
for (initExprssion;loopcond;inExpression){}
```

4. 請說明底下 for 迴圈的效果，它有什麼問題？

```
for(;;){
        …
}
```

5. 承上題，有的時候當迴圈無法以計數決定次數時，會使用此種型式的迴圈，請問它如何決定停止的時機？

6. 承上題，請嘗試以 for(;;) 的方式改寫以下的迴圈：

```
int i = 0 ;
for(i=0;i<=10;i++){
          printf ("%d",i) ;
}
```

7. 請說明底下的迴圈敘述有什麼問題？

```
for(i=1;i>=1;i--){…}
```

8. 比較底下兩個 for 宣告，請說明其中迴圈的內容，各會執行幾次？

```
for(i=1;i<10;i++){…}
for(i=1;i<10;i+=2){…}
```

9. 考慮底下這一行迴圈，請說明它有何問題？

```
for(int icount=0;icount<1;icount--)
```

10. 以下是一種巢狀式的迴圈，請說明它的邏輯，內部 for 迴圈與外部 for 迴圈執行次數的差異。

```
for  (…){
        for  (…){
                 statements ;
                 …
         }
}
```

6.3

11. 以下是 while 迴圈的示意語法，請說明其中的意義。

```
while(expression){
        statemdnt
}
```

12. 承上題，while 迴圈有兩個版本，另外一個版本 do-while 列舉如下，請說明它們之間的差異。

```
do{
        statemdnt
} while(expression)
```

13. 底下兩段迴圈語法，請說明兩者執行結果的差異。

```
int a = 100 ;
while(a++ > 100){
        printf("%d",a) ;
}
a = 100 ;
do{
        printf ("%d",a) ;
}while(a++ == 100)
```

14. 請說明以下的 while 迴圈有什麼問題？

```
while(1){
        statemdnt  …
}
```

15. 承第 6 題，請說明如何透過「while(1)」迴圈改寫？

6.4

16. 簡述 break 與 continue 這兩個關鍵字套用在迴圈中的差異？

17. 考慮以下的程式碼：

```
001     int main(void)
002     {
003         int x=0 ;
004         while(x<10){
005             x++   ;
006             if(x%2>0)
007              printf("%d",x);
008             else
009              continue;
010         }
011         system("pause");
012         return 0;
013     }
```

請問執行結果最後輸出結果為何？

18. 承上題，修改其中第 9 行如下：

```
break ;
```

請說明重新執行結果為何？

6.5

19. 以下是 goto 語法，請說明它的邏輯。

```
標籤識別名稱：
程式敘述…
…
goto 標籤識別名稱 ;
```

6.6

20. 考慮以下的程式碼：

```
001    int main(void)
002    {
003        int x=0 ;
004        while(x<10){
005            x++  ;
006            int y=x ;
007            printf("%d",y);
008        }
009        printf("%d",y);
010        system("pause");
011        return 0;
012    }
```

請說明這段程式碼有什麼問題？

07 函數

本章討論函數的實作，這是 C 語言最重要的元素，同時也是構成 C 程式內容最關鍵的核心，我們將從函數的用途開始，說明如何設計與使用函數，涵蓋函數的內容組成、參數的設計以及遞迴函數等相關的應用。函數是一個複雜的主題，本章將只會觸及基礎的函數設計，其它與函數有關的議題，例如含括指令與標準函數的運用，則於下一章進行說明。

7.1 關於函數

函數是 C 語言最重要的元素之一，定義應用程式所需的各種功能，透過適當的組合就可以建構一支完整的應用程式，它最重要的好處在於，透過包裝提高程式碼的重複使用性，簡化程式的開發與維護。

在我們撰寫第一個範例程式的時候，就已經開始建立函數了，如下式，其中第 1 行定義了 main 這個名稱的函數。

```
001  int main(void)
002  {
003      … // 程式內容
004  }
```

main() 代表一個函數的名稱，而大括弧則是定義函數的內容，當程式開始執行的時候，會從上往下逐行執行，直到第 4 行的右括弧結束為止。

本書針對的是完全沒有基礎的入門讀者，因此所建立的都是說明用的小範例，一個 main() 函數就夠了，當你開始建立比較複雜的程式功能時，這種作法顯然是不足的，你必須將需要的功能獨立切割出來，並且包裝成各種不同的函數，然後透過這些函數的呼叫來達到實作程式功能的目的。

假設要建立一個包含四則運算的計算機程式，將加、減、乘、除等四個功能，分別寫成四個函式，然後於 main() 函數中，在適當的時機呼叫即可，如此一來，就能大幅簡化 main() 函數裡面的功能程式碼，如下頁圖示：

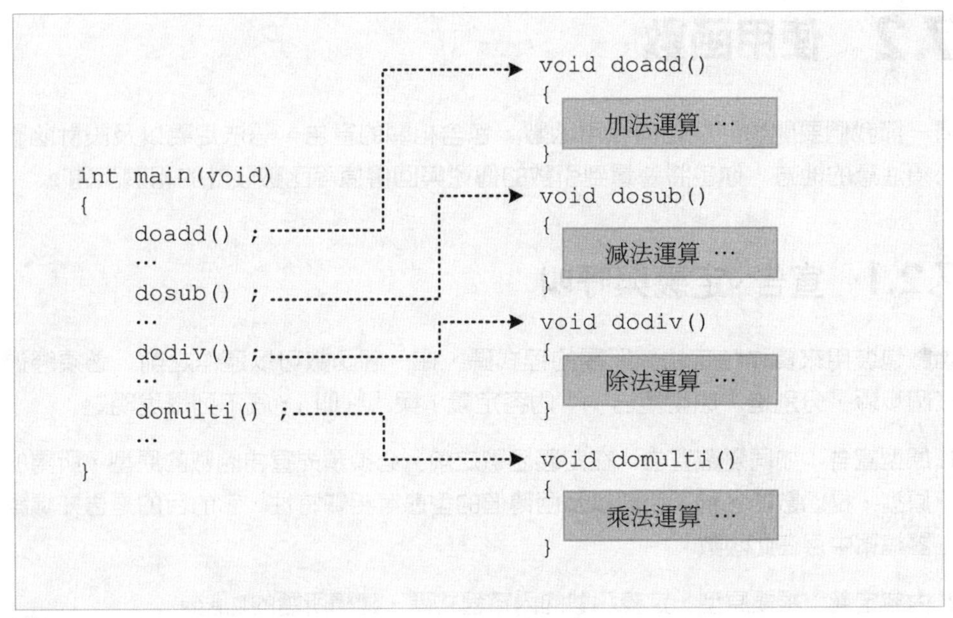

圖 7-1

其中將四則運算分別以不同的函數包裝成獨立的功能，再透過函數名稱進行呼叫，相較於將所有功能寫在 main() 函數當中，此種作法可以讓程式更為彈性也更易於維護，最重要的，當任何地方需要相同的功能，只要直接呼叫即可，這也是函數最重要的目標，提供程式碼的重複使用。

事實上 C 語言本身便提供了大量可用的標準函數，讓程式設計師透過直接呼叫為自己的程式導入所需的功能，而不需要自己重新撰寫。到目前止我們所討論過的 printf() 與 scanf() 即是最典型的例子，這些標準函數的檔案，經由標頭檔含括進來即可使用，這也是為什麼我們在每一個新建立的檔案裡面，需要撰寫以下這兩行的原因：

```
#include <stdio.h>
#include <stdlib.h>
```

除了標準函數，程式設計師最重要的就是根據自己的需求，建立自訂的函數，完成應用程式的建立工作。

接下來的課程內容，從函數的使用開始做說明，而含入檔與標準函數，則於下一章進行說明，本書最後一章，則討論多函數與模組的設計開發。

7.2 使用函數

這一節我們要開始討論如何使用函數，包含相關的宣告、語法定義以及設計函數必須注意的地方，你也將會看到引數的傳遞與回傳值等函數設計的相關議題。

7.2.1 宣告、定義與呼叫

函數包裝用來實作特定功能所需的程式碼，在一個函數可以運作之前，必須經過三個步驟，分別是「原型宣告」、「內容定義」與「呼叫」，底下列舉說明之：

1. **原型宣告**：如同變數宣告，在定義函數之前，必須預先宣告函數的原型，所謂的原型，是函數的名稱、引數以及回傳值的型態等相關特性，它的目的是告知編譯器檔案中存在此函數。

2. **內容定義**：根據原型，定義函數的內容程式碼，建構所需的功能。

3. **呼叫**：需要執行函數功能時，直接透過名稱的引用，對其進行呼叫。

我們首先來看函數原型的宣告，最簡單的語法如下：

```
void dosome (void);
```

其中的 dosome 是函數的名稱，你可以根據所要實作的功能為其命名，方便理解函數的功能以及往後程式的呼叫。

第一個 void 是這個函式執行完畢之後，所要回傳的資料型態，例如，若是想要回傳整數，就必須以 int 取代 void ，其它型態的回傳值類推即可，void 是一個關鍵字，表示這個函式執行完畢將不回傳任何值。

函數名稱後方緊接著是小括弧，這是必要的，用來承接特定型態的引數，void 表示沒有傳入任何引數，最後再加上一個「;」表示結束宣告。

接下來根據宣告所定義的原型，完成其內容的實作，底下為所需的語法：

```
void dosome (void)
{
    …  /* 函數功能程式碼 */
}
```

第 1 行同原型宣告，緊接著大括弧範圍，則形成了函數的程式區塊範圍，其中包含定義函數功能所需的程式敘述。

上述所討論的內容，讀者暫時具備相關的概念即可，後續針對回傳值這個議題會有進一步的說明。

一旦完成函數的宣告，未來只要透過名稱 dosome 的引用，即可呼叫此函式，執行其中的程式碼功能，例如底下的程式碼片段：

```
dosome()  ;
```

dosome() 是函式的名稱，要特別注意的是，在它的名稱後方必須加上一個小括弧，然後補上一個「;」才能構成一個完整的程式敘述。

緊接著，我們透過一個實際的範例進行說明：

範例 7-1 簡單函數示範

p0701_sayhello

```
001  #include <stdio.h>
002
003  void hello();
004  int main()
005  {
006      hello();
007      return 0;
008  }
009  void hello()
010  {
011      /**/
012      printf("Hello,歡迎學習 C 語言 ");
013  }
```

第 3 行宣告了 hello() 函數的原型。

第 9 行開始是函數 hello() 的定義，其中第 12 行建立輸出歡迎訊息的相關功能。

第 6 行透過函數名稱 hello() 的呼叫，執行這個函數，此時程式會從第 6 行跳到第 9 行開始執行，然後在第 12 行執行指定訊息的輸出，第 13 行結束之後，回到第 6 行繼續往下執行。

以下為輸出結果：

```
Hello,歡迎學習 C 語言
```

如你所見，函數的宣告與使用並不困難，你只是將程式碼定義在獨立的函數區塊中。

初學者比較不容易理解函數的地方在於執行的流程，要謹記在心的是，函數是一個完整的程式碼區塊，因此當我們呼叫它的時候，程式流程會跳到裡面的程式碼開始執行，一直到函數以右大括弧「}」結束的地方，然後跳回原來呼叫它的地方，繼續往下執行。

以下的流程示意圖說明呼叫函數的執行過程，其中執行的流程並非從上而下，而是以函數被呼叫的順序為執行的依據，這也是透過函數包裝程式功能與單一函數程式最大的差異。

```
int main(void)
{
    hello()   ;
    system("pause");
    return 0;
}
void hello(void)
{
    printf("Hello,歡迎學習 C 語言 ")   ;
}
```

圖 7-2

函數一旦完成宣告，不需要撰寫重複程式碼，就可以在不同的地方呼叫執行相同的功能，再回到範例 7-1，你可以重複呼叫 hello() 不會有任何問題，例如將其內容調整如下：

```
001 int main(void)
002 {
003   hello()  ;
004   hello()  ;
005   system("pause");
006   return 0;
007 }
```

第 4 行重複呼叫了 hello() ，因此重新執行之後，會得到下頁的輸出結果：

```
Hello, 歡迎學習 C 語言 Hello, 歡迎學習 C 語言
```

在這個輸出結果當中，訊息字串輸出了兩次，你不需要重複撰寫程式碼就能達到相同的功能，當你設計比較複雜的函數內容時，透過引用可以為你省下不少的程式碼，同時讓程式的維護更為容易。

另外針對函數原型宣告要特別注意，如果沒有事先宣告原型便直接定義函數，在不同的編譯器會發生不同的狀況，本書所使用的 Dev-C++ 只會顯示警告訊息，無論如何，最好的作法是為每一個函數撰寫其專屬的宣告程式碼。

如果將函數配置於呼叫之前，就可以不需要宣告原型，本書的範例通常很簡單，因此我們均是在 main() 裡面呼叫函數，並且在此之前先宣告原型，再將函數的定義配置於 main() 後方。

在比較複雜的檔案中，可能包含一個以上的函數，而函數之間可能會相互呼叫，只要確認函數被呼叫之前完成定義，原型宣告可以省略，不過還是建議確實完成每一個函數的原型宣告作業。

7.2.2 函數的參數

函數不僅可以呼叫，還可以在呼叫的同時，將參數傳遞進去，參數的傳遞非常簡單，只要在宣告與定義函數的同時，完成引數的定義即可，先來看宣告所需的語法，列舉如下：

```
void dosome (type1,type2,…) ;
```

函數名稱後方的小括弧，定義承接外部傳入參數的引數型態名稱，函數的定義則必須進一步指定每一個引數的變數名稱，列舉如下：

```
void dosome (type1 arg1,type2 arg2, …) {

    函式 dosome 區塊程式碼
}
```

呼叫此種函數的程式碼，接下來必須根據定義，傳入對應型態的參數，在函數中直接透過引數名稱便能將其取出。

如你所見，函數接受一個以上的參數，不過要特別注意的是，每一個參數，均必須指定其型態，同時以逗號隔開，如下圖：

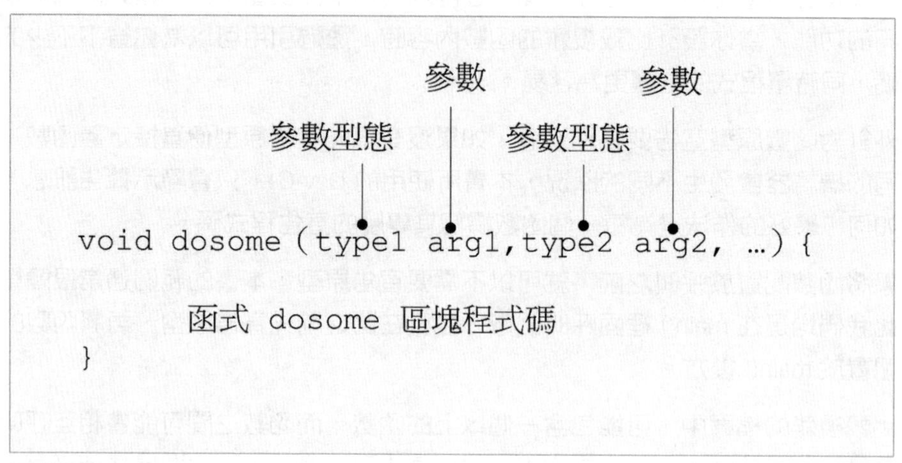

圖 7-3

參數本身是函數的一部分，因此傳入的參數，可以直接在函數裡面使用，就如同其內部宣告的區域變數。

緊接著是另外一個實作的範例，其中建立小時與分鐘這兩種時間單位的轉換功能，透過參數的傳遞來取得所要換算的小時數。

範例 7-2 函數的引數傳遞示範

p0702_hourmin

```
001 #include <stdio.h>
002 
003 void hour2min(int hour);
004 int main()
005 {
006     int hour;
007     printf("輸入小時數：");
008     scanf("%d", &hour);
009     hour2min(hour);
010     return 0;
011 }
012 void hour2min(int hour)
013 {
014     int min = hour * 60;
015     printf("%d 小於等於 %d 分鐘 \n", hour, min);
016 }
```

第 12 行的 hour2min() 函數，接受一個 hour 參數代表所要轉換的小時數，它是 int 型態，在第 14 行將其乘上 60，轉換為分鐘數之後，儲存至變數 min ，第 15 行輸出結果。

第 8 行接受使用者輸入的值並儲存至 hour 變數，然後第 9 行呼叫 hour2min() 函數，並且將 hour 傳入，執行轉換的功能。

來看看範例的執行結果，列舉如下：

```
輸入小時數：6
6 小時等於 360 分鐘
```

在這個範例中，函數定義了一個引數，因此呼叫函數時，可以將參數傳入，來達到與函數溝通的目的，下圖說明其中的過程：

```
int main(void)
{
    …
    hour2min(hour) ;
    system("pause");
    return 0;
}
void hour2min(int hour)
{
    int min = hour * 60 ;
    printf("%d 小時等於 %d 分鐘 \n",hour,min);
}
```

圖 7-4

在函數呼叫的過程中，參數會被傳遞進去函數括弧裡面，然後被當作函數本身的變數使用。

除了這裡所看到的單一參數傳遞，透過「,」區隔就能傳遞一個以上的參數，下頁的範例來看看多參數的函式設計：

範例 7-3 多引數函數示範

p0703_areaclac

```
001  #include <stdio.h>
002
003  void areac(int width, int height);
004  int main()
005  {
006      int width;
007      int height;
008      printf("請輸入長與寬 \n");
009      scanf("%d", &width);
010      scanf("%d", &height);
011      areac(width, height);
012      return 0;
013  }
014  void areac(int width, int height)
015  {
016      int area = width * height;
017      printf("長 %d cm,寬 %d cm 的矩形面積等於 %d 平方公分 \n", width, height, area);
018  }
```

第 14 行定義的 areac() 函數有兩個引數 width 與 height ，其中第 16 行將這兩個引數所代表的矩形長與寬相乘，取得相對應的矩形面積。

第 11 行呼叫 areac() 並將使用者輸入的兩個值當作參數傳入，執行面積的計算，得到的結果如下：

```
請輸入長與寬
6
15
長 6 cm,寬 15 cm 的矩形面積等於 90 平方公分
```

根據輸入的值，這個程式呼叫 areac() ，取得矩形面積。

7.2.3 函數回傳值

方法執行完畢之後，最單純的狀況便是直接結束程式的執行，然後回到呼叫方法的程式碼繼續往下執行，就如同前述的範例，如果需要的話，我們可以要求它回傳某些特定的執行結果。

要讓函數執行完畢能夠回傳指定的值，必須根據所要回傳的型態完成定義，如下式：

```
int dosome (type1,type2,…) ;
```

這個函數原型的宣告中，第一個 int 表示它最後必須回傳一個 int 型態的整數值，在這種情形下，定義時亦必須指定所要回傳的型態，程式最後則需以 return 關鍵字回傳指定的值。

```
int dosome (type1 arg1,type2 arg2, …) {
    …
       return value ;  // 回傳 value
}
```

return 將指定的值 value 回傳，可以是一個變數，或是一個常數值，甚至一段運算式。

針對這種預先定義回傳型態的函數，由於執行完畢之後，會回傳一個特定的值，因此必須以一個預先宣告的相同型態變數承接回傳的結果，例如以下的程式碼：

```
x= dosome(arg , …) ;
```

其中 dosome() 的回傳值，會被儲存至 x 變數，此變數同樣被宣告為 int。

要特別注意的是，回傳型態必須與回傳值搭配，例如你不可以將回傳型態設定為 int ，但是回傳一個字串結果。

現在我們重新修改上述的面積計算範例，來看看定義回傳值的作法：

範例 7-4　函數回傳值示範

p0704_returnfun

```
001  #include <stdio.h>
002
003  int areac(int width, int height);
004  int main()
005  {
006      int width;
007      int height;
008      int area;
009      printf("請輸入長與寬 \n");
010      scanf("%d", &width);
011      scanf("%d", &height);
012      area = areac(width, height);
013      printf("長 %dcm, 寬 %dcm 的矩形面積等於 %d 平方公分 \n",width,height,area);
014      return 0;
015  }
016  int areac(int width, int height)
017  {
018      int area = width * height;
019      return area;
020  }
```

這裡修改了前述相同功能的範例，其中第 16 行這一次定義了 int 回傳型態，第 19 行並沒有直接輸出計算結果，而是透過 return 將其回傳。

你可以選擇更簡便的寫法，直接將運算式指派給 return ，如下式：

```
return width*height ;
```

不過還是建議將其分成兩行比較好理解，這裡只是讓你知道 return 的用法。

第 12 行用一個預先宣告的 int 變數 area ，承接它所回傳的值，第 13 行則輸出最後的結果。

底下的圖示說明了這個範例的回傳執行流程：

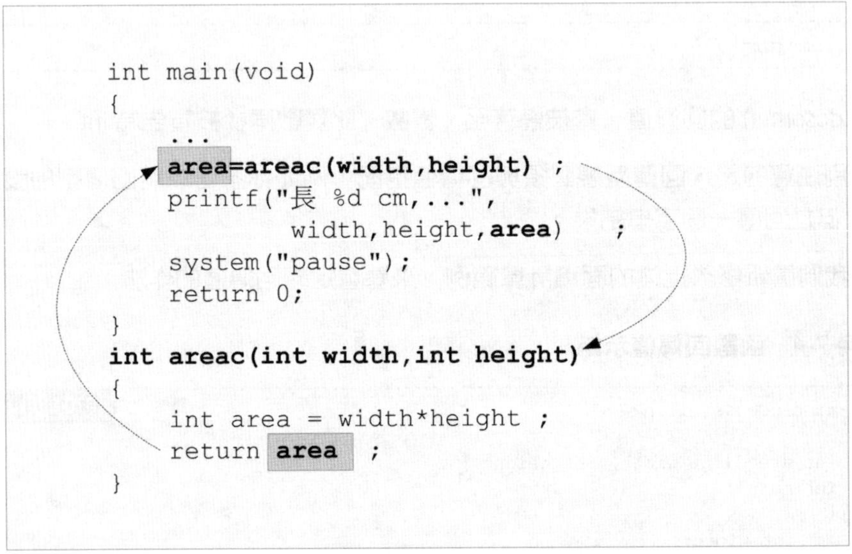

```
int main(void)
{
    ...
    area=areac(width,height) ;
    printf("長 %d cm,...",
           width,height,area)   ;
    system("pause");
    return 0;
}
int areac(int width,int height)
{
    int area = width*height ;
    return area  ;
}
```

圖 7-5

如果函數的運算結果，還要進一步做處理，將其回傳是必要的，如此一來才可以將回傳的值進一步拿來做運算。對於有回傳值的函數也可以直接呼叫，不需要有任何變數儲存其回傳的值，只是如此一來，你就無法取得回傳的結果。

到目前為止，我們完成了基本的函數設計討論，讀者對於何謂函數，以及如何將其運用在程式的開發中，也有了一定的概念，接下來針對幾個函數的相關主題進一步討論。

7.3 函數與有效區域

在第 1 章討論 C 程式架構的時候曾經就區塊的觀念進行說明，讀者亦透過範例實際體驗各種程式區塊的實作，現在我們來看看程式區塊與存取限制的關係。

7.3.1 變數與宣告範圍

當你在函數裡面宣告一個變數，這個變數的有效範圍，就被限制在函數內部，也就是大括弧所標示的區域，從變數被宣告開始的地方，一直到括弧結束，一旦離開了這個範圍，變數就失效了，如下圖：

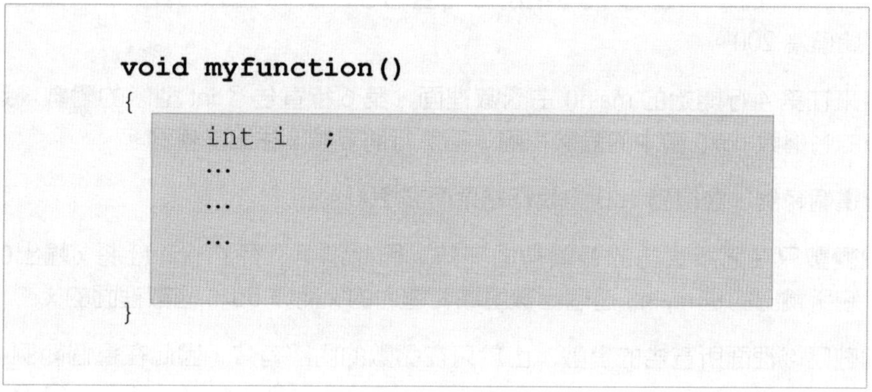

```
void myfunction()
{
    int i  ;
    …
    …
    …
}
```

圖 7-6

在圖 7-6 的函數 myfunction() 當中，宣告了一個變數 i，這個變數只有在其中 myfunction 的大括弧範圍內有效，也就是深色區塊標示區域，在此之外的所有地方對 i 所進行的存取都是無效的。

我們將函數裡面宣告的變數稱為「區域變數」，你不可以在函數有效範圍的區域外存取這個變數，無論是對其進行任何形式的引用或是設值。下頁透過一個簡單的範例進行說明：

範例 7-5　函數範圍

p0705_funscop

```
001  #include <stdio.h>
002
003  int dox();
004  int main()
005  {
006      int x = 100;
007      printf("%d", x);
008      return 0;
009  }
010  int dox()
011  {
012      /* */
013      int x = 200;
014  }
```

第 10 行是一個 dox() 函數，其中第 13 行宣告了一個 int 型態的變數 x ，並且設定其初始值為 200。

接下來在第 4 行開始的 main() 主函數裡面，第 6 行宣告了 int 型態的變數，這個變數的名稱與 dox() 當中的變數相同，第 7 行將變數 x 輸出於畫面。

執行這個範例，會得到 100 的執行結果而非 200。

由於變數只在它所宣告的範圍裡面有效，因此當第 7 行的 printf() 將 x 輸出的時候，它所輸出的是 main() 這個函數區域範圍內的 x 而非 dox() 函數裡面的 x。

在函數區域裡面所宣告的變數，由於只在函數的內部有效，因此在這個範例中的第 6 行以及第 13 行所宣告的 x ，雖然名稱相同，但是它們屬於不同的範圍，無法在外部被引用，因此就算名稱相同亦不會造成衝突。

下頁為變數有效範圍的示意圖，我們可以看到變數 x 只有在其所屬的函數區塊中有效：

```
int main(void)
{
    int x = 100 ;
    printf("%d",x) ;
    system("pause");
    return 0;
}
int dox()
{
    int x = 200 ;
}
```

圖 7-7

現在將第 6 行的 x 修改名稱或是將其移除，則第 7 行將無法通過編譯，因為在 main() 這個函數區域範圍內沒有任何 x 變數，而 dox() 函數內的 x 只能在這個函數內部進行存取。

更進一步的，在同一個函數當中，變數只有在宣告的那一行開始才有效，在此之前，如果嘗試使用這個變數會發生錯誤，來看看以下所宣告的函數內容：

```
001  int dox()
002  {
003    int x = 200 ;
004    int y = z ;
005    int z = 300  ;
006  }
```

其中第 3 行宣告整數變數 x ，並且將其初始化為 200，接下來的第 4 行，將第 5 行宣告的 z 指定給 y 變數，由於在第 4 行 z 並未宣告，因此這個時候 z 並不合法，使用這個變數導致程式的錯誤。

最後，函數的引數本身亦是函數的區域變數，只能在函數的區域內使用，外部的程式碼只能將指定的值透過這個引數傳入。

範例 7-6　函數引數範圍

p0706_funscoparg

```
001  #include <stdio.h>
002
003  void dox(int a);
004  int main()
005  {
006      int i = 100;
007      dox(i);
008      printf("i:%d \n", i);
009      /*  printf("%d \n",a) ;            */
010      return 0;
011  }
012  void dox(int a) {
013      printf("a:%d \n", a);
014  }
```

第 12 行的 dox() 接受一個 int 型態的引數 a ，這是 dox() 函數的區域變數，因此第 13 行可以順利的引用這個變數。

於 main() 函數的程式區塊裡面，第 6 行宣告一個 int 變數 i ，第 7 行呼叫 dox() 並且傳入 i ，第 8 行可以正確的引用此變數並且將其輸出於畫面，第 9 行以註解符號標示，因為它無法通過編譯，a 是 dox() 函數的引數，代表這是一個 dox() 的區域變數，在它的範圍之外對其進行存取並不合法。

7.3.2 全域變數

某些情形下，我們必須要跨函數對變數進行存取，在這種情形下，就必須透過全域變數來達到所要的目的。

全域變數宣告於函數之外，它不屬於任何函數，而除了宣告的位置差異，存取的方式完全與上述的區域變數相同。底下來看一個範例：

範例 7-7　全域變數

p0707_funscopeg

```
001  #include <stdio.h>
002
003  int doadd();
004  int dosub();
005  int a = 200, b = 100;
006
007  int main()
008  {
009      int s;
```

```
010      s = doadd();
011      printf("a+b=%d  \n", s);
012      s = dosub();
013      printf("a-b=%d  \n", s);
014      return 0;
015  }
016  int doadd()
017  {
018      int s = a + b;
019      return s;
020  }
021  int dosub()
022  {
023      int s = a - b;
024      return s;
025  }
```

第 5 行宣告了兩個全域變數，a 與 b ，並且分別設定初始化的值，由於這一行並不屬於任何函數，因此 a 與 b 是全域變數，所有函數內的程式碼都可以對其進行存取。

第 16 行的 doadd() 函數，於第 18 行針對 a、b 兩個變數進行加總運算，並回傳運算結果。

第 21 行的 dosub() 函數於第 23 行針對 a、b 進行減法運算，並且回傳結果值。

回到 main() 函數，第 10 行以及第 12 行，引用 doadd() 與 dosub() ，執行 a 與 b 的加減運算。

來看看這個範例的輸出結果，如下所示：

```
a+b=300
a-b=100
```

如你所見，全域變數並不受任何函數的範圍限制，可以被任意存取。

全域變數因為可以被所有的函數所存取，因此在使用上相當方便，不過你必須特別小心區域變數與全域變數衝突問題。

當你在函數區域宣告的變數名稱與某個全域變數相同，這個時候函數中的變數會被優先使用，而未宣告同名區域變數的函數則會使用全域變數的版本。

範例 7-8 全域變數與區域變數

p0708_glvar

```
001 #include <stdio.h>
002
003 void dox();
004 void doy();
005 void doz();
006 int a = 123;
007
008 int main()
009 {
010     dox();
011     doy();
012     doz();
013     return 0;
014 }
015 void dox()
016 {
017     int a = 6000;
018     printf("%d \n", a);
019 }
020 void doy()
021 {
022     int a = 8000;
023     printf("%d \n", a);
024 }
025 void doz()
026 {
027     //
028     printf("%d \n", a);
029 }
```

第 6 行宣告了一個 int 變數 a ，並且將其值初始化為 123，這是一個全域變數。

第 15 行的 dox() 函數，於第 17 行宣告一個 int 型態的變數 a ，然後將其值設定為 6000，第 18 行輸出變數 a 的值。

第 20 行的 doy() 函數，於第 22 行宣告一個 int 型態的變數 a ，然後將其值設定為 8000，第 23 行輸出變數 a 的值。

第 25 行的 doz() 並未宣告任何變數，但是直接在第 28 行輸出變數 a 的值。

我們來看看執行的結果，列舉如下：

```
6000
8000
123
```

第一個數值 6000 與第二個數值 8000 均是區域變數 a 的值，而第三個值則是全域變數 a 的值。

如你所見，如果函數的區域中沒有同名的區域變數，則全域變數會被引用，否則的話，區域變數將會是第一優先順位。

另外一個重點是，由於函數本身是封閉區域，因此在其中宣告的變數，並不會與別的函數內部變數相互衝突，就如範例中的 dox() 與 doy() 這兩個函數，其中包含了同名的 a 變數。

7.3.3 靜態變數

最後，我們再來看一種特殊的變數，這種變數以 static 宣告，它是一種靜態變數，所謂的靜態變數是它會在函數結束的時候，將所儲存的值保留下來，當函數下次被呼叫的時候，變數值並不會被改變。

以下透過一個實際運用的範例，說明一般的變數與靜態變數的差異。

範例 7-9 靜態變數

p0709_staticvar

```
001 #include <stdio.h>
002 
003 void dox();
004 void doy();
005 
006 int main()
007 {
008     int i = 0;
009     for (i = 0; i < 3; i++) {
010       dox();
011       doy();
012     }
013     return 0;
014 }
015 void dox()
016 {
017     static int a = 100;
018     printf("dox(): a=%d , ", a);
019     a += 100;
020 }
021 void doy()
022 {
023     int a = 100;
024     printf("doy(): a=%d \n", a);
025     a += 100;
026 }
```

第 17 行宣告了一個引用 static 的靜態變數，將其輸出之後，第 19 行將這個值加上 100。

第 21 行的 doy() 函數中，宣告了另外一個區域變數 a ，但是沒有引用 static ，是一般的變數，同樣的，接下來將其輸出，然後在第 25 行將 a 加上 100。

第 6 行的 main() 函數，於第 9 行開始的 for 迴圈，重複呼叫了 dox() 與 doy() 三次，逐次輸出變數 a 的內容。

我們來看看這個範例的執行結果，比較靜態變數與一般的變數差異：

```
dox(): a=100 , doy(): a=100
dox(): a=200 , doy(): a=100
dox(): a=300 , doy(): a=100
```

如你所見，每一次 dox() 的變數 a 的值在結束之後會被保留下來，因此它的值會一直增加，因為下一次迴圈引用 dox() 的時候，變數 a 的值是前一次執行函數後的值；doy() 函數中的 a 並非靜態變數，因此每一次執行的時候，它會重新配置並且進行初始化，因此即使在函數結束前加上 100，對下一次的執行不會有任何影響。

7.4 函數的參數傳遞方式

當你將一個參數傳遞進入一個具有引數的函數時，這個參數的行為可能跟你想像的不同，我們先來看一個範例。

範例 7-10 傳值引數

p0710_passvalue

```
001  #include <stdio.h>
002
003  void doadd(int);
004  int main()
005  {
006      int a = 100;
007      printf("傳入 doadd() 之前：%d \n", a);
008      doadd(a);
009      printf("傳入 doadd() 之後：%d \n", a);
010      return 0;
011  }
012  void doadd(int x)
```

```
013  {
014      x++;
015      printf("doadd() 的運算結果：%d \n", x);
016  }
```

第 12 行是測試用的函數 doadd()，其中的第 14 行將引數 x 的值加 1，第 15 行則將其結果值輸出。

第 6 行宣告一個 int 變數 a，並且將其值初始化為 100，第 7 行在未進行任何運算之前，輸出 a 的值。

第 8 行將 a 當作參數，傳入 doadd() 函數中，第 9 行則是在函數運算完畢之後，再輸出。

這個範例很簡單，重點在輸出結果，列舉如下：

```
傳入 doadd() 之前：100
doadd() 的運算結果：101
傳入 doadd() 之後：100
```

如你所見，當 a 在 main() 裡面宣告並且初始化，它的值就會維持在 100，就算將其值傳入函數裡面修改，修改的結果並不會反應到原來的參數裡。

會發生這種狀況最主要的原因，在於函數的引數是以「傳值」的方式進行傳遞，當一個變數被傳入函數的時候，事實上只有它本身的值被傳遞進去，而非變數，也因此稱為「傳值」。

以上述範例中的變數 a 為例，這個變數的值是 100，當它被傳入函數 doadd() 的時候，其中的值 100 會被複製，然後儲存至 doadd() 的引數 x 當中。

```
doadd(a);
```

由於只有變數值被傳遞進去，而且這個值只是複本，與 a 沒有關係，因此接下來無論函數裡面執行何種運算，a 的值都不會有任何影響，來看看下頁的說明圖：

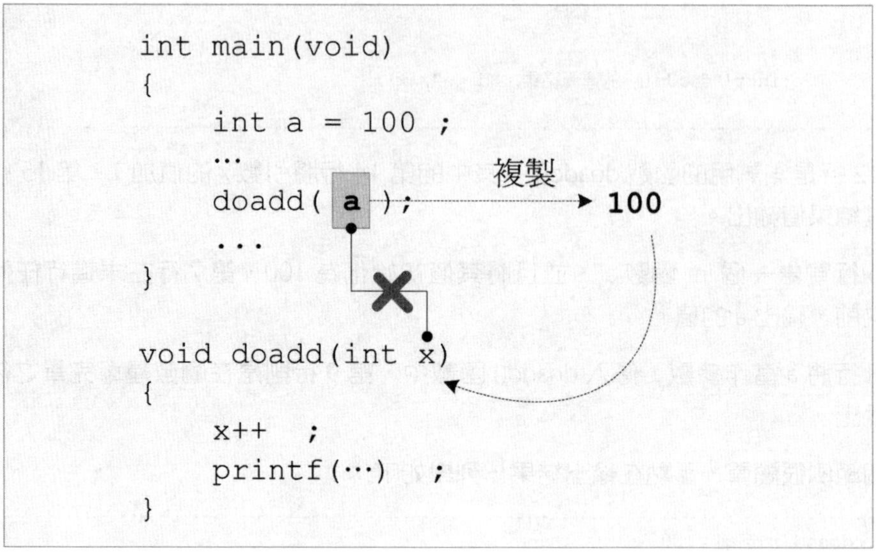

```
int main(void)
{
    int a = 100 ;
    …
    doadd( a );        複製 → 100
    ...
}

void doadd(int x)
{
    x++   ;
    printf(…)  ;
}
```

圖 7-8

從上述的圖示中可以看到，變數傳遞進入函數的值與變數本身脫離，因此沒有任何關聯。

在某些情形下，以「傳值」方式傳遞參數並非我們所希望的結果，例如我們可能需要兩個回傳值，除了將函數宣告為可以回傳的型態，另外一個值則必須藉由引數來回傳，此時必須透過所謂的「傳址」方式進行參數的傳遞，相關的細節牽涉到指標的使用，第 10 章討論指標議題時會有進一步詳細的說明。

7.5 遞迴

函數有一種特別的應用，稱為「遞迴」，這是函數本身透過呼叫自己來達到重複運算的機制，這裡先來看一個簡單的遞迴範例。

範例 7-11 簡單的遞迴運算

p0711_dorecursion

```
001  #include <stdio.h>
002
003  int x = 0;
004  void showmsg();
005  int main()
```

```
006  {
007      showmsg();
008      return 0;
009  }
010  void showmsg()
011  {
012      x++;
013      if (x > 10)
014        return;
015      printf("recursion(%d) ... \n", x);
016      showmsg();
017      x--;
018      printf("完成第 %d 次的函數執行 \n", x);
019  }
```

第 10 行開始的 showmsg() 函數，它會在每一次進入執行的時候，於第 12 行透過 ++ 運算子執行遞增運算，第 13 行的 if 判斷式則檢視 x 是否大於 10，是的話第 14 行的 return 結束函數的執行。

第 15 行輸出指定的訊息，並且顯示 x 變數目前的值，第 16 行呼叫自己，重複執行來達到遞迴的效果。

底下是這個範例的執行結果：

```
recursion(1) ...
recursion(2) ...
recursion(3) ...
recursion(4) ...
recursion(5) ...
recursion(6) ...
recursion(7) ...
recursion(8) ...
recursion(9) ...
recursion(10) ...
```

函數 showmsg() 重複執行遞迴運算，輸出相同的訊息，其中的值則逐次遞增。

從這個範例當中，我們看到了最簡單的遞迴運算，它能夠讓我們以極少量的程式碼完成繁複的重複運算並取得結果，下頁是遞迴執行的流程圖示：

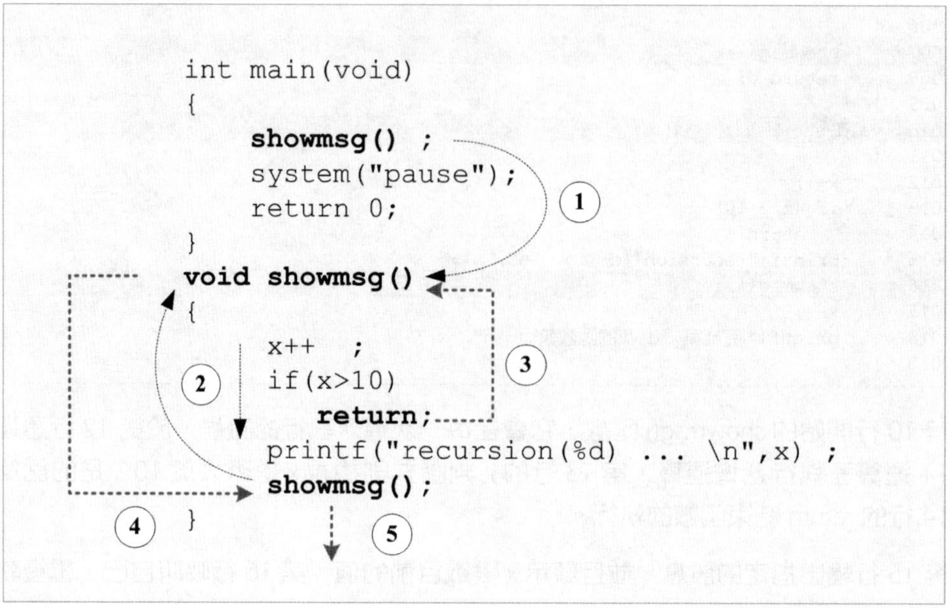

```
int main(void)
{
    showmsg() ;
    system("pause");
    return 0;
}
void showmsg()
{
    x++   ;
    if(x>10)
        return;
    printf("recursion(%d) ... \n",x) ;
    showmsg();
}
```

1 2 3 4 5

圖 7-9

遞迴函數 showmsg() 第一次執行時與一般的函數無異，但是它會在執行到呼叫自己的時候暫停，重新回到一開始執行的地方再執行一次，然後無限循環，如圖 7-9 中的第二個步驟。

遞迴運算直到其中某一次函數執行中止，例如第三個步驟的 x 大於 10 條件成立，則回到前次 showmsg() 引用的位置，也就是第四個步驟，逐一完成前次未執行完畢的函數。

現在，我們進一步修改上述的範例，於其中插入測試程式碼，如下式：

```
001  void showmsg()
002  {
003     x++  ;
004     if(x>10)
005       return ;
006     printf("recursion(%d) ... \n",x) ;
007     showmsg();
008     x-- ;
009     printf(" 完成第 %d 次的函數執行 \n",x) ;
010  }
```

在 showmsg() 當中，加入第 8 行與第 9 行的測試程式碼，在 showmsg() 執行完畢返回之後，將 x 遞減，以回復 x 的值，然後再輸出說明訊息。

由於遞迴運算在返回時會執行完畢剩下的程式碼，然後再回到前次的遞迴呼叫，直到第一次遞迴發生的起始點，這個版本的範例執行結果如下：

```
recursion(1) ...
...
recursion(10) ...
完成第 10 次的函數執行
完成第 9 次的函數執行
完成第 8 次的函數執行
完成第 7 次的函數執行
完成第 6 次的函數執行
完成第 5 次的函數執行
完成第 4 次的函數執行
完成第 3 次的函數執行
完成第 2 次的函數執行
完成第 1 次的函數執行
```

如你所見，第 7 行 showmsg() 以後的程式碼在每一次返回的時候被執行，我們來看看另外一個示意圖：

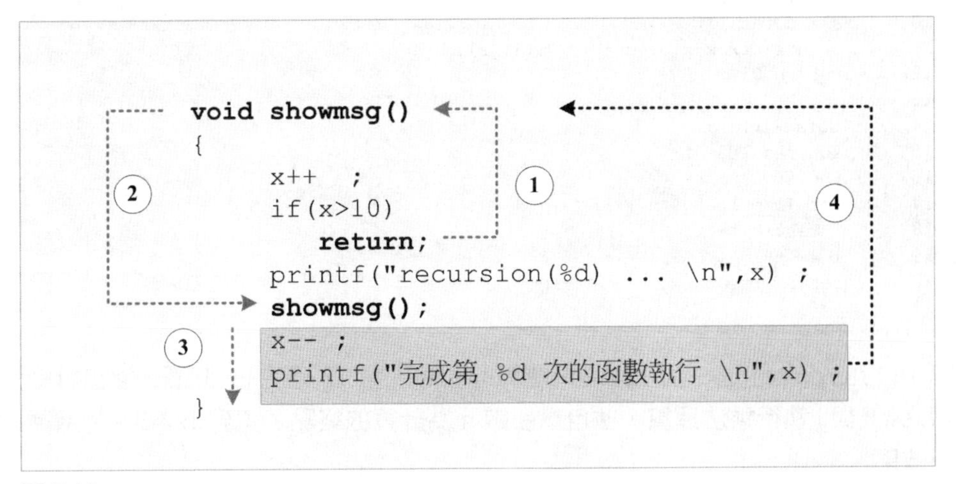

圖 7-10

當 return 被執行，表示遞迴函數將開始返回前一次的執行位置，第三個步驟將未完成的部分繼續執行直到函數結束，然後第四個步驟再回到上次重複完成每一次未完成的程式敘述，因此我們得到了上述的結果。

從這個範例的實作示範，我們現在可以理解，同一個函數以巢狀結構模式被重複執行，是遞迴與一般函數的主要差異。

遞迴運算被應用在很多需要重複計算的場合，其中最典型的遞迴應用莫過於階乘運算，如下式：

```
1x2x…xn
```

有兩種方式可以取得上述的運算結果，先來看看傳統迴圈的方式，底下的範例實作相關的功能。

範例 7-12　階乘運算

p0712_doloop

```
001  #include <stdio.h>
002
003  int dofac(int n);
004  int main()
005  {
006      int i;
007      int s;
008      printf(" 請輸入大於 3 的整數：");
009      scanf("%d", &i);
010      s = dofac(i);
011      printf("1x2x3x...%d = %d ", i, s);
012      return 0;
013  }
014  int dofac(int n) {
015      int result = 1;
016      int i;
017      for (i = 1; i < n + 1; i++) {
018        result *= i;
019      }
020      return result;
021  }
```

第 14 行的 dofac() 是一個執行階乘運算的函數，第 17 行的 for 迴圈，逐步針對變數 result 與 i 執行乘法運算，並且以引數 n 為計算的終點，達到 1x2x3…的邏輯運算效果。

第 9 行取得使用者輸入的數值，做為階乘運算的終值，第 10 行則引用 dofac()，並且傳入變數 i，取得階乘運算的結果，並且儲存至 s 變數。

最後第 11 行輸出結果，如下式：

```
請輸入大於 3 的整數：8
1x2x3x...8 = 40320
```

一開始輸入 8，按下 Enter 鍵之後，程式計算出 1 乘到 8 的結果。

緊接著，我們來看另外一個範例，其中透過遞迴的應用，實作階乘運算，功能完全相同。

範例 7-13 階乘運算

p0713_recursion

```
001  #include <stdio.h>
002
003  int dofac(int);
004  int main()
005  {
006      int i;
007      int s;
008      printf(" 請輸入大於 3 的整數：");
009      scanf("%d", &i);
010      s = dofac(i);
011      printf("1x2x3x...%d = %d ", i, s);
012      return 0;
013  }
014  int dofac(int n)
015  {
016      int x = 1;
017      if (n == 0)
018        return x;
019      else {
020        x = n * dofac(n - 1);
021        return x;
022      }
023  }
```

第 14 行的 dofac() 同樣用來執行階乘運算，不過這一次運用了遞迴，同樣的，它接受一個參數 n ，並且以其做為階乘計算的依據。

第 17 行判斷是否 n 等於 0，如果結果為真表示階層計算完畢，否則第 20 行再重新呼叫 dofac() 形成遞迴運算，然後將 n-1 的值傳入再與 n 自己進行乘法運算，直到 n-1 的結果為 0。

由於只是修改 dofac() 的內容，因此第 4 行開始的 main() ，內容與前一個範例完全相同，當然，這裡會得到相同的結果。

最後要提醒讀者的是，遞迴本身就是一個無窮執行的迴圈，你必須小心設計並適當提供結束遞迴運算的判斷式，否則的話將會導致無法跳出迴圈的錯誤。

結論

本章針對 C 語言最重要的核心元素進行了完整的討論，經過本章課程的學習，相信讀者已經可以利用函數來包裝特定功能的程式碼，將程式內容切割至不同的函數，讓程式的內容更為容易管理維護。

下一章繼續函數的相關議題討論，介紹前置處理器以及 C 語言的標準函數庫，同時示範相關的應用。

摘要

7.1

- 函數是 C 語言最重要的元素之一，定義應用程式所需的各種功能，將功能程式碼從 main() 抽離出來。
- 將程式碼寫在函數裡面，可以讓這些程式碼被重複使用，降低程式的複雜度以利維護。

7.2

- 函數的使用步驟，包含「原型宣告」、「內容定義」與「呼叫」。
- 函數執行流程，以被呼叫順序為執行的依據。
- 為每一個函數撰寫其專屬的宣告程式碼是必要的。
- 函式名稱後方的小括弧，定義承接外部傳入參數的引數型態名稱。
- 函數接受一個以上的參數，每一個參數，均必須指定其型態，同時以逗號隔開。
- 具有回傳值的函數，必須定義其回傳的資料型態，並且以一個事先宣告的相同型態變數承接回傳的結果。

7.3

- 變數的有效範圍限制在大括弧所標示的區域，稱為「區域變數」。
- 同一個函數當中，變數只有在宣告的那一行開始才有效。
- 函數的引數本身亦是函數的區域變數，只能在函數的區域內使用。
- 全域變數在函數的外部宣告，不屬於任何函數，可以被檔案裡的所有函數存取。

- 函數區域宣告的變數名稱與某個全域變數相同時，函數中的變數優先被使用。
- 靜態變數以 static 關鍵字宣告，這種變數會在函數結束的時候，將所儲存的值保留下來。

7.4
- 函數的引數是以「傳值」的方式進行傳遞，當一個變數被傳入函數的時候，事實上只有它本身的值被傳遞進去而非變數。

7.5
- 遞迴是函數本身透過呼叫自己來達到重複運算的機制。
- 遞迴運算被應用在很多需要重複計算的場合，階乘運算是其中最典型的應用之一。
- 遞迴必須提供判斷程式碼，在適當的時機結束運算，否則將導致無法跳出迴圈的錯誤。

學習評量

7.1

1. 簡述以下兩行程式碼的意義：

```
#include <stdio.h>
#include <stdlib.h>
```

2. 考慮以下的程式碼：

```
printf("Hello,C") ;
```

請說明，為何可以直接引用此函數，不需定義其功能？

7.2

3. 建立函數必須經過兩個步驟，試簡述之。

4. 以下是某個自訂函數的宣告，請說明其中 void 的意義：

```
void dofun(void)
```

5. 承上題，請示範定義 dofun() 這個函數的內容，在它被呼叫的時候，可以輸出「Hello,C」的訊息。

6. 考慮以下的程式碼，請說明其輸出結果為何？

```
/* 範例 (hellos.c)：輸出流程 */

001     #include <stdio.h>
002     #include <stdlib.h>
003     void dofun(void);
004     int main(void){
005         printf("A") ;
006         dofun() ;
007         printf("B") ;
008         system("pause");
009         return 0;
010     }
011     void dofun(void){
012          printf("C") ;
013     }
```

7. 考慮以下的程式碼宣告：

```
void dofun(int,double) ;
```

如果要定義其內容，請說明參數列如何撰寫？

8. 考慮以下的程式碼，請指出其輸出結果，並說明原因為何？

```
/* 範例 (args.c)：參數傳入順序 */

001     #include <stdio.h>
002     #include <stdlib.h>
003     void dofun(char,char);
004     int main(void){
005         dofun('A','B') ;
006         system("pause");
007         return 0;
008     }
009     void dofun(char x,char y){
010          printf("%c,%c",y,x) ;
011     }
```

9. 考慮以下的程式碼：

```
char dofun (int x,double y) ;
```

請簡述一開始 char 的意義。

10. 承上題，假設以下這一行程式碼呼叫 dofun()：

```
x= dofun(100,200) ;
```

請問其中的 x 必須宣告為何種型態，原因為何？

7.3

11. 請簡述區域變數與全域變數的區別。

12. 考慮以下的程式碼：

```
/* 範例 (areavar.c) : 區域變數 */

001     #include <stdio.h>
002     #include <stdlib.h>
003     void dofun();
004     int main(void){
005         dofun();
006         int a=0 ;
007         printf("%d",a);
008         system("pause");
009         return 0;
010     }
011     void dofun(){
012         int a =100 ;
013     }
```

其中第 6 行與第 12 行，均宣告了同名變數 a ，第 7 行輸出變數 a 的值，請問此值為何？並請說明原因。

13. 當區域變數與全域變數同名的時候，請問於函數區塊中，何種變數會被讀取？原因為何？

14. 承上題，考慮以下的程式碼：

```
/* 範例 (areavaracc.c) : 區域變數與 域變數存取 */

001     #include <stdio.h>
002     #include <stdlib.h>
003     void dofun();
004     int main(void){
005         int a=0 ;
006         dofun();
007         system("pause");
008         return 0;
009     }
010     void dofun(){
011         int a =100 ;
012         printf("%d",a);
013     }
```

第 12 行會輸出變數 a 的值，其值為何？並請說明原因。

7.4

15. 函數的參數以「傳值」的方式傳遞，請簡述所謂的「傳值」意義為何？

16. 承上題，考慮以下的程式碼：

```
/* 範例 (passbyvalue.c)：傳值參數 */

001     #include <stdio.h>
002     #include <stdlib.h>
003     void dofun();
004     int main(void){
005         int x=500 ;
006         dofun(x);
007         printf("%d",x);
008         system("pause");
009         return 0;
010     }
011     void dofun(int x){
012         x =100 ;
013         printf("%d,",x);
014     }
```

第 5 行宣告一個值等於 500 的變數，而第 12 行修改傳入的 x 變數，請說明輸出結果，並解釋其原因為何？

7.5

17. 考慮以下的程式碼：

```
/* 範例 (forc.c)：迴圈運算 */

001     #include <stdio.h>
002     #include <stdlib.h>
003     int x = 10 ;
004     void dofun();
005     int main(void){
006         int i ;
007         for(i=0;i<10;i++)
008         {
009             x--;
010             dofun(x);
011         }
012         system("pause");
013         return 0;
014     }
015     void dofun(int x){
016         printf("%d\n",x);
017     }
```

其中第 7 行開始的迴圈連續呼叫 dofun() ，執行 x 的輸出，請利用遞迴實作此功能。

18. 承上題，將其中的 dofun() 內容修改如下：

```
001     void dofun(int x){
002         x-- ;
003         if(x<0)return ;
004         printf("%d\n",x);
005         dofun(x) ;
006         x++ ;
007         printf("%d\n",x);
008     }
```

其中第 6 行將 x 加 1 然後第 7 行緊接著輸出 x 的值，請說明輸出結果為何？並簡述執行的流程。

08 前置處理器與標準函數

第 7 章完成函數的討論之後，接下來這一章我們繼續討論與函數有關的議題，其中涵蓋兩個重要的主題，包含前置處理器與標準函數的運用，透過 C 語言內建函數庫的引用，不需要自行撰寫，就可以直接建立各種所需的應用程式功能，學習並且瞭解相關的技巧，在未來應用程式的發展過程中相當重要。

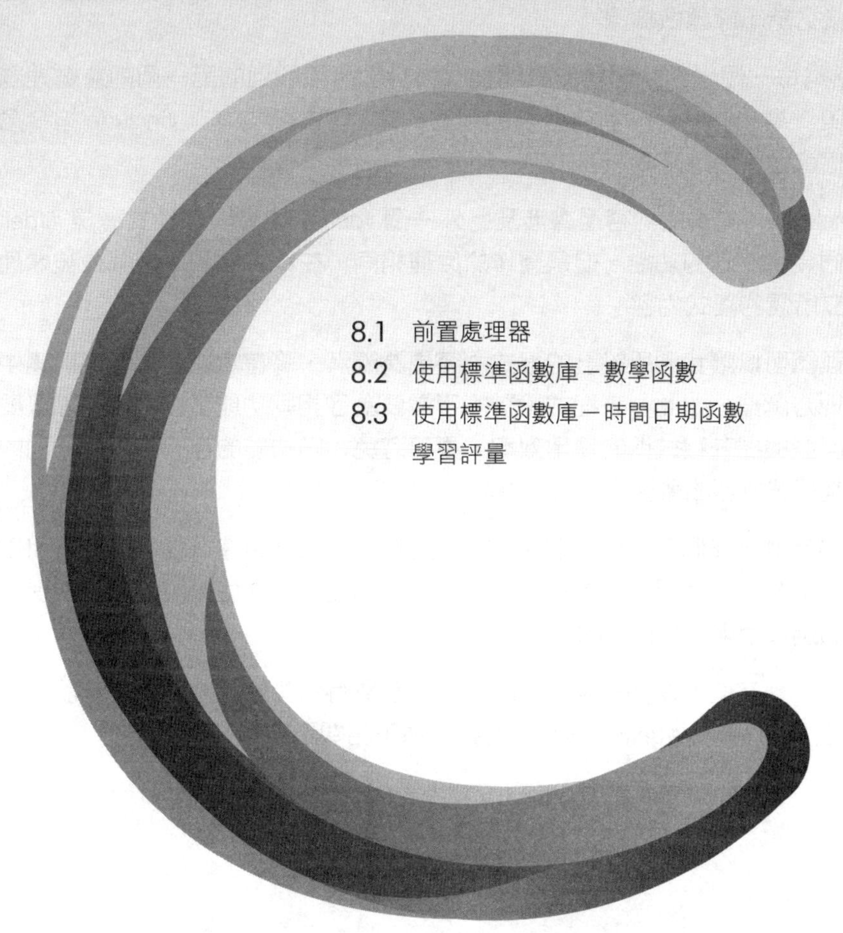

8.1 前置處理器

這一節我們首先要討論第 1 章曾經提及的前置處理器，包含常用的指令 #define 以及 #include 等，特別是其中的 #include 指令，相信讀者已經非常熟悉，不過這一章我們將繼續討論一些相關的細節。

8.1.1 關於前置處理器

前置處理器是程式開始之前的一段區塊，包含各種以 # 為字首的特定功能指令，它不同於程式本身，在編譯之前就會被先行處理，而處理後的結果再與程式本身合併然後送給編譯器做編譯。

#include 是每一個學習 C 語言的入門程式設計師所接觸到的第一個前置處理器指令，在第 1 章我們就已經討論了它的用途，當程式編譯之前，#include 指令含括的標頭檔會被引用進來成為程式的一部分。

除了 #include ，本書的內容還會涉及另外一個 #define 指令與條件式編譯 #ifdef 指令，它們具有不同的功能，但是運作的原理相同，在程式編譯之前就會被處理完畢以建立所需的程式內容。

前置處理器可以讓我們所設計的程式內容更為簡潔，將特定功能的程式碼集中於同一個地方處理，如此一來程式設計師不需要為了相同功能重複開發。除了簡化程式的開發與提升程式碼的使用效率，更可避免相同功能的程式碼產生不同的版本，增加程式維護的難度。

以標頭檔為例，我們只需要透過 #include 含入所需的標頭檔，就可以直接引用現成的標準函數，不需再自行撰寫所需的功能，如此一來即使大規模的程式開發依然可以透過共用來簡化程式的開發程序。

儘管我們已經在前述章節討論了 #include ，但還有一些細節需要進一步說明，特別是與另外一個指令 #define 有關的內容定義等相關議題。

8.1.2 #define

#define 是一種巨集指令，這是一種提供替代指令的功能，允許你在標頭檔預先定義各種程式元素，並且以一個特定的識別名稱命名，包含常數、字串，甚至一段程式碼內容，當程式中需要使用到這些程式元素的時候，就可以直接透過定義的名稱進行引用替代原有的內容，簡化程式碼的撰寫工作。

以下是 #define 的語法定義：

```
#define dname 程式元素
```

其中的程式元素代表你要定義的內容，dname 則是用來取代程式元素的識別名稱，它被用在程式當中，例如當你需要圓周率的值，可以預先以 PI 的名稱定義以取代難讀的數值 3.14。

我們直接透過一個簡單的範例進行說明：

範例 8-1 定義 PI

p0801_definepi

```
001 #include <stdio.h>
002 #define PI 3.14
003
004 int main()
005 {
006     int i = 10;
007     float c = i * i * PI;
008     printf("半徑 10 的圓形面積等於 %5.2f \n", c);
009     return 0;
010 }
```

第 2 行的 #define 指令定義 PI 這個常數，它的值是圓周率 3.14。

第 6 行宣告 int 變數 i 表示所要計算的半徑長度，第 7 行將 i 平方後，乘上 PI 以取得半徑等於 10 的圓形面積。

第 8 行的 printf() 輸出計算後的結果，畫面如下：

```
半徑 10 的圓形面積等於 314.00
```

如你所見，我們順利透過 PI 這個預先定義的名稱來取得 3.14 的值。

這是最簡單的 #define 指令用法，透過這個指令不只可以取代常數值，甚至可以用來取代一段常用的函數內容程式碼，甚至大括弧這種 C 語言的語法符號，緊接著我們來看另外一個範例：

範例 8-2 定義函數內容

p0802_definee

```
001  #include <stdio.h>
002  #define SAYHELLO printf(" 歡迎學習 C 語言 \n")
003  #define SAYWELCOME(name) printf("Hello, %s\n", name)
004
005  int main()
006  {
007      SAYWELCOME("Tim");
008      SAYHELLO;
009      return 0;
010  }
```

第 2 行定義了一段程式碼，其中透過 printf() 輸出一段指定的訊息，與第 3 行的功能類似，不過它還可以接受一個參數並且合併其它字串輸出。

第 7 行引用 SAYWELCOME ，並且傳入一個人名字串，執行其中的程式碼。

第 8 行引用 SAYHELLO 執行預先定義的字串輸出功能程式碼。

```
Hello, Tim
歡迎學習 C 語言
```

如你所見，預先定義與直接撰寫內容程式碼的效果完全相同。

#define 甚至可以取代預設的語法符號，例如「{ 」，當然為了程式碼的可讀性，我們並不建議你這樣做。

範例 8-3 定義內建符號

p0803_defined

```
001  #include <stdio.h>
002  #define L_ {
003  #define R_ }
004  #define PI 3.14156
005
006  int main()
007  L_
008        printf("HELLO ... \n");
009        return 0;
010  R_
```

上頁範例中，第 2 行以及第 3 行分別定義了「{」以及「}」的取代符號，L_ 被用來取代左大括弧「{」，R_ 被用來取代右大括弧「}」。

接下來 main() 當中的程式碼，第 7 行直接使用 L_ 而非「{」，第 10 行則是 R_ 而非「}」。

執行這個範例程式，會輸出第 8 行的 HELLO 訊息，效果同使用大括弧。

8.1.3 #define 的問題

使用 #define 有一些必須特別注意的地方，這一節來看看相關的問題。

一旦完成了定義，你就不可以在程式中重新定義這些識別名稱，將它們宣告為其它用途的變數，例如上述範例的 L_、SAYHELLO 或是 PI 等等，它們就如同內建的關鍵字，如此做會因為名稱衝突導致程式語法發生錯誤。

另外，使用 #define 也必須避免 C 語言內建符號與關鍵字的衝突，你不可以再重新定義這些符號或是關鍵字，如此一來將導致程式的衝突。考慮以下的程式碼，其中說明了相關的問題：

範例 8-4 #define 指令的定義衝突

p0804_defineerrors

```
001  #include <stdio.h>
002  #define if 100
003
004  int main()
005  {
006      printf("%d",if);
007      if (1)
008        printf("Message... ");
009      return 0;
010  }
```

第 2 行重新定義關鍵字 if 的值，第 6 行引用 printf() 輸出 if 的值，第 7 行則是一段 if 敘述，輸出一個訊息字串。

執行這個範例程式，其中的第 7 行會出現錯誤，因為 if 這個關鍵字在標頭檔被重新定義了，現在如果將第 7 行以及第 8 行移除，可以輸出 100 這個值，當然，我們不會想要撰寫這樣的程式。

另外一種可能發生的問題，在於錯誤的巨集運算邏輯。

如果 #define 所定義的是函數程式碼，也要特別的小心，你可能會因為運算邏輯的差異，導致最後運算結果並非預期，我們透過一個範例做說明：

範例 8-5 #define 指令的錯誤

p0805_defineerror

```
001  #include <stdio.h>
002  #define doma(a, b) a *b;
003  #define domb(a, b) (a) * (b);
004
005  int main()
006  {
007      int a = 1, b = 2;
008      int ma = doma(a + 1, b + 2);
009      int mb = domb(a + 1, b + 2);
010      printf("doma(a,b):%d \n", ma);
011      printf("domb(a,b):%d \n", mb);
012      return 0;
013  }
```

第 2 行定義的巨集 doma 接受兩個參數，a 與 b ，它會將這兩個參數進行乘法運算，第 3 行定義另外一個巨集 domb ，它同樣針對兩個所接受的參數進行乘法運算，只是透過小括弧標示參數。

第 8 行以及第 9 行分別引用 doma() 與 domb() ，進行兩個指定參數 a+1 與 b+2 的乘法運算。

第 10 行與第 11 行輸出執行的結果。

```
doma(a,b):5
domb(a,b):8
```

在這個輸出結果當中，你可以看到 doma() 與 domb() 執行乘法運算所得到的結果值並不相同，這可能讓你感到困擾，我們來看看它的運算邏輯。

在第一個運算式 doma() 當中，傳入參數之後所得到的運算式如下：

```
a+1*b+2
```

由於先乘除後加減的運算順序，因此會得到如下的運算式：

```
1+1*2+2 => 1+2+2 => 5
```

而 domb() 以小括弧標示參數，會得到下頁的運算式：

```
(a+1)*(b+2)
```

小括弧內的運算式會先執行完畢，因此得到的運算式如下：

```
(1+1)*(2+2) => 2*4 => 8
```

經由上述的說明，讀者應該可以理解兩個巨集定義的差異，你必須考慮運算式的運算順序邏輯，才能避免可能發生的錯誤。

8.1.4 #include

第 1 章我們已談過 #include 這個含括指令，它用以將標頭檔含括進來，在編譯的過程中，這些含括進來的檔案內容，被合併成為檔案本身的一部分，為了方便說明，現在將此圖重新列舉如下：

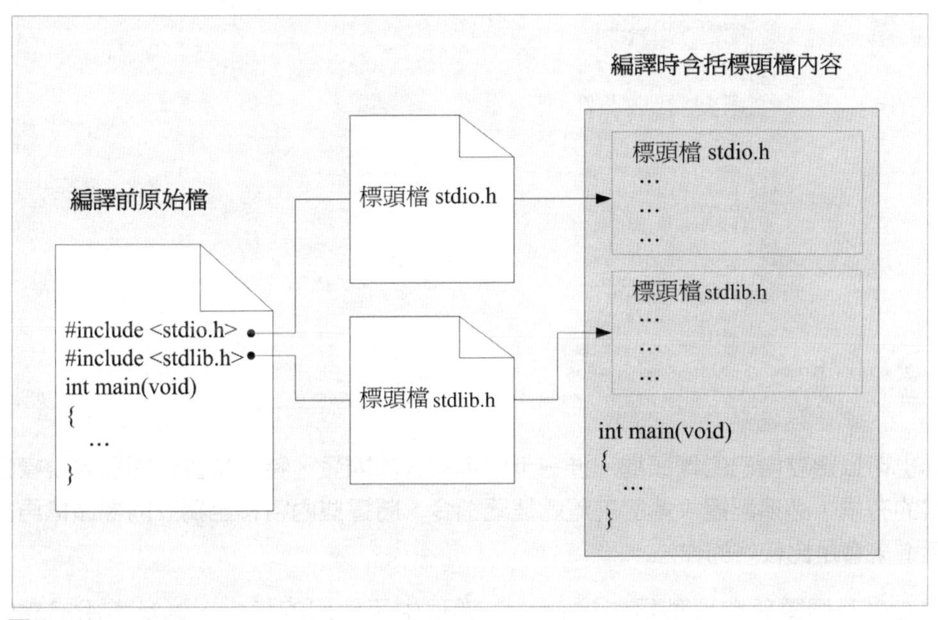

圖 8-1

如圖示說明的，透過含括的技巧，我們可以很方便的將其它檔案的內容，整合進新開發的程式碼檔案中，同樣的原理，如果要設計的檔案太過複雜，也可以考慮透過此種技巧來拆解程式的內容，將某些功能程式碼獨立出來，再經由製作自己的標頭檔來含括獨立開發的檔案。

進一步討論相關的實作示範之前，先來看看標頭檔的內容。

至 C:\Program Files (x86)\Dev-Cpp\MinGW64\x86_64-w64-mingw32\include 這個路徑底下，找到 stdio.h 這個檔案將其開啟，你會看到其中的內容由大量的前置指令所組成，如下圖：

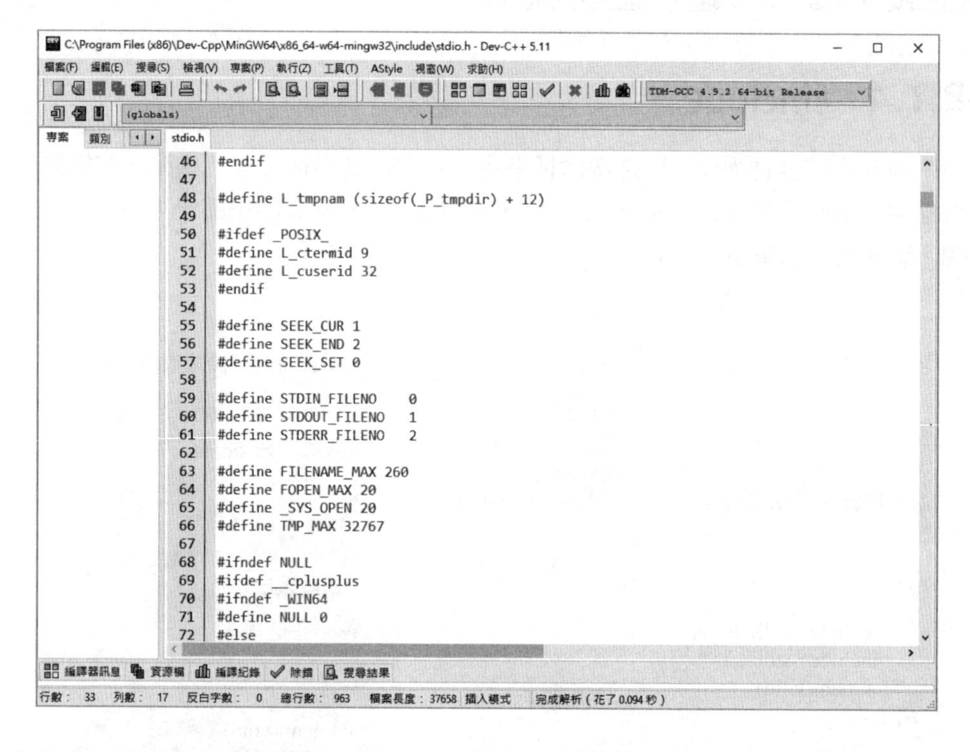

你也可以建立自己的標頭檔，進一步簡化程式的開發，特別是當你開發大規模程式的時候，必須配置大量的前置處理器指令，將這些內容移至獨立的標頭檔再含括進來會是比較好的作法。

現在，我們重新整理稍早討論 #define 過程中所使用的指令，以及常用的標頭檔，建立一個自訂的標頭檔，將其命名為 headerh.h ，內容如下頁範例：

範例 8-6 自訂標頭檔

p0806_headerh

```
001  #include <stdio.h>
002  #include <stdlib.h>
003  #define PI 3.14
004  #define L_ {
005  #define R_ }
006  #define SAYHELLO printf("歡迎學習 C 語言 \n")
007  #define SAYWELCOME(name) printf("Hello, %s\n", name)
```

第 1 行與第 2 行是每一個範例均會用到的含括指令，而第 3 行開始，則是稍早範例所建立的各種 #define 指令。

以 .h 副檔名儲存這個檔案，如下圖，於「存檔類型」中選擇「Header files」項目，按一下「儲存」按鈕即可。

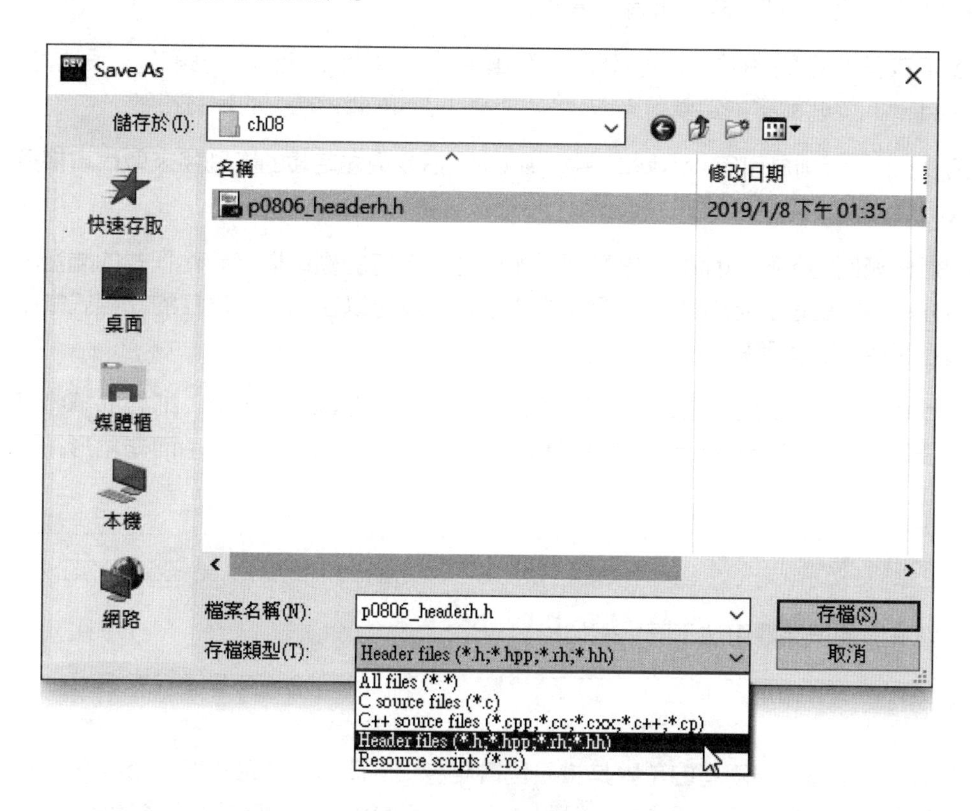

接下來另外建立一個檔案，將其命名為 ihead.c 來測試這個標頭檔，內容如下頁：

p0806_ihead

```
001  #include "p0806_headerh.h"
002
003  int main()
004  L_  int i = 10;
005       float c = i * i * PI;
006       char s[12];
007       printf("請輸入名稱：");
008       gets(s);
009       SAYWELCOME(s);
010       SAYHELLO;
011       printf("半徑 10 的圓形面積等於 %5.2f \n", c);
012       system("pause");
013       return 0;
014  R_
```

由於必要的前置處理器指令，都寫在 headerh.h 這個標頭檔中了，因此第 1 行直接將其含括進來即完成了所有的指令配置。

接下來第 3 行開始是 main() 函式，而第 4 行以及第 14 行的 L_ 與 R_ ，則是在 headerh.h 這個檔案中定義用來取代「{ 」與「 }」兩個大括弧的配置符號。

第 9 ～ 10 行則是引用 headerh.h 中，#define 指令預先定義的識別字來取代直接撰寫所需的程式碼。

從這個範例的示範過程中，你看到了如何透過自訂的標頭檔來簡化程式的開發，當你將所需的前置指令整理在獨立的標頭檔，就可以在任何新建立的 C 程式當中透過引用直接使用其中的內容。

#include 指令在使用的時候必須注意路徑的問題，在範例 8-7 中，細心的讀者應該發現了，當我們含括自訂的標頭檔時，所使用的是雙引號「""」而非角形符號「<>」，如下式：

```
#include "headerh.h"
```

這與一般的標頭檔用法不同，例如：

```
#include <stdio.h>
```

從功能面來看，這兩者的差異其實只是書寫習慣的問題，角形符號「<>」通常被用在含括 C 語言內建的標頭檔，雙引號「""」習慣用在自訂的標頭檔含括場合。

你可以將標頭檔與引用它的檔案配置在相同的路徑，就如同此範例所示範的，或是將其配置於系統預設的資料夾 Dev-Cpp\MinGW64\x86_64-w64-mingw32\include，這兩種方式都可以讓程式順利找到所需的標頭檔。不過如果是「<>」，會直接至系統資料夾裡面尋找檔案，而「""」則會先至根目錄尋找。

另外，你也可以將標頭檔配置於特定的目錄，此時只要指定完整的目錄路徑名稱即可，例如以下這一行：

```
#include "C:\headerh.h"
```

要讓這一行程式碼生效只要將 headerh.h 配置於 C 根目錄底下即可。

自行撰寫標頭檔在大型程式的開發相當常見，當程式規模日益龐大，我們就會將其中共用的內容抽離出來寫成獨立檔案，再透過標頭檔含括進來進行引用。

8.2 使用標準函數庫－數學函數

現在我們來看看標準函數庫中一些常用的函數，它們提供了包含數學與日期資料的處理功能，當你需要這些功能的時候，只需透過含括指令將相關的標頭檔包含進來，如此一來就有現成的功能可以直接引用，不需要再自行撰寫程式碼。緊接著我們從數學函數開始談起。

8.2.1 數學函數與 math.h

與數學運算功能有關的函數，例如三角函數 sin()、cos() 等等的函數功能，都可以透過含括 math.h 這個標頭檔而在程式碼中進行引用，當你需要這些功能的時候，直接從程式碼檔案的開頭將其含括進來即可。

範例 8-7　使用 math.h

p0807_mathdemo

```
001  #include <stdio.h>
002  #include <math.h>
003  #define PI 3.14159265359
004  
005  int main()
006  {
```

```
007      double d;
008      printf(" 請輸入要計算的角度：");
009      scanf("%lf", &d);
010      double r = (PI / 180) * d;
011      double sinv = sin(r);
012      double cosv = cos(r);
013      double tanv = tan(r);
014      printf("sin%3.0f:%3.2f \n", d, sinv);
015      printf("cos%3.0f:%3.2f \n", d, cosv);
016      printf("tan%3.0f:%3.2f \n", d, tanv);
017      return 0;
018  }
```

第 2 行使用 #include 指令，含括 math.h 標頭檔，第 3 行預先定義計算三角函數所需的常數 PI ，並且設定其值。

接下來於第 9 行讓使用者輸入所要計算的角度，第 10 行將角度轉換成為三角函數計算所需的弳度，並且指定給 double 變數 r。

第 11 行開始，分別將 r 當作參數傳入三角函數，因此取得計算結果，第 14 行開始逐一輸出這些結果值。

```
請輸入要計算的角度：30
sin 30:0.50
cos 30:0.87
tan 30:0.58
```

這個執行結果當中，輸入 30 表示要計算角度為 30 的三角函數，然後逐一輸出 sin、cos 與 tan 的結果。

讀者可以嘗試執行這個程式，並且輸入不同的角度來取得各種角度下的三角函數結果。

8.2.2 指數與對數函數

數學函數亦提供了指數與對數運算功能函數，分別列舉如下：

```
double exp(double x)
double log(double x)
double log10(double x)
```

第一個 exp() 計算指數值，將所要計算的值 x 傳入，取得 e^x 的計算結果。

第二個 log() 計算自然對數，將所要計算的值 x 傳入，取得 log(x) 的計算結果。

第三個 log10() 計算以 10 為底的對數值，將所要計算的值 x 傳入，取得 log10(x) 的計算結果。

這些函數均相當簡單，我們直接來看範例。

範例 8-8 指數對數

p0808_explog

```
001  #include <stdio.h>
002  #include <math.h>
003
004  int main()
005  {
006      double x;
007      double s;
008      printf("指定計算指數對數的值：");
009      scanf("%lf", &s);
010      x = exp(s);
011      printf("exp(%.2f):%.2f \n", s, x);
012      x = log(s);
013      printf("log(%.2f):%.2f \n", s, x);
014      x = log10(s);
015      printf("log10(%.2f):%.2f \n", s, x);
016      return 0;
017  }
```

第 9 行要求使用者輸入欲計算的值，並且設定給變數 s。

第 10 行引用 exp()，將 s 當作參數傳入，取得其指數計算的結果，並在第 11 行將結果輸出。

第 12 行引用 log()，將 s 當作參數傳入，取得其自然對數值，並在第 13 行將結果輸出。

第 14 行引用 log10()，將 s 當作參數傳入，取得其自然對數值，並在第 15 行將結果輸出。

```
指定計算指數對數的值：10
exp(10.00):22026.47
log(10.00):2.30
log10(10.00):1.00
```

一開始程式執行時，輸入 10 做測試，接著輸出 exp()、log() 與 log10() 的計算結果。

8.2.3 次方與開根號

如果想要計算某個數值的特定次方值，可以選擇使用 pow() 這個函數，它的定義如下：

```
double pow(double x,double y)
```

這個函數會計算 x 的 y 次方值，也就是 y 是指數，要縮小在 X 的右上角：x^y 的值。

範例 8-9　次方運算

p0809_powsqrt

```
001  #include <stdio.h>
002  #include <math.h>
003
004  int main()
005  {
006      double x, y;
007      double rv;
008      printf("輸入次方運算的值 (x,y)：");
009      scanf("%lf,%lf", &x, &y);
010      rv = pow(x, y);
011      printf(" %.0f 的 %.0f 次方：%.0f  \n", x, y, rv);
012      return 0;
013  }
```

第 9 行要求使用者輸入兩個 double 數值，分別指定為 x 與 y。

第 10 行則引用 pow()，將 x 與 y 當作參數傳入，計算 x 的 y 次方，第 11 行則輸出計算的說明結果。

```
輸入次方運算的值 (x,y)：4,3
 4 的 3 次方：64
```

如提示說明的，以逗號分隔兩個輸入的值，按一下 Enter 鍵取得運算結果。另外還有一個開平方根的函數 sqrt()，它的定義如下：

```
double sqrt(double x)
```

其中的引數 x 為所要開根號的變數，最後回傳的是一個 double 值。

範例 8-10　平方根運算

p0810_sqrt

```
001  #include <stdio.h>
002  #include <math.h>
003
004  int main()
005  {
006      double x;
007      double rv;
008      printf(" 輸入平方根運算的值：");
009      scanf("%lf", &x);
010      rv = sqrt(x);
011      printf(" %.2f 的平方根：%.2f  \n", x, rv);
012      return 0;
013  }
```

第 9 行要求使用者輸入欲執行平方根運算的值，並且指定給 x ，第 10 行引用 sqrt() 函數，將 x 當作參數傳入，進行平方根的運算，取得運算結果儲存至 rv。

第 11 行輸出相關的說明結果。

```
輸入平方根運算的值：100
   100.00 的平方根：10.00
```

執行結果的第一行，輸入 100 進行測試，然後緊接著程式完成 100 的平方根計算，並且回傳計算結果。

8.2.4 取得近似整數

如果你有一個包含小數點的數值，想要取得這個值的近似整數，可以透過 floor() 與 ceil() 這兩個函數來達到目的，它們的定義相當簡單，列舉如下：

```
double floor(double x)
double ceil(double x)
```

無論 floor() 或是 ceil() 均接受一個 double 參數，並且取得此參數的近似值然後回傳。

floor() 所回傳的近似值是小於或等於 x 的最大整數，換句話說，x 的值將被無條件捨棄，如果 x 是一個沒有小數點的整數，則回傳 x ，否則的話，直接將小數點捨棄回傳整數部分。

ceil() 所回傳的則是大於或等於 x 的最小整數，換言之，將 x 無條件進位，如果 x 是一個沒有小數點的整數，則回傳 x ，否則的話，直接將小數點的部分進位成為整數然後回傳。

範例 8-11 取近似值

p0811_fceil

```
001  #include <stdio.h>
002  #include <math.h>
003
004  int main()
005  {
006      double x;
007      double f, c;
008      printf(" 輸入欲取近似值的數值：");
009      scanf("%lf", &x);
010      f = floor(x);
011      c = ceil(x);
012      printf("floor(%.2f): %.2f \n", x, f);
013      printf("ceil(%.2f): %.2f \n", x, c);
014      return 0;
015  }
```

第 9 行要求使用者輸入測試值，並且將其儲存至 x。

接下來的第 10 行引用 floor() ，將 x 當作參數傳入，取得無條件捨去的整數值，第 11 引用的則是 ceil() ，這個函數取得無條件進位的整數值。

```
輸入欲取近似值的數值：100.234
floor(100.23)：100.00
ceil(100.23)：101.00
```

在執行過程中，輸入 100.234 這個測試值，floor() 將其中的小數點直接捨棄，因此最後的輸出結果為 100，ceil() 則是無條件進位，因此取得 101 的整數。

8.2.5 亂數

接下來我們來看一個很重要的數學功能─讀取亂數，有兩個函數功能與亂數的讀取有關，分別是 rand() 與 srand() 這兩個函數，先來看看 rand() ，它的定義如下：

```
int rand()
```

直接引用這個函數，會回傳一個整數亂數，這個亂數介於 0 ~ 32767 之間，引用 RAND_MAX 可以取得最大可能的亂數值。

我們來看以下的範例：

範例 8-12 取亂數

p0812_rand

```
001  #include <stdio.h>
002  #include <stdlib.h>
003
004  int main()
005  {
006      int x;
007      int i;
008      printf("輸出 6 個 0 ~ %d 的亂數值：\n", RAND_MAX);
009      for (i = 0; i < 6; i++) {
010        x = rand();
011        printf("%d,", x);
012      }
013      return 0;
014  }
```

第 8 行輸出一段說明訊息，其中引用了 RAND_MAX 來取得最大可能的亂數值。第 9 行開始的 for 迴圈，於第 10 行透過引用 rand() 取得亂數，然後輸出於畫面。

來看看這個範例的輸出結果，列舉如下：

```
輸出 6 個 0 ~ 32767 的亂數值：
41,18467,6334,26500,19169,15724,
```

其中輸出了六個亂數。

必須特別注意，使用 rand() 並不需要含括 math.h ，它定義在 stdlib.h 這個標頭檔，因此可以直接引用。

rand() 所產生的是一種可預期的虛擬亂數，這種亂數可以被預測，如果要產生無法預測的亂數值，則必須設定不同的亂數種子，函數 srand() 提供所需的功能，這個函數的定義如下：

```
void srand(unsigned int seed)
```

其中的 seed 為亂數種子，這是一個無號整數，指定這個值之後，rand() 就會根據此亂數種子產生不同的亂數值出來。

範例 8-13 取亂數

p0813_srand

```
001  #include <stdio.h>
002  #include <stdlib.h>
003
004  int main()
005  {
006      int x;
007      int s;
008      printf("指定亂數種子：");
009      scanf("%d", &s);
010      srand(s);
011      x = rand();
012      printf("%d,", x);
013      return 0;
014  }
```

第 9 行要求使用者輸入一個做為亂數種子的整數，並且儲存至變數 s。

第 10 行則引用 srand() 設定亂數種子，第 11 行取得亂數值。

```
指定亂數種子：652
2167
```

如你所見，根據使用者指定的亂數種子，rand() 輸出特定的亂數值。

如果想要取得某個特定範圍的亂數值，可以考慮使用以下的語法：

```
rand()%number
```

其中的 number 是一個自訂的整數，執行這一行程式碼，會回傳一個介於 0 ~ number 之間的整數，我們透過以下範例進行說明：

範例 8-14 取得特定範圍的亂數

p0814_rrange

```
001  #include <stdio.h>
002  #include <stdlib.h>
003
004  int main()
005  {
006      int i;
007      int x;
008      int r;
009      printf("輸入所要產生的最大亂數 : ");
010      scanf("%d", &r);
011      for (i = 0; i < 10; i++) {
012          x = rand() % r;
```

```
013          printf("%d,", x);
014        }
015        return 0;
016    }
```

第 10 行取得使用者輸入的整數，並且指定至變數 r，這個值為可能產生的最大亂數整數。

接下來第 11 行開始的 for 迴圈，透過 rand() 函數的引用，輸出十次的亂數值，第 12 行取得介於 1 ～ r 的亂數值，第 13 行輸出亂數值。

```
輸入所要產生的最大亂數 : 66
41,53,64,34,29,16,60,54,34,44
```

第 1 行要求產生的亂數不可以大於 66，接下來的十個亂數，全部介於 0 ～ 66 之間。

讀者可以自行執行這個範例，看看它的輸出結果。

8.3　使用標準函數庫－時間日期函數

標頭檔 time.h 提供了處理時間所需的功能函數，這一節我們來看幾個與時間有關的實用函數。

8.3.1　取得目前的系統時間

首先是 time() 函數，它會回傳目前的系統時間，來看看它的定義，列舉如下：

```
time_t time(time_t *timer)
```

time 回傳一個 time_t 型態的值，這是一個 long 型態的整數，表示格林威治時間 1970 年 1 月 1 日 00:00:00 到目前系統時間所經過的時間差，這個值以秒為單位。

如果將一個 time_t 型態的變數當作參數傳入，這個值同時會設定至 timer。

範例 8-15 取得目前時間

p0815_time

```
001  #include <stdio.h>
002  #include <time.h>
003
004  int main()
005  {
006      time_t t;
007      t = time(NULL);
008      printf("目前時間：%d \n", t);
009      printf("目前時間：%s \n", ctime(&t));
010      return 0;
011  }
```

第 2 行含括 time.h 標頭檔，第 6 行宣告一個 time_t 型態的變數 t。

第 7 行引用 time() 取得目前的時間秒數，第 8 行將其輸出。

```
目前時間：1264053485
```

以上這一行是輸出結果，如你所見，這是代表時間差的秒數，我們必須進一步將其進行轉換才能得到可以理解的日期表示式，提供轉換功能的函數為 ctime() ，來看看它的定義，列舉如下：

```
char *ctime(const time_t *timer)
```

它接受一個 time_t 型態的常數指標，並且將其轉換成為字串回傳。

我們透過另外一個範例進行說明：

範例 8-16 取得目前時間表示字串

p0816_timer

```
001  #include <stdio.h>
002  #include <time.h>
003
004  int main()
005  {
006      time_t t;
007      t = time(NULL);
008      char *c = ctime(&t);
009      printf("目前時間：%s \n", c);
010      return 0;
011  }
```

第 7 行取得表示目前時間的秒數，並且將其儲存至 t。

第 8 行將 t 當作參數傳入 ctime() 進行轉換，並且將結果儲存至宣告為 char 的字元陣列 c。

第 9 行將 c 輸出，顯示目前的時間。

```
目前時間：Thu Jan 21 14:46:26 2010
```

從輸出結果當中，我們看到了秒數被轉換後的結果。

8.3.2 取得程式執行時間

這一節另外來看一個 clock() 函數，它的功能是用來取得程式開始啟動一直到目前為止所經過的時間，定義如下：

```
clock_t clock(void)
```

引用這個函數所回傳的是一個 clock_t 的值，它以 CLK_TCK 為單位，這個常值表示經過 1 秒鐘長度時間需要的值，因此，將 clock_t 除以 CLK_TCK 可以得到經過的秒數。

範例 8-17 取得程式執行時間

p0817_clktck

```
001  #include <stdio.h>
002  #include <time.h>
003
004  int main()
005  {
006      char s[18];
007      printf("請輸入名稱：");
008      scanf("%s", &s);
009      printf("Hello,%s \n", s);
010      clock_t t = clock();
011      double tr = t / CLK_TCK;
012      printf("等待使用者輸入的時間：%.2f 秒 \n", tr);
013      return 0;
014  }
```

第 6 行開始，宣告一個字元陣列，緊接透過 scanf() 取得使用者輸入的字串，將其指定給 s ，然後輸出於畫面。

第 10 行引用 clock() 函數，取得程式執行至目前所經過的時間長度，於第 11 行將其除以 CLK_TCK 常數，取得秒數，第 12 行將結果輸出。

```
請輸入名稱：Tim
Hello,Tim
等待使用者輸入的時間：5.00 秒
```

在這段執行結果當中，首先輸入一個特定名稱，然後輸出歡迎訊息，最後顯示程式執行到目前為止的時間。

8.3.3 計算時間差

程式經常會有計算兩個時間點之間的時間差值功能需求，difftime() 函數可以讓我們處理這一方面的問題，來看看它的定義：

```
double difftime(time_t time1, time_t time0);
```

這個函數針對其中的參數，time0 與 time1 進行時間差的計算，time0 為開始的時間，time1 為結束的時間，最後並回傳以秒數為單位的 double 型態結果值。

範例 8-18　計算時間差

p0818_difftime

```
001  #include <stdio.h>
002  #include <time.h>
003
004  int main()
005  {
006        time_t t    ;
007        t = time(NULL)  ;
008        int i=0 ;
009        double x=0  ;
010        double y=0  ;
011        while(x<10)
012        {
013            x= difftime(time(NULL),t);
014            if(x>y)
015            {
016                printf("%.0f ",x);
017                y=x ;
018            }
019        }
020        printf("經過 10 秒 \n") ;
021        return 0;
022  }
```

第 6 ～ 10 行完成變數宣告，第 7 行取得程式開始的時間儲存至 t。

第 11 行開始是一個 while 迴圈，第 13 行每一次取得目前時間與 t 的時間差，接下來第 14 行的 if 判斷式，檢視是否 x 大於 y ，是的話表示已經過了 1 秒，第 16 行輸出經過的秒數，並且將 y 更新為目前已經過的時間差秒數。

當時間差到達 10 的時候，第 11 行開始的 while 迴圈結束執行，第 20 行輸出說明訊息。

```
1 2 3 4 5 6 7 8 9 10 經過 10 秒
```

從這個執行結果當中，我們看到了，在程式的執行過程當中，每經過 1 秒就輸出目前的時間差秒數。

結論

延續上一章對函數的討論，本章進一步針對前置處理器的相關議題進行完整的說明，透過相關指令的設定，相信讀者現在已經瞭解如何運用 C 語言內建的標準函數，快速建立所需程式功能，具備相關的能力之後，相信未來對於其它函數的運用將不會有太大的問題。下一章將討論 C 語言的資料處理功能、陣列，以及另外一個與陣列有密切關聯的資料型態—字串。

摘要

8.1

- 前置處理器是程式開始之前的一段區塊，提供各種特定功能的指令配置，在編譯之前被處理，完成資料的預先定義或是外部檔案的內容整合。
- #define 是一種巨集指令，提供在程式開始之前，各種元素的預先定義功能。
- #define 指令可以定義常數值、一段常用的函數內容程式碼，甚至語法符號。
- 在程式當中重新定義 #define 指令所定義的識別名稱是不合法的。
- #define 的識別字必須避免 C 語言內建符號與關鍵字的衝突。
- 因為運算式的運算順序，有可能導致巨集運算邏輯錯誤。

- Dev-Cpp\MinGW64\x86_64-w64-mingw32\include 路徑底下，存放了大量可供含括引用的標頭檔。
- 你可以建立自己的標頭檔，簡化程式的開發程序。
- 自訂的標頭檔，其副檔名為 .h。
- 角形符號「<>」通常被用在含括 C 語言內建的標頭檔，雙引號「""」習慣用在自訂的標頭檔含括場合。
- 配置於特定目錄的標頭檔，只要指定完整的目錄路徑名稱即可。

8.2

- 與數學運算功能有關的函數，宣告於 math.h 這個標頭檔。
- math.h 提供了 sin()、cos() 與 tan() 等計算三角函數的相關功能。
- math.h 提供了 exp()、log() 與 log10() 等指數對數運算功能。
- math.h 中的 pow() 函數，支援數值的特定次方運算。
- math.h 中的 floor() 與 ceil()，支援浮點數的近似值存取功能。
- 函數 rand() 與 srand()，支援亂數的存取。
- rand() 所產生的是可以被預期的虛擬亂數值，透過函數 srand() 可以設定不同的亂數種子來產生非預期亂數。

8.3

- 標頭檔 time.h 提供了處理時間所需的功能函數。
- time() 函數回傳目前的系統時間，以 time_t 型態做表示。
- 函數 ctime() 針對 time_t 型態的資料做轉換。
- clock() 函數回傳程式的執行時間。
- difftime() 函數提供計算兩個時間點的時間差功能。

學習評量

8.1

1. 簡述何謂前置處理器？
2. 簡述 #define 與 #include 的功能。
3. 考慮以下的程式碼：

```
/* 範例 (printdefine.c)：預先定義  */

001  #include <stdio.h>
002  #include <stdlib.h>
003  #define WROLDEND 2012
004  int main(void)
005  {
006      printf("%d \n",WROLDEND)  ;
007      system("pause");
008      return 0;
009  }
```

請說明輸出結果，並簡述其原因。

4. 考慮以下的程式碼：

```
/* 範例 (exdefined.c)：定義內建符號  */

001  #include <stdio.h>
002  #include <stdlib.h>
003  #define X_ {
004  #define Y_ }
005
006  int main(void)
007  X_
008      printf("HELLO ... \n")  ;
009      system("pause");
010      return 0;
011  Y_
```

其中第 7 ～ 11 行，與底下的程式碼有何差異？

```
001  {
002      printf("HELLO ... \n")  ;
003      system("pause");
004      return 0;
005  }
```

5. 考慮以下的程式碼：

```
/* 範例 (exdefinee.c)：定義函數內容 */

001  #include <stdio.h>
002  #include <stdlib.h>
003  #define WORLDEND "WORLD END IN "
004  #define WEYEAR(year) printf("%s %d\n",WORLDEND,year )   ;
005
006  int main(void)
007  {
008      WEYEAR(2012) ;
009      system("pause");
010      return 0;
011  }
```

請說明輸出結果，並解釋其原因。

6. 於程式中建立以下的程式碼：

```
#define while 600
```

請說明這一行程式碼會有什麼樣的問題？

7. 簡述以下兩行 #define 指令的運算結果差異：

```
001  #define doma(x,y) x*y  ;
002  #define domb(x,y) (x)*(y)   ;
```

8. 當我們利用 #include 指令含括外部檔案進來的時候，請問它會直接嵌入或是透過連接整合進程式當中？簡述運作的機制。

9. 建立自訂的標頭檔，必須指定何種格式的副檔名？

10. 關於以下兩行程式碼，請說明它們的差異。

```
#include "headerh.h"
#include <headerh.h>
```

8.2

11. 請簡述 math.h 的功能為何？

12. 簡述 log() 與 log10() 這兩個函數的差異為何？

13. 請設計一支程式，接受使用者輸入一個 double 型態的任意值，然後計算其 3 次方值，最後輸出結果。

14. 請分辨 pow() 與 sqrt() 這兩個函數的功能為何？
15. 請解釋 floor() 與 ceil() 這兩個函數，在近似值的運算差異為何？
16. 簡述 rand() 函數與 srand() 函數的功用。
17. 承上題，請說明 RAND_MAX 的意義。
18. 考慮以下的程式碼：

```
/* 範例 (exrrange.c)：取得特定範圍的亂數 */

001  #include <stdio.h>
002  #include <stdlib.h>
003  int main(void)
004  {
005      int x,i ;
006      for(i=0;i<10;i++)
007      {
008          x = rand()%50  ;
009          printf("%d,",x)  ;
010      }
011      system("pause");
012      return 0;
013  }
```

請說明其中第 8 行的功能，而 x 會是一個什麼樣的值？

8.3

19. 請說明 time() 函數的回傳值型態 t_time 為何？
20. 承上題，請說明如何將其轉換為可理解的時間字串，並且實作一範例說明之。
21. 請分辨 time_t 型態值與 clock_t 型態值的差異。
22. 簡述 difftime() 函數的功能。

09 陣列

當應用程式有一群資料需要處理的時候，單一變數並沒有辦法有效支援資料的維護管理作業，我們必須透過陣列執行這一方面的工作，而陣列也是最基礎的資料結構。除了陣列之外，這一章還要討論文字這個相當重要的資料型態，它是一種字元陣列，與第 2 章所討論的資料型態有很大的差異，因此這裡一併做說明。

9.1 陣列

陣列是一群相同型態的資料集合，很多資料運算的場合都需要用到陣列，例如儲存一個班級的學生姓名資料，或是考試成績等等，我們從什麼是陣列開始說明。

9.1.1 關於陣列

複雜的陣列可以有多重維度，這裡從最簡單的一維陣列開始談起，就如同由數個方格所組成的盒子，一維陣列的組成架構如下圖：

[0]	[1]	[2]	[3]	[4]	[5]
100	200	x	y	z	600

圖 9-1

每一個方格代表一個儲存位置，其中只能儲存一筆資料或是資料變數，圖示為一個可以儲存六筆資料的一維陣列，而每一個儲存資料的方格透過對應的索引值辨識，也就是中括弧裡面的數字，這是一種 int 型態的整數。

程式透過陣列名稱以及索引值，存取特定方格裡所儲存的資料，儲存於方格中的資料稱之為「陣列的元素」，例如圖中的第一個方格所儲存的元素 100，第三個方格所儲存的變數 x 等等。

陣列是數個相同型態的資料集合，使用陣列有幾項要點必須瞭解，它們與陣列的特性以及使用有相當密切的關係，列舉如下頁：

- 宣告
- 陣列長度
- 索引
- 儲存元素

如同基本型態的資料變數，陣列在使用之前必須進行宣告，語法如下：

```
xtype x[number]  ;
```

其中宣告一個型態為 xtype 的陣列，xtype 代表所要宣告的陣列型態名稱，例如 int、char 或是 double 等等，它後方的中括弧表示這是一個陣列型態的資料，中括弧裡面的數字 number 是一個整數值，例如 10 表示這個陣列可以儲存十個 xtype 型態的資料，也就是陣列的長度。

底下程式碼示範實際的陣列宣告：

```
int x[6]  ;
```

其中宣告一個 int 型態的陣列 x ，並且定義其大小為 6，表示接下來程式可以儲存六個 int 型態的值至陣列 x。

陣列的索引值從 0 開始逐一遞增，因此最後一個位置儲存的資料索引值，是宣告陣列指定的數值減 1。x 的結構如下圖：

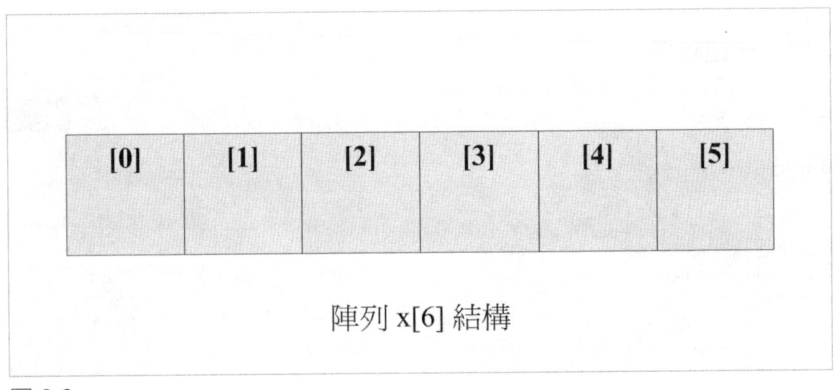

圖 9-2

完成陣列宣告之後，接下來就可以將資料儲存至陣列，或是從陣列中取出資料，而資料存取的操作必須透過索引，例如以下的程式碼：

```
001 x[3]=150 ;
002 i=x[3] ;
```

第 1 行程式碼將一個 int 型態的數值 150 儲存至 x 陣列的第四個位置，反之第 2 行程式碼從陣列的第四個位置取出其中所儲存的 int 型態整數值，將這個值設定給 int 型態變數 i，程式碼執行的過程如下：

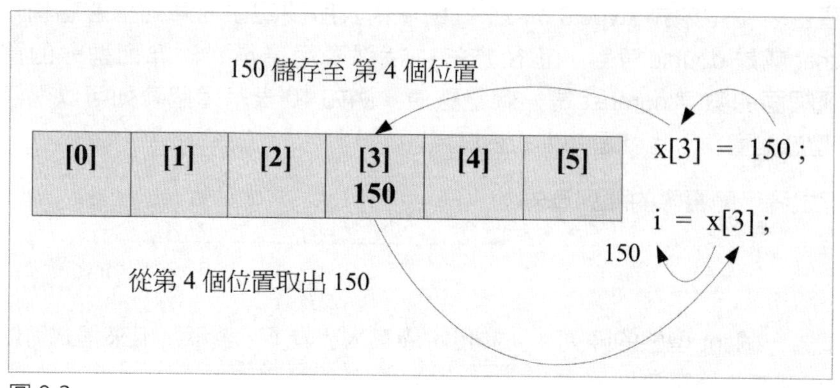

圖 9-3

瞭解陣列的原理之後，接下來，我們來看一個簡單的陣列示範，讀者會在這個範例中，看到如何宣告一個陣列，同時針對其中的內容進行存取。

範例 9-1 示範陣列

p0901_array

```
001  #include <stdio.h>
002
003  int main()
004  {
005      int x[6];
006      x[0] = 100;
007      x[1] = 200;
008      x[2] = 300;
009      x[3] = 400;
010      x[4] = 500;
011      x[5] = 600;
012      printf("%d,%d,%d,%d,%d,%d \n", x[0], x[1], x[2], x[3], x[4], x[5]);
013      return 0;
014  }
```

第 5 行完成一個 int 型態的陣列宣告，並且指定其長度為 6，表示它可以儲存六個 int 型態的整數值，索引值從 0 ～ 5。

緊接著第 6 ～ 11 行，逐一透過索引值，將指定的整數值設定給陣列。

第 12 行的 printf 則逐一透過索引將每一個陣列值取出，然後以「,」分隔輸出。

接下來，我們來看輸出的結果，列舉如下：

```
100,200,300,400,500,600
```

讀者從這個範例中，看到了初步的陣列應用，當然，你可以宣告其它特定型態的陣列來儲存相關型態的資料，例如底下的程式碼：

```
double ds[6]  ;
```

這一行程式碼宣告一個 double 型態的陣列 ds ，它可以儲存六個 double 型態的數值。

9.1.2 陣列的變數存取

儘管我們可以透過固定的常數值來存取陣列的特定元素，但是陣列的索引值並不需要是常數值，這一點要特別注意，在實際的程式中，更普遍的情形是利用變數來指定索引值，例如：

```
mybArray[k]
```

其中的 k 是一個 int 型態的變數，k 的值在程式執行的過程中，被用來做為索引值，存取此值所在位置的元素。

範例 9-2 陣列索引存取

p0902_arrayindex

```
001  #include <stdio.h>
002
003  int main()
004  {
005      int x[6];
006      int i = 3, j = 4, k = 5;
007      x[0] = 100;
```

```
008       x[1] = 200;
009       x[2] = 300;
010       x[3] = 400;
011       x[4] = 500;
012       x[5] = 600;
013       printf("%d,%d,%d,%d,%d,%d \n", x[0], x[1], x[2], x[k], x[j], x[i]);
014       return 0;
015   }
```

這個範例重複了上述第一個陣列示範的範例功能，不過其中第 6 行宣告了三個 int 變數，並且於第 13 行，以這些變數做為索引值，取得索引位置分別為 4、5、6 的三個陣列元素。

針對陣列的內容，你也可以透過變數來處理，例如將一個變數的值儲存至特定的索引位置，我們來看另外一個範例：

範例 9-3 陣列的變數設值

p0903_arrayvar

```
001   #include <stdio.h>
002
003   int main()
004   {
005         int v1 =100 ;
006         int x[2] ;
007         x[0] = v1  ;
008         printf(" 設定第 2 個陣列元素值：") ;
009         scanf("%d",&x[1]);
010         printf("x[0]:%d,x[1]:%d \n",x[0],x[1])  ;
011         return 0;
012   }
```

第 5 行宣告一個 int 變數 v1，並且初始化其值為 100。

第 7 行則將變數 v1 的值設定給陣列 x 的第一個索引位置，接下來的第 9 行要求使用者輸入一個特定的值，並且直接將其儲存至 x 的第二個索引位置 x[1]。

第 10 行將 x 陣列的值直接輸出，得到以下的結果：

```
設定第 2 個陣列元素值：200
x[0]:100,x[1]:200
```

如你所見，陣列元素的設值不一定要指定常值，你可以將一個變數指定給它，甚至直接透過 scanf() ，將使用者輸入的值指派給陣列的特定索引位置。

9.1.3 陣列長度

陣列與一般的基礎型態如 int 或是 double 不同，它可以儲存數量不等的元素，每一個陣列都有一定的容量，也就是它的長度，應用程式的邏輯通常會相當複雜，在很多情形下必須確認陣列長度，以避免可能產生的錯誤。

想要取得陣列長度有一點麻煩，首先必須透過 sizeof() 函數回傳陣列所能儲存的位元組數目，再根據位元組數目，就可以取得陣列所能儲存的型態資料數量，底下列舉 sizeof() 的語法：

```
int size = sizeof(x)   ;
```

在這行程式碼當中，x 是一個陣列，將其傳入 sizeof() ，然後 int 型態的變數儲存其回傳的整數，代表這個陣列 x 所能儲存的位元數目。

範例 9-4 陣列的大小

p0904_arraysize

```
001  #include <stdio.h>
002
003  int main()
004  {
005      int x[6];
006      int size = sizeof(x);
007      int isize = size / 4;
008      printf("x 陣列所能儲存的位元組：%d \n", size);
009      printf("x 陣列所能儲存的 int 數量：%d \n", isize);
010      return 0;
011  }
```

第 5 行宣告一個大小長度為 6 的 int 陣列，第 6 行的 sizeof() 取得陣列所能儲存的位元組數目，接下來的第 7 行則將這個值再除以 4，如此一來可以換算所能儲存的 int 型態整數的數目，因為一個 int 的大小是四個位元。

第 8 ～ 9 行，分別輸出位元以及 int 的大小。

來看看範例的輸出結果，列舉如下，你可以對照 int 型態的數量，剛好是一開始宣告 x 的大小。

```
x 陣列所能儲存的位元：24
x 陣列所能儲存的 int 數量：6
```

9.1.4 使用陣列的錯誤

初學者因為不當使用陣列經常會遇到錯誤，這一節來看看錯誤的相關狀況，並且說明如何避免這些問題。

運用陣列最常見的錯誤，是將型態不正確的資料儲存至陣列，例如將具小數點的浮點數儲存至宣告為 int 型態的陣列物件，或是陣列完成宣告之後，嘗試存取超出範圍的陣列索引位置，接下來的範例說明相關內容：

範例 9-5　陣列存取型態錯誤

p0905_arraye

```
001  #include <stdio.h>
002
003  int main()
004  {
005      int x[4];
006      x[0] = "100";
007      x[1] = 100.123;
008      x[2] = 456;
009      printf("%d,%d,%d,%d \n", x[0], x[1], x[2], x[3]);
010      return 0;
011  }
```

第 5 行宣告的是一個 int 型態的陣列，它可以儲存四個 int 型態的整數。

接下來第 6 行將一個字串儲存至第一個索引位置的陣列空間，第 7 行則將一個浮點數儲存給第二個索引位置的陣列空間，第 8 行則是將一個 int 整數儲存至第三個索引位置的陣列空間。

第 9 行開始輸出結果，內容如下：

```
4198928,100,456,37814176
```

如你所見，除了第三個元素之外，其它的元素都是錯的，前兩個元素的型態不符，最後一個元素則是空值輸出後的結果，這一部分與初始化有關，稍後針對陣列的初始化有進一步的說明。

對於這裡所提到的錯誤，只要小心避免指定錯誤的型態資料即可。

另外一種常見的錯誤是超出索引範圍的陣列資料存取，這種錯誤發生在指定的索引值不在陣列所宣告的長度範圍，例如下頁這一段程式碼：

```
001     int x[6]    ;
002     x[0] = 100 ;
003     x[1] = 2000 ;
004     x[6] = 3000 ;
```

第 1 行宣告這個陣列可以儲存六個整數，它的索引值為 0 ～ 5，但是第 4 行指定了一個 6 的索引值，這會導致索引值超出範圍邊界值 5 的錯誤。

針對索引範圍的錯誤，我們可以利用 #define 指令，在標頭檔預先定義常數名稱，代表所要宣告的陣列長度，如此一來，只要偵測這個值就可以避免索引值超出範圍邊界的錯誤。

範例 9-6 定義陣列長度

p0906_defarrayb

```
001  #include <stdio.h>
002  #define ASIZE 6
003
004  void setArray(int inta[]);
005  int main(void)
006  {
007      int i = 0;
008      int x[6];
009      printf(" 請輸入陣列元素：\n");
010      do {
011        scanf("%d,", &x[i]);
012        i++;
013      } while (i < ASIZE);
014      i = 0;
015      printf(" 以下為輸入的內容：\n");
016      do {
017        printf("%d,", x[i]);
018        i++;
019      } while (i < ASIZE);
020      return 0;
021  }
```

第 2 行預先定義 ASIZE 代表陣列所宣告的長度 6。

第 10 行開始是一個 do 迴圈，其中要求使用者逐一輸入做為陣列元素的值，第 11 行將使用者輸入的值指定給 i 值所表示的索引位置，第 12 行將 i 遞增，記錄目前輸入的次數，第 13 行的 while 判斷式，檢視輸入次數是否小於 ASIZE ，是的話表示沒有超過陣列的邊界值，否則必須結束迴圈以避免錯誤。

接下來第 16 行開始的 do 迴圈，逐一透過改變 i 變數的值，取出其索引位置 i 所儲存的元素，同樣的，第 19 行判斷 i 是否小於 ASIZE ，避免指定錯誤的索引值。

9.1.5 初始化陣列

陣列可以在一開始宣告的時候，便進行初始化，所需的語法如下：

```
int x[3] = {10 ,20 ,50 } ;
```

這一行程式碼會建立一個 int 型態的陣列，並且將三個整數值直接儲存至陣列，建立一個儲存三個元素的陣列物件。

直接初始化如果沒有指定大小，宣告的陣列會根據指定的初始化內容，自行定義，如下式：

```
int y[]={100,200,500} ;
```

其中的 y 將會是一個長度等於 3 的陣列。接下來，我們透過一個實作的範例，來看看初始化的效果：

範例 9-7　陣列的初始化

p0907_arrayi

```
001  #include <stdio.h>
002
003  int main()
004  {
005      int x[3] = {10, 20, 50};
006      int y[] = {100, 200, 500};
007      printf("x:%d,%d,%d \n", x[0], x[1], x[2]);
008      printf("y:%d,%d,%d \n", y[0], y[1], y[2]);
009      return 0;
010  }
```

第 5 行宣告的陣列 x 可以儲存三個元素，並且同時完成其值的初始化。

第 6 行宣告的陣列 y 沒有指定其陣列長度，但是直接進行了初始化。

第 7 行與第 8 行分別輸出陣列的內容。

由於一開始宣告的時候，x 與 y 已經同時完成初始化作業，因此可以輸出以下的結果：

```
x:10,20,50
y:100,200,500
```

初始化的過程，如果沒有指定足夠的元素，其它的內容會以 0 來取代，但是不要配置過多的元素，如此一來會導致程式出現不可預期的錯誤。

範例 9-8 陣列的初始化

p0908_arrayie

```
001  #include <stdio.h>
002
003  int main()
004  {
005      int x[3] = {10};
006      double d[3] = {1};
007      int y[3] = {100, 200, 300, 400};
008      printf("x:%d,%d,%d \n", x[0], x[1], x[2]);
009      printf("d:%f,%f,%f \n", d[0], d[1], d[2]);
010      printf("y:%d,%d,%d \n", y[0], y[1], y[2]);
011      return 0;
012  }
```

第 5 行宣告了長度為 3 的陣列 x ，但是只初始化一個元素 10。

第 6 行宣告了長度為 3 的陣列 d ，但是只初始化一個元素 1。

第 7 行宣告了長度為 3 的陣列 y ，但是初始化四個元素。

接下來第 8 行開始逐一輸出三個陣列的內容，列舉如下：

```
x:10,0,0
d:1.000000,0.000000,0.000000
y:100,200,300
```

x 與 d 由於只初始化一個元素，因此其餘的元素均是 0，y 則只輸出前三個元素，這個範例會有一個警告的訊息如下：

```
warning: excess elements in array initializer
```

這一行訊息表示在初始化的過程中，指定了超出數量的元素在其中。

9.1.6 陣列元素的列舉

陣列儲存了一群相同型態的資料，由於它是經由連續的索引值進行存取，因此，我們可以透過迴圈，逐一取得其中的元素，這對於列舉大型陣列元素的內容特別有用。

經由索引值列舉陣列元素的技巧相當簡單，只要在迴圈中逐一改變指定的變數值，然後將變數指定為陣列的索引即可。

使用 for 迴圈可以讓我們避免寫下大量的程式碼，快速完成陣列內容元素的列舉作業，實際的應用來看看下面範例：

範例 9-9　陣列元素的列舉

p0909_arrayfor

```
001  #include <stdio.h>
002
003  int main()
004  {
005      int i;
006      int x[6] = {100, 200, 300, 400, 500, 600};
007      for (i = 0; i < 6; i++) {
008        printf("%d,", x[i]);
009      }
010      return 0;
011  }
```

第 6 行宣告一個包含六個元素的 int 陣列。

第 7 行是一個典型的 for 迴圈，其中設定了一個 0 ～ 5 的迴圈變數，第 8 行則是將變數當作索引來取得陣列的元素，由於每一次迴圈進來的時候，i 的值均會遞增，也因此我們可以完整取得整個陣列的內容。

```
100,200,300,400,500,600,
```

在這個執行結果中，讀者看到了陣列中的值逐一被取出顯示在畫面上。

9.1.7　空陣列

到目前為止，我們已經討論了使用陣列必須瞭解的相關細節，現在回到陣列本身，當你宣告一個陣列卻沒有設定其內容值，將其取出時，會得到無法預測的值，我們透過一個範例進行說明。

範例 9-10　空陣列

p0910_arrayempty

```
001  #include <stdio.h>
002
003  int main()
004  {
```

```
005     int i;
006     int x[2];
007     for (i = 0; i < 3; i++) {
008       printf("%d,", x[i]);
009     }
010     return 0;
011  }
```

第 6 行宣告的是一個長度 2 的陣列，其中並沒有完成設值的動作。

接下來的第 7 行開始，利用一個 for 迴圈逐一將其中的值取出，第 8 行則將取得的值輸出於畫面上。

執行這個範例，會得到不可預期的結果值如下：

```
2009198149,65536,575,
```

其中請特別注意第三個值，由於陣列只能儲存兩個元素，如果你嘗試取出超出範圍的元素，會得到不可預測的結果值。

另外要提醒讀者的是，如果陣列中的值沒有全部完成設定，其中未設值的索引位置，同樣會出現不可預測的值。

9.2 多維陣列

這一節我們繼續討論所謂的多維陣列，這種結構的陣列，可以用來儲存結構更複雜的資料。基本上，多維陣列的結構與一維陣列的原理相同，只是它將一維陣列當作元素再重新儲存一次，而多維陣列本身也可以再當作其它陣列的元素，如此一來，建立維度更複雜的陣列。我們先從比較簡單的二維陣列開始討論，最後會一併說明三維陣列。

9.2.1 二維陣列

當我們需要儲存結構更複雜的資料，可以考慮使用二維陣列，事實上這相當常見，例如下頁表格所記錄的學生分數資料：

學生	英文	數學	國文	自然
甲	80	80	77	100
乙	60	88	75	70
丙	75	40	95	80

假設我們要設計一支學生資料管理程式來儲存與讀取這些資料，使用上述的陣列物件，必須為每一個學生宣告一個專屬的陣列來儲存學生的每一個學科分數，這種作法非但不經濟，同時會讓資料更難以管理，取而代之的，我們可以利用二維陣列來達到所需的目的。

先來看看所謂的二維陣列，它需要兩個中括弧，例如以下這一行宣告二維陣列的程式碼：

```
int tdx[3][6]   ;
```

它會建立一個結構為 3x6 的二維陣列，下圖說明此二維陣列的資料儲存架構，它擴展成為一個標準的二維表格：

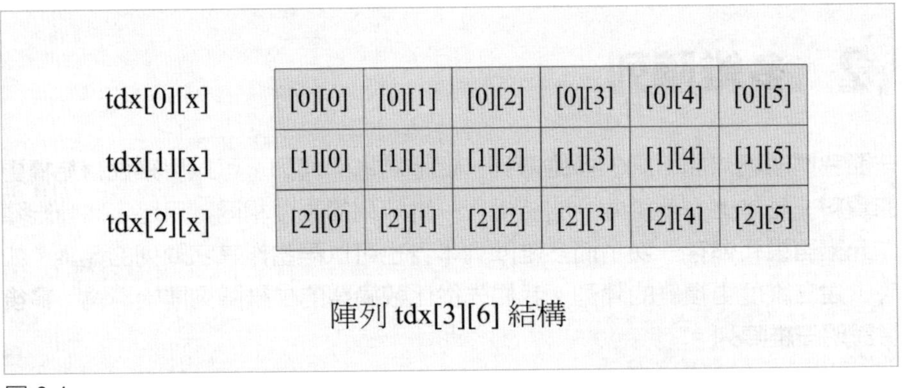

圖 9-4

你可以將二維陣列視為陣列中的陣列，就如同再宣告一個陣列來儲存一維陣列，第一個中括弧裡面的數字，代表其中儲存的一維陣列，第二個中括弧裡面的數字 x，則是一維陣列的特定元素位置索引值。

回到上述學生成績資料的案例，宣告用來儲存上述表格資料的二維陣列：

```
int tdx[3][4]   ;
```

tdx 具有兩個維度，第一個維度的宣告值為 3，索引值為 0 ～ 2，它分別對應每一個學生，第二個維度可以儲存四個資料，索引值為 0 ～ 3，它用來儲存每一個學生的科目成績，這種設計可以讓我們利用一個陣列物件，儲存總共 12 筆特定的學生科目成績。

我們需要三個可以儲存四個元素的一維陣列，每個一維陣列儲存一個特定學生的四科分數資料，將這三個一維陣列組合起來就成為一個 3x4 的二維陣列。

二維陣列的存取原理與一維陣列相同，只要指定陣列元素所在位置的索引值即可，如下式：

```
tdx[1][2]
```

其中的第一個索引值 1，表示取得陣列中第一個維度裡的第二個陣列，第二個索引值 2，則用來取得此陣列中的第三個元素，下圖以深色表示的方塊即為此索引值 [1][2] 所對應的位置。

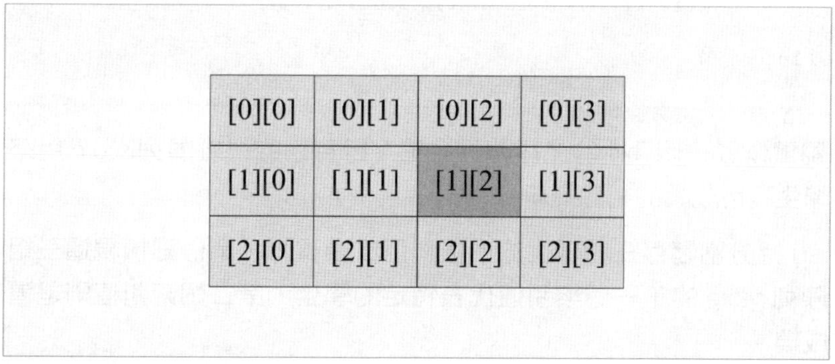

[0][0]	[0][1]	[0][2]	[0][3]
[1][0]	[1][1]	[1][2]	[1][3]
[2][0]	[2][1]	[2][2]	[2][3]

圖 9-5

有了概念之後，下頁的範例將說明如何建立二維陣列，並且針對其中的內容元素進行存取：

範例 9-11 二維陣列示範

p0911_arraytd

```
001  #include <stdio.h>
002
003  int main()
004  {
005      int score[3][4];
006      //學生 A 的成積
007      score[0][0] = 80;  //英文
008      score[0][1] = 80;  //數學
009      score[0][2] = 77;  //國文
010      score[0][3] = 100; //自然
011      //學生 B 的成積
012      score[1][0] = 60; //英文
013      score[1][1] = 88; //數學
014      score[1][2] = 75; //國文
015      score[1][3] = 70; //自然
016      //學生 C 的成積
017      score[2][0] = 75; //英文
018      score[2][1] = 40; //數學
019      score[2][2] = 95; //國文
020      score[2][3] = 80; //自然
021
022      printf("學生A:英文(%d),數學(%d),國文(%d),自然(%d)\n", score[0][0],
023              score[0][1], score[0][2], score[0][3]);
024      printf("學生B:英文(%d),數學(%d),國文(%d),自然(%d)\n", score[1][0],
025              score[1][1], score[1][2], score[1][3]);
026      printf("學生C:英文(%d),數學(%d),國文(%d),自然(%d)\n", score[2][0],
027              score[2][1], score[2][2], score[2][3]);
028
029      return 0;
030  }
```

這個範例實作了一個 3x4 的二維陣列，第 5 行宣告的二維陣列 score 用來儲存上述提及學生科目成績的相關資料。

第 7 ～ 20 行分別儲存三組學生的各種科目成績資料，請仔細檢視這三組資料的內容，陣列 score 的第一個索引值代表特定的學生，第二個索引值則是這個學生的科目成績。

最後第 22 行開始，逐一經由索引值的指定，將同一個學生的成績合併成為單一字串輸出。

```
學生A:英文(80),數學(80),國文(77),自然(100)
學生B:英文(60),數學(88),國文(75),自然(70)
學生C:英文(75),數學(40),國文(95),自然(80)
```

從這個輸出結果，讀者可以看到二維陣列事實上只是一維陣列的組合，而第一個索引值，可以讓我們取得其中的一維陣列，再透過第二個索引就能逐一取得一維陣列中的內容元素。

9.2.2 利用巢狀式迴圈列舉二維陣列

二維陣列除了針對特定位置，直接透過索引值常數進行元素的存取之外，也可以經由巢狀式迴圈列舉所有的元素。

建立雙層的巢狀式迴圈，外層迴圈列舉第一個維度的陣列，內層迴圈則針對目前維度的陣列，讀取其中第二個維度的資料，當巢狀迴圈執行完成，所有的資料將會被取出。

底下直接以一個範例做說明，其中利用巢狀式迴圈存取二維陣列：

範例 9-12 透過巢狀迴圈存取二維陣列

p0912_arrayfornest

```
001  #include <stdio.h>
002
003  int main()
004  {
005      int i, j;
006      int score[3][4];
007      char student[] = {'A', 'B', 'C'};
008      // 學生 A 的成績
009      score[0][0] = 80;  // 英文
010      score[0][1] = 80;  // 數學
011      score[0][2] = 77;  // 國文
012      score[0][3] = 100; // 自然
013      // 學生 B 的成績
014      score[1][0] = 60; // 英文
015      score[1][1] = 88; // 數學
016      score[1][2] = 75; // 國文
017      score[1][3] = 70; // 自然
018      // 學生 C 的成績
019      score[2][0] = 75; // 英文
020      score[2][1] = 40; // 數學
021      score[2][2] = 95; // 國文
022      score[2][3] = 80; // 自然
023      for (i = 0; i < 3; i++) {
024        printf("學生 %c (英文，數學，國文，自然): ", student[i]);
025        for (j = 0; j < 4; j++) {
026          printf("%d,", score[i][j]);
027        }
028        printf("\n");
029      }
030      return 0;
031  }
```

第 7 行建立一個 char 陣列，用來儲存學生的辨識字元，第 9 行開始的程式碼完全相同，建立測試用的學生成績資料。

接下來第 23 行開始網底標示的部分，是一個巢狀式的迴圈，第一個迴圈代表每一次執行的時候，某個特定的學生資料，第 24 行取得學生的識別字元；第二個 for 迴圈則是每一個學生的四科成績，其中第 26 行透過 i 與 j 這兩個變數的組合，取得特定科目的成績。

```
學生 A (英文，數學，國文，自然)： 80,80,77,100,
學生 B (英文，數學，國文，自然)： 60,88,75,70,
學生 C (英文，數學，國文，自然)： 75,40,95,80,
```

只要透過一個巢狀迴圈，就能相當有效率的取出二維陣列的所有內容，這個技巧相當好用，也非常容易理解，只要記得第一次取出的元素本身是個一維陣列即可。

9.2.3 二維陣列的初始化

同樣的，你也可以直接在宣告的時候，初始化二維陣列的內容，原理與一維陣列完全相同，我們直接透過範例進行說明：

範例 9-13　二維陣列初始化

p0913_arraytdi

```
001  #include <stdio.h>
002
003  int main()
004  {
005      int i;
006      int x[2][3] = {{100, 200, 300}, {123, 456, 789}};
007      for (i = 0; i < 2; i++) {
008        printf("%d,%d,%d \n", x[i][0], x[i][1], x[i][2]);
009      }
010      return 0;
011  }
```

第 6 行宣告一個 2x3 的二維陣列，並且對其進行初始化，其中於大括弧內部配置兩個內層大括弧，代表二維陣列第一個維度的兩個元素，然後每一個括弧裡面包含三個元素，代表第二個維度宣告的三個值。

第 7 行的迴圈，逐一取出第一個維度的元素，然後於第 8 行逐一透過索引值取得第二個維度的元素。

```
100,200,300
123,456,789
```

從輸出結果我們可以很清楚的看到，直接進行初始化與宣告之後進行設定，都會得到相同的效果。

9.2.4 三維陣列

二維陣列並非最複雜的陣列，如果你有需要，甚至可以使用三維陣列，同樣的，三維陣列是二維陣列的集合，等於建立一個陣列來儲存二維陣列，宣告的語法如下：

```
int tdx[2][3][5]
```

這是一個三維陣列，如果以稍早所討論的學生成績資料為例，這個陣列可以用來儲存兩個班級的學生資料，每一個班級三個學生以及每一個學生的五個科目成績。

除了相差一個維度，上述討論的原理，同樣都可以套用在三維陣列上，事實上，它將數個二維陣列整合在一起，二維陣列的數目就成為三維陣列的第一個維度，以上述所宣告的 tdx 為例，它的結構包含了兩個二維陣列，每一個二維陣列包含了三個一維陣列，每一個一維陣列則能夠儲存五個元素。

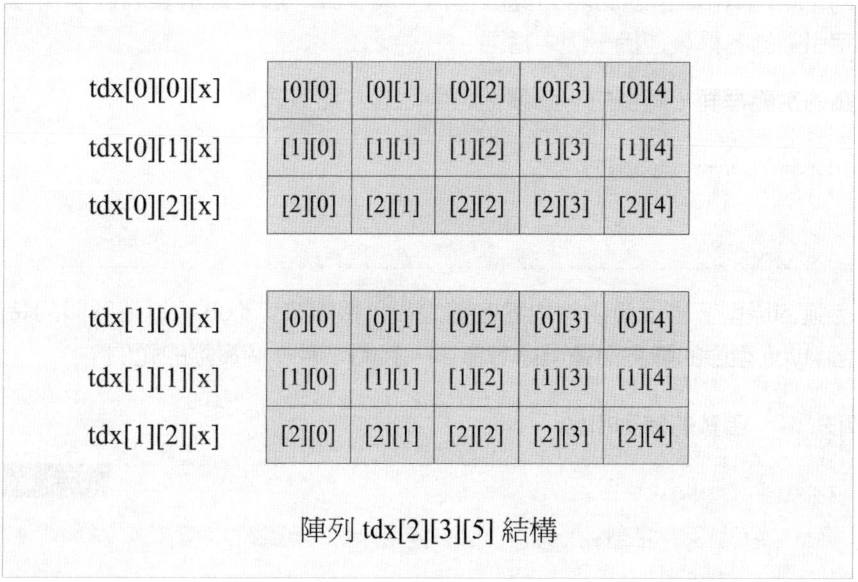

tdx[0][0][x]	[0][0]	[0][1]	[0][2]	[0][3]	[0][4]
tdx[0][1][x]	[1][0]	[1][1]	[1][2]	[1][3]	[1][4]
tdx[0][2][x]	[2][0]	[2][1]	[2][2]	[2][3]	[2][4]

tdx[1][0][x]	[0][0]	[0][1]	[0][2]	[0][3]	[0][4]
tdx[1][1][x]	[1][0]	[1][1]	[1][2]	[1][3]	[1][4]
tdx[1][2][x]	[2][0]	[2][1]	[2][2]	[2][3]	[2][4]

陣列 tdx[2][3][5] 結構

圖 9-6

針對特定位置的元素，你必須同時指定三個維度的陣列索引值，如下式：

```
xtd[1][2][4]
```

同樣的，如果想要列舉所有元素，則需搭配其維度，使用三層的巢狀式迴圈即可。

三維陣列多了一個維度可以儲存資料，因此也比二維陣列複雜許多，你甚至可以持續延伸陣列的維度，不過這在實作上並不常見，讀者目前只要瞭解其原理即可。

9.3 陣列與函數參數的傳址呼叫

你可以設計一個接受陣列型態參數的函數，不過由於陣列與一般型態的資料不同，因此在函數的設計與傳遞都有一些差異，我們來看相關的細節。

底下列舉的程式語法，是包含陣列參數所需的原型宣告：

```
void dosome (xtype xarr[]) ;
```

其中的 xarr 為 xtype 型態的陣列變數名稱，為了與一般型態的資料區隔，你必須在指定引數的名稱後連接一個中括弧。

在函數的定義裡面，同樣的，必須指定中括弧，如下式：

```
void dosome (xtype xarr[])
{

}
```

完成上述的原型宣告以及函數內容定義之後，接下來，你就可以在呼叫的時候，將一個 xtype 型態的陣列傳遞至函數當中，我們來看一個實際的範例：

範例 9-14　函數的陣列引數

p0914_arrayarg

```
001  #include <stdio.h>
002
003  void showArray(int inta[]);
004  int main()
005  {
```

```
006     int i;
007     int x[6] = {100, 200, 300, 400, 500, 600};
008     showArray(x);
009     return 0;
010 }
011 void showArray(int xarray[])
012 {
013     int i;
014     printf("xarray[] 參數內容：");
015     for (i = 0; i < 6; i++) {
016       printf("%d,", xarray[i]);
017     }
018 }
```

第 3 行是函數 showArray() 的原型宣告，其中的引數 inta[] 表示其為 int 陣列。

第 11 行則是 showArray() 陣列，同樣的，它定義接受 int 型態的陣列參數。

回到 main() 函數的第 8 行，呼叫 showArray() 函數，並且將一個長度為 6 的陣列 x 當作參數傳入。

在 showArray() 函數當中，第 15 行的 for 迴圈，逐一輸出陣列參數的元素值。

以下列舉範例的執行結果：

```
xarray[] 參數內容：100,200,300,400,500,600,
```

其中輸出的內容，為傳入參數的初始化值。

當函數的引數是陣列的時候，與一般型態的資料並不太相同，最主要的差異在於它是以「傳址」的方式傳遞，這牽涉到陣列本身儲存的是位址資訊而非資料值有關，相關的議題下一章討論指標的時候會有完整的說明，而在我們還未討論這些議題之前，先透過範例來看看陣列的位址傳遞特性：

範例 9-15　函數的陣列傳址呼叫

p0915_arraybyref

```
001 #include <stdio.h>
002
003 void setArray(int inta[]);
004 int main()
005 {
006     int i;
007     int x[6] = {100, 200, 300, 400, 500, 600};
008     printf("x[] 陣列元素：");
009     for (i = 0; i < 6; i++) {
010       printf("%d,", x[i]);
011     }
```

```
012     printf("\n呼叫 setArray() ... ");
013     setArray(x);
014     printf("\nx[] 陣列元素：");
015     for (i = 0; i < 6; i++) {
016       printf("%d,", x[i]);
017     }
018     return 0;
019 }
020 void setArray(int xarray[])
021 {
022       //
023       xarray[3] = 999;
024 }
```

第 20 行是一個 setArray() 函數定義，它接受 int 型態參數 xarray[] ，於其中的第 23 行，將這個陣列參數第三個位置的值，修改成為 999。

在 main() 函數當中，第 7 行宣告並且初始化一個陣列函數 x ，第 9 行的迴圈將其內容逐一輸出，緊接著第 13 行呼叫 setArray() 函數，然後將陣列 x 傳入，第 15 行的 for 迴圈則再一次將其內容輸出。

這個範例的執行結果如下：

```
x[] 陣列元素：100,200,300,400,500,600,
呼叫 setArray() ...
x[] 陣列元素：100,200,300,999,500,600,
```

請特別注意其中索引值 3 的元素，也就是第四個位置一開始初始值為 400 的元素，在經過 setArray() 的呼叫之後，這個值被修改為 999。

從輸出結果當中，我們看到了當陣列傳入函數內部，並且於其中被修改，則修改的內容將反應至原始的陣列中，這表示傳入函數中的是陣列本身的資料而非複本，這與之前討論函數參數傳遞時所提及的傳值呼叫並不相同。

陣列型態的變數本身所儲存的是位址，指向資料儲存的地方，也因此傳遞進函數的是位址，當你在函數當中改變資料的內容，是透過位址直接到資料儲存的地方進行更新，因此導致如此的結果。

位址與指標有很密切的關係，讀者目前只要接受上述範例的結果即可，下一章待我們完成指標的討論之後，自然就能理解這裡所討論的內容。

9.4 字串資料

到目前為止，本書的範例大量透過 printf() 將執行結果轉換成為字串進行輸出，而字串與陣列有相當密切的關係，因此完成陣列的討論之後，緊接著這一節繼續來談談字串。

9.4.1 關於字串

字串是使用相當頻繁的一種資料，C 語言並沒有針對字串設計專屬的資料型態，它透過字元陣列來表示一個由數個單一字元所組合而成的字串資料，本質上它是一個或一個以上的字元（char）所組成的陣列，例如 HELLO 便是由五個單一字元組合而成的字元陣列。

在程式中表示字串必須以雙引號做標示，例如 Good 這個字串的建立語法如下：

```
char c[]="Good"  ;
```

其中的 c 陣列將會儲存 Good 這個字串，如果要將其輸出，必須指定 %s 格式碼，表示你要輸出的是字串，如此一來，c 這個陣列的內容就會一次完整被輸出。

範例 9-16　字串與字元

p0916_string

```
001  #include <stdio.h>
002
003  int main()
004  {
005      char c[] = "Good Night and Good Luck";
006      printf("%s \n", c);
007      return 0;
008  }
```

第 5 行宣告 char 陣列 c ，並且將一個特定的字串設定給陣列。

接下來第 6 行將其輸出於畫面上，以下是輸出的結果：

```
Good Night and Good Luck
```

如你所見，指定 %s 可以讓我們順利的輸出字串。

範例中一開始宣告的陣列並沒有指定長度，就如同初始化一個字元陣列，當然你可以自行指定適當的長度，不過其中有一些問題必須特別注意，我們繼續往下看。

9.4.2 宣告固定長度字元陣列

假設你要建立一個字元陣列變數來儲存字串 GoodNight ，因為它有九個字元，所需的程式碼如下：

```
char c[10]="GoodNight"  ;
```

其中的字串包含了九個字元，但是由於字串最後會以符號「\0」結束，因此必須放寬一個字元長度，所以這裡宣告的陣列長度為 10，完成宣告的字元陣列，所建立的字串內容如下：

G	o	o	d	N	i	g	h	t	\0

最後一個位置以「\0」做結尾。

如果你宣告的字元陣列長度，並沒有提供足夠的長度，便會得到怪異的輸出結果，底下以一個範例做說明：

範例 9-17 固定字元陣列字串

p0917_stringc

```
001  #include <stdio.h>
002
003  int main()
004  {
005      char c1[8] = "ABCDEFG";
006      char c2[7] = "ABCDEFG";
007      printf("c1:%s \n", c1);
008      printf("c2:%s \n", c2);
    return 0;
}
```

第 5 行宣告了長度為 8 的字元陣列 c1，並將包含七個字元的字串設定給這個陣列，接下來第 6 行宣告的字元陣列 c2 的長度則只有 7，與字串的長度相同。

第 7 行與第 8 行針對 c1 與 c2 進行輸出。

```
c1:ABCDEFG
c2:ABCDEFG  l  @ \  @ E 輻 w
```

如你所見，第二個輸出結果不正常，為了確保程式的正確，請務必提供足夠空間的字元陣列儲存字串。

9.4.3 字串與字元

由於C語言利用字元陣列處理字串，因此你也可以直接將字串拆解成單一的字元儲存至字元陣列，這種方式比較麻煩，同時也不實用，不過瞭解一下還是必要的。

底下是所需的語法：

```
char c1[7]={'T','A','I','W','A','N','\0'}  ;
```

就如同上述討論的，最後再補上一個結束符號「\0」就能當作一個完整的字串處理，當然你也可以如同一般的字元陣列，分開處理字元，例如以下的語法：

```
001  char c4[7]  ;
002  c4[0] = 'T' ;
003  …
```

第 1 行完成字元陣列的宣告，第 2 行開始逐一指派各索引位置的字元。

接下來透過一個範例進行說明，這個範例的內容當中，以幾種不同的型式完成字元陣列與字串的設值：

範例 9-18　字元陣列與字串

p0918_stringcs

```
001  #include <stdio.h>
002
003  int main()
004  {
005      char c1[7] = {'T', 'A', 'I', 'W', 'A', 'N', '\0'};
006      char c2[] = {'T', 'A', 'I', 'W', 'A', 'N', '\0'};
007      char c3[6] = {'T', 'A', 'I', 'W', 'A', 'N'};
008      char c4[7];
009      c4[0] = 'T';
010      c4[1] = 'A';
011      c4[2] = 'I';
012      c4[3] = 'W';
013      c4[4] = 'A';
```

```
014      c4[5] = 'N';
015      c4[6] = '\0';
016      printf("c1:%s \n", c1);
017      printf("c2:%s \n", c2);
018      printf("c3:%s \n", c3);
019      printf("c4:%s \n", c4);
020      return 0;
021  }
```

第 5 行直接宣告一個長度為 7 的字元陣列，並且初始化其值。

第 6 行同樣宣告一個字元陣列並且初始化其值，只是沒有指定陣列的長度。

第 7 行則是宣告一個長度為 6 的字元陣列，並且初始化其值，不過這個陣列並沒有以「\0」結束。

接下來的第 8 行先完成陣列的宣告，然後第 9 ～ 15 行逐一完成各個索引位置的設值，第 16 行開始則輸出上述宣告的陣列內容，輸出結果如下：

```
c1:TAIWAN
c2:TAIWAN
c3:TAIWAN髯                    蒔篤TAIWAN
c4:TAIWAN
```

請特別注意其中的 c3，因為宣告的長度為 6，得到不可預期的結果。

由於字串的處理相當普遍，因此 C 語言還有另外專用的字串輸出函數方便程式設計師處理字串，我們繼續往下看。

9.4.4 gets() 與 puts()

C 語言提供了更方便的資料存取功能函數，分別是 gets() 與 puts() ，這一節來看看相關的功能。

gets() 的功能與 scanf() 類似，它會讀取使用者輸入的字串，只是你必須透過一個字元陣列變數來承接使用者輸入的字串，語法如下：

```
gets(c)  ;
```

其中的 c 是一個特定長度的字元陣列，當這一行程式碼被執行的時候，程式會等待使用者輸入特定的字串，按下 Enter 鍵之後，字串就會儲存至 c 當中。

puts() 提供輸出字串的功能，將要輸出的字串內容，以字元陣列格式或是直接透過雙引號標示傳入即可，如下式：

```
puts(c)  ;
puts("Hello World")
```

接下來透過一個實作的範例進行說明：

範例 9-19 字串存取

p0919_getput

```
001  #include <stdio.h>
002
003  int main()
004  {
005      char c[64];
006      gets(c);
007      puts(c);
008      puts("Hello C");
009      return 0;
010  }
```

第 5 行宣告了用來儲存使用者輸入字串的陣列 c。

接下來的第 6 行則透過 gets() 要求使用者輸入字串，並且將 c 當作參數，緊接著第 7 行透過 puts() 將 c 的內容輸出於畫面。

第 8 行同樣引用 puts() ，不過這一次輸出以雙引號標示的固定常值字串。

緊接著來看看輸出的結果，列舉如下：

```
WELCOME C
WELCOME C
Hello C
```

第 1 行輸入「WELCOMEC」這個字串，按一下 Enter 鍵之後，第 2 行輸出第 1 行所輸入的字串，第 3 行則輸出指定的字串。

如你所見，使用 gets() 與 puts() 相當方便，因為它們本來就是為了字串的存取功能而設計的函數，不過針對這兩個函數的運用，還有一些小地方要注意。

gets() 在接受使用者輸入字串時，可以忠實反映輸入的內容，如果是 scanf() ，它在遇到空白字元的時候並沒有辦法處理，會導致字串的擷取不完整。

範例 9-20 scanf() 的空白字元讀取

p0920_scanfc

```
001  #include <stdio.h>
002
003  int main()
004  {
005      char c[64];
006      scanf("%s", &c);
007      puts(c);
008      return 0;
009  }
```

第 6 行透過 scanf() 取得使用者輸入的資料，第 7 行將其輸出，我們來看看執行的結果，內容如下：

```
Welcome C
Welcome
```

其中第 1 行輸入的字串中，包含了一個空格，第 2 行輸出時，由於 sacnf() 無法處理空格，因此只能取得 Welcome 這個連續字元的字串。

另外，讀者也可以看見上述的輸出結果中，puts() 會自動斷行，它的格式是固定的，你沒有辦法透過 puts() 進行字串的格式化輸出。

9.5 字串陣列

我們可以進一步透過二維陣列處理字串所構成的陣列，如果你想要建立一個以字串為儲存目標的陣列，只需宣告一個二維字元陣列即可，如下式：

```
char sa[4][10] = {"AAA","BBB","CCC","DDD"}  ;
```

這一行程式碼宣告了一個 4x10 的二維陣列，第一個數值是儲存的字串數目，第二個數值則是字串的長度，這裡的 sa 表示它可以儲存四個字串，每一個字串最多可以包含九個字元。

當然，我們已經有了相關的概念，相信讀者可以很容易理解上述的語法，要儲存一個以上的字串，我們需要建立一個陣列，而字串本身就是字元型態的一維陣列，因此二維字元陣列可以輕易完成相關的工作。

範例 9-21 字串陣列

p0921_strarray

```
001  #include <stdio.h>
002
003  int main()
004  {
005      int i;
006      char sa[4][32] = {"TAIWAN", "CHINA", "KOERA", "JAPAN"};
007      puts(sa[0]);
008      puts(sa[1]);
009      puts(sa[2]);
010      puts(sa[3]);
011      for (i = 0; i < 4; i++) {
012        puts(sa[i]);
013      }
014      return 0;
015  }
```

第 6 行建立一個用來儲存字串的二維字元陣列，總共可以儲存四個字串。

第 7 ~ 10 行，分別透過索引值，取出其中四個字串，並且輸出於畫面上，接下來的第 11 行開始，利用迴圈重新輸出一次。

瞭解字串資料之後，接下來我們來看一些提供字串維護操作功能的函數。

9.6 字串函數

字串維護處理是相當常見的行為，標準函數提供了相當多支援字串維護操作功能的函數，標頭檔 string.h 內建了相關的函數定義，這一節我們來看看如何透過含括這個標頭檔，引用特定的函數完成字串的操作。

9.6.1 取得字串長度

函數 strlen() 用來取得字串的長度，只要將字串當作參數傳入即可，定義如下：

```
size_t strlen(const char *s)
```

其中的 s 為測試長度的字串，而回傳值代表字串的長度，是一個 size_t 型態的數值，它是一個無號的整數。

範例 9-22 **取得字串長度**

p0922_stringlen

```
001  #include <stdio.h>
002  #include <string.h>
003
004  int main()
005  {
006      char str[] = "Hello World !";
007      size_t len = strlen(str);
008      printf("字串長度：%d", len);
009      return 0;
010  }
```

第 6 行建立一個字串 str ，第 7 行引用 strlen() 函數，將 str 當作參數傳入取得字串的長度，第 8 行輸出長度的相關訊息。

```
字串長度：13
```

如你所見，包含空白，str 總共有十三個字元。

9.6.2 轉換大小寫

函數 strlwr() 與 strupr() 支援字串的大小寫轉換，底下列舉這兩個函數的定義：

```
char *strlwr(char *str) ;
char *strupr(char *str) ;
```

其中的 strlwr() 將參數 str 的組成字元全部轉換成為小寫，而 strupr() 則相反，它將參數 str 的組成字元全部轉換成為大寫。

範例 9-23 **轉換字串大小寫**

p0923_lwupr

```
001  #include <stdio.h>
002  #include <string.h>
003
004  int main()
005  {
006      char str[] = "Hello World !";
007      printf("大寫：%s \n", strupr(str));
008      printf("小寫：%s \n", strlwr(str));
009      return 0;
}
```

第 6 行建立測試字串 str。

第 7 行引用 strupr() 函數，將 str 當作參數傳入，轉換成為大寫之後輸出。

第 8 行引用 strlwr() 函數，將 str 當作參數傳入，轉換成為小寫之後輸出。

```
大寫：HELLO WORLD !
小寫：hello world !
```

如你所見，字串進行指定的大小寫轉換，完成之後輸出轉換的結果。

9.6.3 搜尋子字串

這一節我們來看一個提供搜尋功能的函數 strcspn()，此函數針對一個指定的字串內容進行搜尋，它的定義如下：

```
size_t strcspn(const char *s1, const char *s2);
```

參數 s1 為所要搜尋的主字串，s2 則是搜尋的條件，回傳的結果值表示 s2 中的任何一個字元第一次出現在 s1 字串中的索引位置。

範例 9-24 搜尋字元

p0924_search

```
001  #include <stdio.h>
002  #include <string.h>
003
004  int main()
005  {
006      char str[] = "ABCDEFGHIJKLMNOPQRSTUVWXTZ";
007      char x[] = "HELLO";
008      size_t t = strcspn(str, x);
009      printf("出現 HELLO 任一字元的第一個索引位置：%d  \n", t);
010      return 0;
011  }
```

第 6 行建立一個包含二十六個字母的字串做為搜尋測試，第 7 行建立字串 x，並且指定其字串值為 HELLO。

第 8 行引用 strspn()，搜尋 str 的內容字元，找出 x 字串任何一個字元在 str 當中第一次出現的位置。

下頁為此範例的執行結果，其中顯示回傳值為 4。

```
出現 HELLO 任一字元的第一個索引位置：4
```

在 str 當中，第四個位置的字元為 E ，是 HELLO 子串所有的字元中，第一個出現在 str 的字元。

9.6.4 複製與串接字串

接下來這一個小節，我們要討論字串的複製與串接，透過函數所提供的功能，將一個字串的內容複製到另外一個指定的變數，或是將兩個字串合併成為一個新的字串。

首先看看字串的複製，函數 strcpy() 提供所需的相關功能，它的定義如下：

```
char *strcpy(char *s1,const char *s2);
```

將字串常值 s2 的內容，複製到 s1，並且回傳 s1 的內容。

範例 9-25　複製字串

p0925_strcpy

```
001  #include <stdio.h>
002  #include <string.h>
003
004  int main()
005  {
006      char str[10] = "ABCDEFGH";
007      char strcopy[10];
008      char *r;
009      r = strcpy(strcopy, str);
010      printf("原始字串：%s  \n", str);
011      printf("複製字串：%s  \n", strcopy);
012      printf("回傳字串：%s  \n", r);
013      return 0;
014  }
```

第 6 行建立一個字串做為示範複製功能的原始字串，第 7 行則建立另外一個字串，用來儲存複製的字串。

第 9 行引用 strcpy() 函數，將 str 的內容，儲存到 strcopy。

第 10 行開始，逐一顯示原始字串以及複製完成後的字串。

```
原始字串：ABCDEFGH
複製字串：ABCDEFGH
回傳字串：ABCDEFGH
```

如你所見，其中成功複製指定的字串內容，同時將複製完成的字串回傳，當然，回傳的字串為原始的字串內容。

如果是要將兩個原有的字串合併，可以引用 strcat() 這個函數，以下是它的定義：

```
char *strcat(char *s1,const char *s2);
```

其中的 s1 與 s2 是兩個要合併的字串，執行完畢後，s2 的值被合併至 s1，最後回傳合併後的字串，也就是包含 s2 內容的 s1。

範例 9-26 合併字串

p0926_strcat

```
001  #include <stdio.h>
002  #include <string.h>
003
004  int main()
005  {
006      char str[10] = "ABCDEFGH";
007      printf("原始字串：%s  \n", str);
008      printf("輸入欲合併字串：");
009      char strc[64];
010      gets(strc);
011      strcat(str, strc);
012      printf("合併結果：%s  \n", str);
013      return 0;
014  }
```

第 6 行建立的 str 字串，稍後用來測試合併的功能。

第 10 行引用 gets() 取得使用者輸入的字串，這個字串被指定給 strc 變數。

第 11 行引用 strcat() 函數，將 str 與 strc 這兩個字串執行合併。

第 12 行輸出合併的結果，也就是 str 的內容。

```
原始字串：ABCDEFGH
輸入欲合併字串：XYZ
合併結果：ABCDEFGHXYZ
```

在這個輸出結果當中，欲合併的字串，被附加至原始字串的後方。

結論

本章討論陣列的相關課程，這也是讀者首次接觸與一群資料處理運算有關的議題，而最後一併說明字串操作與字串處理功能的標準函數，建立運用陣列的完整能力。下一章將進入 C 語言初學者最感困惑的議題—指標，透過相關課程的介紹，讀者將具備運用指標的能力，同時瞭解本章未完成討論的陣列位址與傳址呼叫原理。

摘要

9.1

- 陣列是一群相同型態的資料集合，透過索引值存取特定位置的資料。
- 學習陣列的要項：宣告、陣列長度、索引以及儲存元素。
- 宣告陣列時，必須在中括弧裡面指定允許儲存的元素數目，代表陣列的長度，以整數做表示。
- 陣列的索引值從 0 開始，最大的索引值為宣告陣列時所指定的數值減 1。
- 陣列可以利用變數來指定索引值。
- sizeof() 函數回傳陣列所能儲存的位元組數目。
- 運用陣列最常見的錯誤，是將型態不正確的資料儲存至陣列。
- 另外一種常見的錯誤是超出索引範圍的陣列資料存取。
- 透過 #define 指令預先定義陣列的長度，可以協助陣列長度的檢視避免超出範圍邊界的錯誤。
- 陣列可以在一開始宣告的時候，直接進行初始化，如果沒有指定大小，陣列會根據初始化的內容自行定義。
- for 迴圈可以經由連續的索引值逐一取得陣列中的元素。
- 宣告一個陣列卻沒有設定其內容值，會取得無法預測的內容值。

9.2

- 二維陣列可以視為陣列中的陣列，透過兩個中括弧指定維度。
- 二維陣列第一個中括弧裡面的數字，代表其中儲存的一維陣列，第二個中括弧裡面的數字則是一維陣列的特定元素位置索引值。

- 二維陣列的存取必須指定兩個維度的索引值。
- 巢狀式迴圈的外層迴圈列舉第一個維度的陣列，內層迴圈則針對目前維度的陣列，讀取其中第二個維度的資料。
- 二維陣列允許直接於宣告時進行初始化。
- 三維陣列是二維陣列的集合。

9.3

- 函數的引數如果是陣列，必須在原型宣告與定義時指定參數名稱與未指定數值的中括弧。
- 當函數的引數是陣列的時候，以「傳址」的方式傳遞。

9.4

- C 語言沒有字串的專屬資料型態。
- 字串以字元陣列表示。
- 字串最後以結束符號「\0」結尾，因此字元陣列的長度必須是字串長度加 1。
- 字串可以被拆解成為字元，儲存至陣列。
- gets() 讀取使用者輸入的字串，儲存至字元陣列變數。
- puts() 將指定的字串參數輸出。

9.5

- 字串本身是字元陣列，因此要處理字串陣列，必須使用二維字元陣列。

9.6

- 標準函數支援字串維護操作功能，標頭檔 string.h 內建相關函數。
- 函數 strlen() 用來取得字串的長度。
- 函數 strlwr() 與 strupr() 支援字串的大小寫轉換。
- 函數 strcspn() 提供針對指定字串內容進行搜尋的功能。
- 函數 strcpy() 支援字串的複製功能。

學習評量

9.1

1. 請說明底下陣列宣告的意義。

```
int xArray[6]   ;
```

2. 承上題，如果要將 100 這個值，儲存至 xArray 的第五個索引位置，應該如何做？
3. 請說明底下的語法有什麼問題？

```
int xArray[6] ;
xArray[6]=100   ;
```

4. 承上題，說明底下這一行程式碼會有何問題？

```
xArray[5]="X"   ;
```

5. 請說明如何取得陣列的長度，它與最大的索引值有何關聯？
6. 宣告一個字元型態 char 的陣列，並且直接初始化儲存 a、b、c、d、e 等五個字元。
7. 承上題，請利用 for 計數迴圈，逐一取出其中的五個字元。
8. 承上題，請使用 while 迴圈列舉其中的五個字元。
9. 考慮以下程式碼，請說明最後的 for 迴圈其輸出結果為何？並說明原因。

```
char[] myabc = {'a','b','c'}  ;
char[] myxyz = myabc  ;
myxyz[0] = 'x'   ;
myxyz[1] = 'y'   ;
myxyz[2] = 'z'   ;
for(char c : myabc)
      System.out.println(c)  ;
```

10. 承上題，如何讓 myabc 與 myxyz 這兩個陣列，分別擁有不同的參照？

11. 考慮以下的程式碼：

```
int x[2] ;
for(i=0;i<3;i++)
{
     printf("%d,",x[i]) ;
}
```

其中取出的值為何？

9.2

12. 以下宣告了一個二維陣列：

```
int mydArray[2][3] ;
```

請說明其中 2 與 3 兩個數值的意義。

13. 承上題，考慮以下的二維表格，請將表格中的資料，逐一透過索引儲存至 mydArray 陣列中。

100	200	3000
111	222	333

14. 承上題，請分別利用索引值的指定以及迴圈等兩種方式取出其中的六個整數。
15. 請說明如何在宣告時，同時初始化一個二維陣列？建立以下的內容：

100	200	300
111	222	333

16. 宣告一個 2x3x6 的三維陣列，所需的語法為何，請列舉之。

9.3

17. 假設要設計一個函數，將其命名為 myfuntion ，它接受一個 int 型態的陣列參數，請列舉所需的語法。

18. 考慮以下的程式碼：

```
001     #include <stdio.h>
002     #include <stdlib.h>
003     void marr(int x[])  ;
004     int main(void)
005     {
006         int i  ;
007         int x[] = {100,200}  ;
008         marr(x)  ;
009         for(i=0;i<2;i++){
010                 printf("%d\n",x[i])  ;
011         }
012         system("pause");
013         return 0;
014     }
015
016     void marr(int x[])
017     {
018          x[0]=999  ;
019     }
```

其中第 9 行會輸出陣列 x 的內容，請說明其輸出結果為何？並簡述此輸出的原因。

9.4

19. 請說明底下兩行程式碼中，char 型態的變數宣告意義。

```
char xstr1[] = "x"  ;
char xstr2 = 'x' ;
```

20. 考慮以下的程式碼：

```
001     #include <stdio.h>
002     #include <stdlib.h>
003     void marr(int x[])  ;
004     int main(void)
005     {
006         char x[8] = "IRON MAN"  ;
007         char y[9] = "IRON MAN"  ;
008         printf("%s\n",x)  ;
009         printf("%s\n",y)  ;
010         system("pause");
011         return 0;
012     }
```

其中的第 8 行以及第 9 行，分別輸出字串 x 與 y 的值，請說明輸出結果有何差異？

21. 簡述 gets() 與 scanf() 這兩個函數的差異。

22. 考慮以下的程式碼：

```
001     char c[] = "ABC "  ;
002     puts(c)  ;
003     puts(c)  ;
004     printf("%s",c)  ;
005     printf("%s",c)  ;
```

請說明輸出結果為何？

9.5

23. 請建立一個二維 char 陣列，儲存以下的六個字串：

```
TAIWAN,CHINA,JAPAN,KOREA,ENGLAND,AMERICAN
```

9.6

24. 考慮以下的字串：

```
The Girl with the Dragon Tattoo
```

請建立一支程式，取得並輸出這一行字串的長度。

25. 考慮以下的字串：

```
How to Train Your Dragon
```

請設計一支程式，將這一行字串轉換成為全大寫字母之後輸出，然後再轉換成為全小寫字母輸出。

10 指標

指標對初學者而言是比較難以瞭解的議題，本章針對這個主題進行相關的討論，包含指標的認識、相關的用法以及傳遞等等，另外，指標與陣列還有相當密切的關係，為了避免讀者難以消化，方便教學與學習理解，我們將這一部分切割至下一章做說明。

10.1 變數與儲存位址

正式開始討論指標之前，這一節首先來談談變數、變數值與位址的觀念，這些議題與指標有密切的關係，具備了足夠的概念之後，後文再針對指標進行深入的說明。

當我們需要處理某些特定資料的時候，表面上只需要宣告一個變數，然後將資料設定給變數即可，相關的過程，相信讀者已經相當熟悉，不過變數的底層運作並沒有這麼直觀，當我們透過變數存取一個值的時候，程式並沒有辦法直接完成相關作業，必須經由「位址」(address) 才能找到所要處理的值。

當我們在程式中宣告一個變數的時候，根據變數的特性，記憶體會配置一塊專屬的空間給這個變數，並且為這塊空間提供一個專屬的識別編號，當程式進行變數的存取操作時，透過編號找到變數對應的空間，然後將變數值儲存至其中，或是從中將變數值取出。

下圖說明變數、變數值與位址的關係，假設有一個變數 x ，它的值被設定為 100，當我們透過 x 變數來取其值，過程如下：

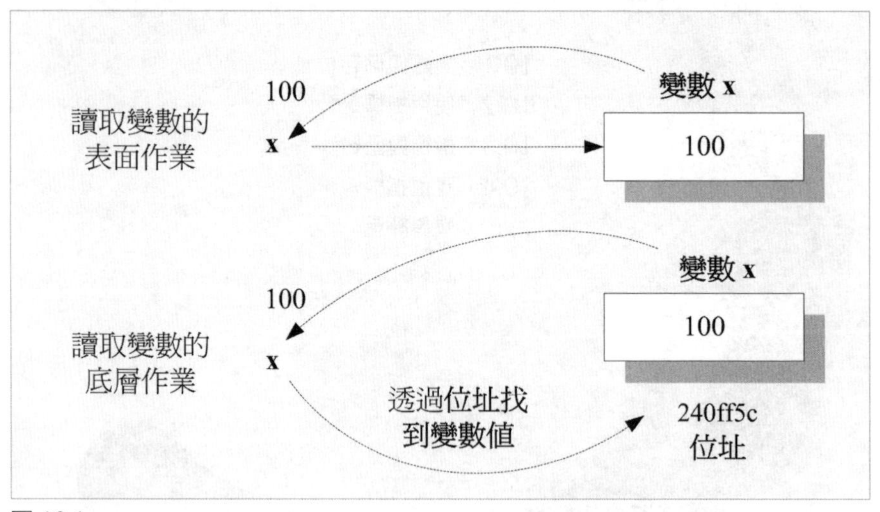

圖 10-1

表面上，程式直接從 x 將 100 取出，實際上必須進一步透過位址資訊找到儲存這個值的位址，然後將其取出。

位址是變數存取的依據，通常以十六進位的格式表示，例如 240ff5c ，透過格式化符號 %p ，你可以很輕易的取得這個位址資料。

C 語言提供了「&」運算子，支援變數的位址資訊存取，例如 &x ，就可以取出指定變數 x 的位址，考慮以下的程式碼：

```
printf("%d",&x)    ;
```

這一行程式碼會取得 x 的位址，並且以十進位格式輸出在畫面上，通常程式會以十六進位來表示位址資訊，因此你可以指定 %p 來輸出此種格式的變數位址，如下式：

```
printf("%p",&x)    ;
```

來看一個範例，其中輸出變數指標所指向的位址：

範例 10-1　變數位址

p1001_pointer

```
001  #include <stdio.h>
002
003  int main()
004  {
005      int x = 200;
006      int y = 100;
007      double z = 100.123;
008      printf("x 位址 (10,16):%d,%p\n", &x, &x);
009      printf("y 位址 (10,16):%d,%p\n", &y, &y);
010      printf("z 位址 (10,16):%d,%p\n", &z, &z);
011      return 0;
012  }
```

第 5 ～ 7 行宣告了三個變數，並且設定了初始值，接下來的第 8 ～ 10 行，透過「&」結合變數名稱，輸出了變數的指標值。

執行這個範例會得到以下的結果：

```
x 位址 (10,16):37814108,240ff5c
y 位址 (10,16):37814104,240ff58
z 位址 (10,16):37814096,240ff50
```

在輸出結果當中，你看到了每一個變數所對應的位址，並且分別以十進位與十六進位格式表示，通常記憶體位址以十六進位表示，也就是其中第二種型式。

讀者要注意的是，位址是由系統自動配置的，因此當你在自己的電腦上執行這個範例時，最後的執行結果與上述所列舉的結果會有差異。

下圖說明這個範例中，運算子「&」與變數 x 位址之間的關聯：

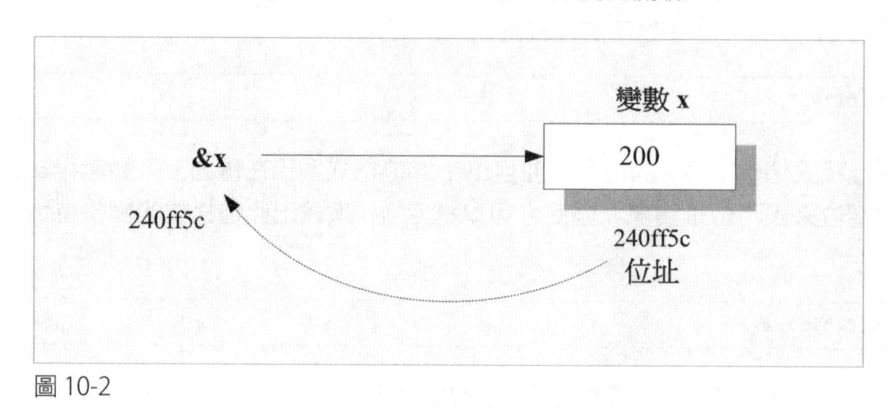

圖 10-2

變數位址是根據環境而自動配置的，因此當你執行這個範例程式的時候，所看到的結果值與書上所列舉的不同是正常的。

再一次提醒讀者的是，請特別記住其中用來表示位址的符號「&」，只有以此符號為字首引用變數，我們才能取得其位址資料。

10.2 使用指標

上一節談到了如何取得某個特定變數的位址，現在更進一步來看看，如何運用所取得的位址。事實上，處理位址的基本動作與一般的變數值存取沒有差異，將位址取出，然後再把位址設定給預先宣告的變數即可，不過這種專門用來儲存位址的變數與一般的變數有些差異，我們將其稱為「指標變數」，一般稱之為「指標」，這一節來看看相關的細節。

10.2.1 變數與指標變數

當你要存取位址資料之前，必須先宣告一個「指標變數」以儲存所取得的位址，而「指標變數」行為與一般變數無異，只是它專門用來儲存位址資料，宣告的語法如下頁：

```
ptype *pname ;
```

其中的 ptype 為變數的型態，pname 為變數的名稱，與一般變數宣告的差異，在於變數名稱之前，必須以「*」為字首，如此一來這個變數 pname 便能夠用來儲存指標資料。

完成宣告之後，接下來只要透過「&」連結變數名稱取得指標，將其指定給變數 pname 即可，例如以下的程式碼：

```
ptype *pname = &vname  ;
```

其中的 vname 是一個典型的變數，以「&」為字首即可取得其指標，這一行程式碼執行完畢之後，vname 變數指標就被儲存至 pname 當中，當然，你也可以先宣告再設值，這與一般的變數無異，如下式：

```
001     ptype *pname  ;
002     pname = &vname  ;
```

第 1 行是 pname 這個「指標變數」的宣告，第 2 行則是將 vname 的位址資料指定給 pname ，要特別注意，除非是進行宣告，否則「指標變數」的名稱前面不可以配置「*」，這表示你要存取的是其儲存位址所對應的變數值。

以上述曾經討論的 x 變數為例，如果要取得變數的位址，可以透過以下的程式碼實作所需的功能：

```
int *pt = &x  ;
```

其中 pt 儲存的是 x 的位址資訊，如下圖所示：

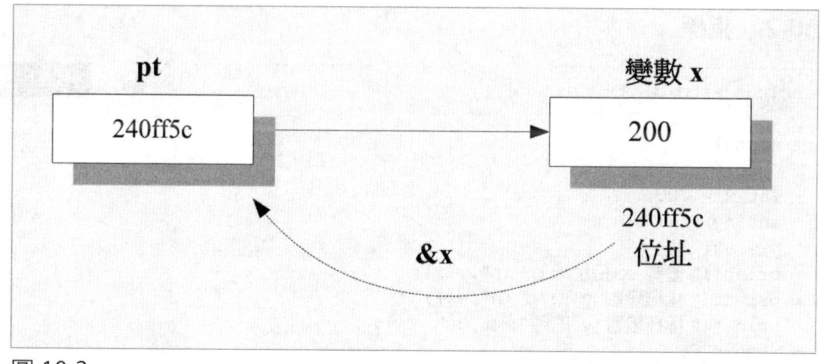

圖 10-3

pt 本身同樣是一個變數，但是它儲存的值，是另外一個變數的位址，你也可以如一般的變數使用指標變數，如下式：

```
001     int *pt   ;
002     pt = &x   ;
```

第 2 行將 x 的位址資訊指定給 pt ，除了一開始宣告時必須標示「*」，同時儲存指標資訊之外，指標變數的用法與一般變數相同。

如果想要反向知道「指標變數」位址所對應的值，只要重新以「*」標示指標變數即可，例如 *pt ，說明如下圖：

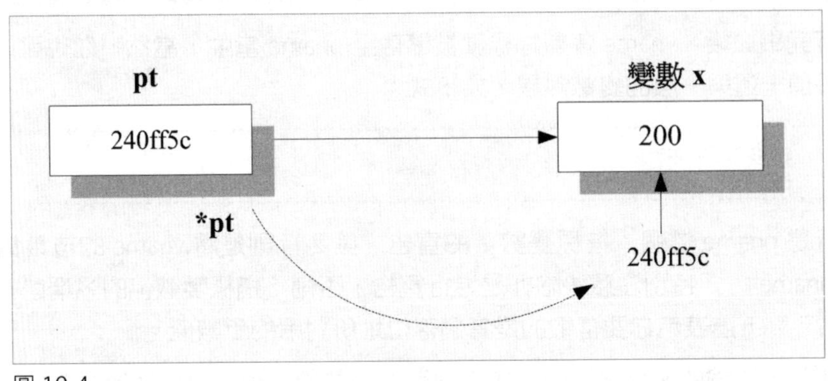

圖 10-4

*pt 會尋找此位址所儲存的變數值，並且將其取出。

很快的我們透過一個實作範例，來看看指標的內容如何被取出，然後儲存於指定的變數中。

範例 10-2 指標

p1002_pointerr

```
001  #include <stdio.h>
002
003  int main()
004  {
005      int x = 200;
006      int *y;
007      y = &x;
008      printf(" 變數 x 位址 :%p \n", &x);
009      printf(" 指標變數 y  :%p \n", y);
010      printf(" 指標變數 y 的值 :%d \n", *y);
011      return 0;
012  }
```

第 5 行宣告的是一個典型的 int 變數 x ，並且將其值初始化為 200。

第 6 行宣告的 int 變數 y 以「*」為字首，表示 y 是一種「指標變數」，緊接著以 &x 取出的指標做為初始化的值。

接下來的第 8 行，輸出 x 指標變數所表示的位址值，第 9 行則直接輸出 y 的值。

第 10 行透過 *y 取得 y 儲存的位址其對應的變數值，也就是變數 x 所儲存的值 200。

```
變數 x 位址 :37814108
指標變數 y  :37814108
指標變數 y 的值 :200
```

第 1 行輸出的是 &x 的值，也就是 x 的指標，第 2 行的 y 儲存了 x 的指標，因此直接將其輸出的結果與第 1 行相同。

第 3 行透過 *y 取得變數 x 的值，並且將其輸出。

要特別提醒讀者的是，不要混淆「*」這個運算子符號在「指標變數」宣告與一般運算時的用法，「*」用在宣告的時候，表示目前宣告的是一個「指標變數」，它用來儲存變數的位址資訊，例如第 6 行；如果用在運算式中，它表示用來取得這個「指標變數」的位址所對應的值，例如第 10 行最後的 *y。

同樣的，如果你想要直接指定變數值給「指標變數」而非位址，可以將其設值給「*」字首的變數，這也是稍早提及的，當一個「指標變數」宣告與設值分開時，必須特別小心的原因。

到目前為止，我們討論了一般變數與指標變數的功能，同時說明了指標所儲存的位址資料與對應的變數值，假設有一個普通的變數 x 與指標變數 y 如下：

```
int x
int *y
```

下表整理變數與「指標變數」的表示語法與對應的儲存值。

表 10-1

	位址	變數值
變數 x	&x	x
指標變數 y	y	*y

處理指標的相關運算，你必須使用「&」與「*」這兩個與位址有關的運算子，請特別注意它們的用途，「&」表示要取出它後方變數的位址，「*」表示要取出它後方「指標變數」的值。

10.2.2 「*」與「指標變數」宣告

另外，以下的宣告語法也是合法的：

```
ptype* pname  ;
```

不過這種語法比較容易造成混淆，例如你可能想要連續宣告數個「指標變數」，如下式：

```
int* x,y,z  ;
```

這一行程式碼看起來似乎連續宣告了三個「指標變數」，事實上只有第一個 x 是「指標變數」，其它的均是一般的普通變數。

如果你是將「*」配置於變數，只有以此標示的變數被宣告為「指標變數」，其它則是一般的變數，例如以下的宣告效果同上述的宣告：

```
int *x,y,z  ;
```

此種語法比較容易明確的分辨「指標變數」，因此本章均採用此種宣告語法，來看看以下的範例：

範例 10-3　* 與「指標變數」宣告

p1003_pstar

```
001  #include <stdio.h>
002
003  int main()
004  {
005      int z = 100;
006      int *x, y;
007      x = &z;
008      y = &z;
009      printf("%d \n", *x);
010      printf("%d \n", *y);
011      return 0;
012  }
```

第 6 行宣告了兩個變數，第一個 x 是「指標變數」，第二個 y 是一般的變數。

第 7 行與第 8 行則分別將變數 z 的位址指定給 x 與 y ，然後再於第 9 行與第 10 行輸出位址所對應的值。

如果執行這個範例會出現錯誤，是因為其中的 y 並非「指標變數」，如果你嘗試透過「*」取得對應的值，程式則會發生錯誤。

重新修正第 10 行如下：

```
printf("%d",y);
```

這裡的 y 只是一個普通的變數，它儲存了 z 的位址，輸出結果如下：

```
100
37814108
```

10.2.3 「指標變數」的重設與變數位址

「指標變數」所儲存的值可以被修改，只要重新再做一次設值的動作即可，底下透過一個範例進行說明：

範例 10-4　變更指標變數位址

p1004_pset

```
001  #include <stdio.h>
002
003  int main()
004  {
005      int a = 200;
006      int b = 600;
007      int *x = &a;
008      printf("變數 a（位址，值）:%p,%d \n", x, *x);
009      a = b;
010      x = &a;
011      printf("變數 a（位址，值）:%p,%d \n", x, *x);
012      x = &b;
013      printf("變數 b（位址，值）:%p,%d \n", x, *x);
014      return 0;
015  }
```

第 5 行與第 6 行，各別宣告了測試用的變數 a 與 b。

第 7 行宣告的變數 x 則是一個「指標變數」，同時將變數 a 的位址設定給這個變數。接下來的第 8 行輸出 x 所儲存的位址以及這個位址所對應的值。

第 9 行將變數 b 的值設定給 a ，第 10 行則再一次將 a 的位址指定給 x ，然後第 11 行輸出 x 的位址與對應的值。

第 12 行則重新將 b 的位址指定給 x ，並且緊接著在第 13 行輸出 x 的位址與對應的值。

來看看這個範例的執行結果：

```
變數 a（位址，值）:0022FF74,200
變數 a（位址，值）:0022FF74,600
變數 b（位址，值）:0022FF70,600
```

從這個執行結果當中，你可以發現其中前兩行回傳的位址完全相同，但是值被改變了，最後一行則是位址被改變，而值則維持在 600。

如你所見，同一個變數 a 即使在第 9 行被重新設值，從 200 變成 600，它所配置的記憶體位址還是維持不變，而第 12 行重設了變數之後，「指標變數」所儲存的位址就變成了 b 的位址，當然，它與 a 不同。

底下的圖示，整理範例中變數的設定過程，讀者可以從中看到變數值的變化情形：

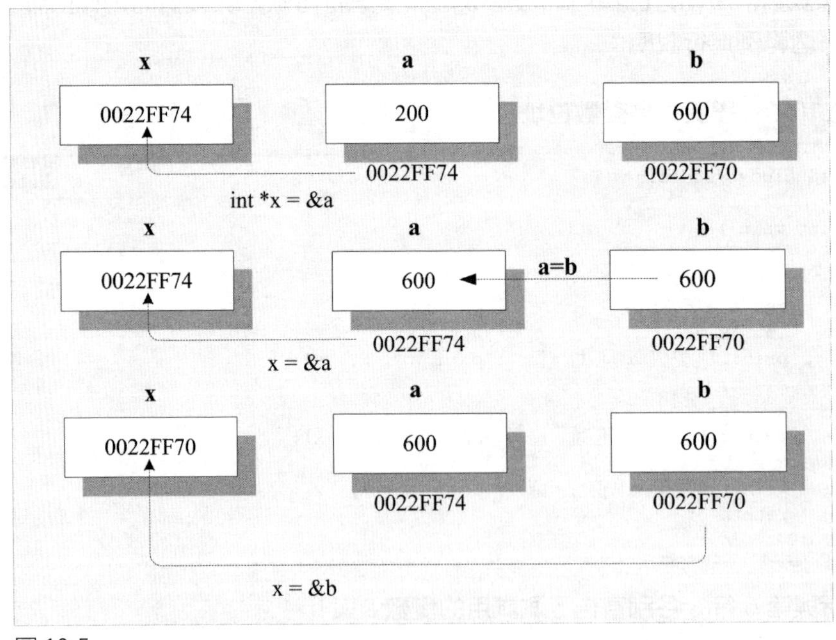

圖 10-5

你可以修改變數的值，但是變數的位址卻是固定的，如果你嘗試去改變位址，可能與作業系統本身使用的特定位址衝突，進而造成意想不到的結果。

10.2.4 「指標變數」與變數內容變更

由於「指標變數」儲存了變數的位址資訊，因此當我們修改「指標變數」的值，也就是將一個值設定給「*」字首的「指標變數」，這個時候，修改的動作會反應至佔據此位址的變數，並且更新變數原來所儲存的值，同樣的，我們直接利用以下範例做說明：

範例 10-5 變更指標變數值

p1005_pvalueset

```
001  #include <stdio.h>
002
003  int main()
004  {
005      int a = 200;
006      int b = 600;
007      int *x = &a;
008      printf("變數 a (位址，值) :%p,%d \n", x, *x);
009      *x = b;
010      printf("變數 a (位址，值) :%p,%d \n", x, *x);
011      printf("變數 a,b :%d,%d \n", a, b);
012      return 0;
013  }
```

第 7 行將變數 a 的位址儲存至 x 這個「指標變數」。

第 9 行將 b 這個值重新指定給 *x ，這一行程式碼只是修改原來 x 位址所對應的值，因此 x 的位址並沒有改變，只是它的值被換掉了。

最後第 11 行再重新輸出變數 a 與 b 的值。

來看看相關的執行結果，列舉如下：

```
變數 a (位址，值) :0022FF74,200
變數 a (位址，值) :0022FF74,600
變數 a,b :600,600
```

第 1 行列舉 x 首次儲存了 a 的位址之後，其位址與對應的值，第 2 行則是 x 重新儲存了 b 的位址之後的位址與對應的值。

最後一行 a 的值變成了 600 而非原來的 200，從這裡你可以發現，當程式修改「指標變數」的值，參考這個位址的變數值也會隨著被改變。

同樣的，我們透過圖示說明，列舉如下圖所示：

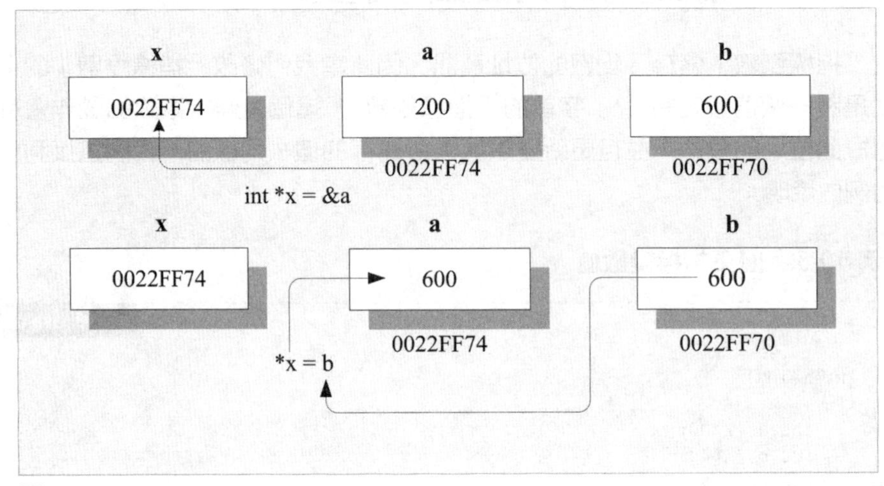

圖 10-6

指標變數除了負責儲存位址，它的行為與一般的變數無異，例如你可以將另外一個變數指標重新指定給一個已經儲存特定指標的「指標變數」，但是必須注意型態的問題，我們繼續往下看。

10.2.5 「指標變數」的型態

到目前為止，我們均以 int 型態宣告「指標變數」，事實上當我們要儲存變數位址的時候，必須以變數的型態宣告「指標變數」，例如以下的程式碼：

```
001     float a = 600 ;
002     float *x=&a ;
```

第 1 行程式碼宣告一個 float 型態的浮點數變數 a ，第 2 行宣告「指標變數」x 儲存 a 的位址，同樣的，將其宣告為 float。

由於指標本身指向某個特定的變數，因此它與變數的型態有關，你不可以將變數的指標值，設定給型態不符的「指標變數」，否則會出現資料錯誤的情形。

範例 10-6 指標變數的型態衝突

p1006_typec

```
001  #include <stdio.h>
002
003  int main()
004  {
005      float a = 600;
006      int *x = &a;
007      float *y = &a;
008      printf("指標變數 x（位址，值）:%d,%f \n", x, *x);
009      printf("指標變數 y（位址，值）:%d,%f \n", y, *y);
010      return 0;
011  }
```

第 5 行宣告的變數 a 是 float 型態，第 6 行與第 7 行則分別宣告 int 與 float 型態的「指標變數」，並且將 a 的位址指定給這兩個變數。

第 8 行與第 9 行則分別輸出 x 與 y 的內容。

```
指標變數 x（位址，值）:37814108,0.000000
指標變數 y（位址，值）:37814108,600.000000
```

如你所見，y 被宣告為 float ，因此它可以透過位址取得正確的值，反之 x 本身是 int ，因此無法正確取得 int 變數 a 的值。

10.2.6 指標的位址架構與運算

到目前為止，我們已經瞭解指標變數包含兩種資訊，分別是變數的位址以及透過位址所對應的變數值，就如同一般的變數，你還是可以直接進行指標變數的內容運算，包含位址與指標資料值，不過在意義上有很大的差異。

繼續討論之前，先來看看「指標變數」如何儲存位址資訊。

當你宣告一個變數的時候，例如 int ，記憶體內會配置四個位元組給這個變數，然後針對每一個位元組進行編號，而變數值就儲存在這四個位元組範圍的空間，如下頁圖：

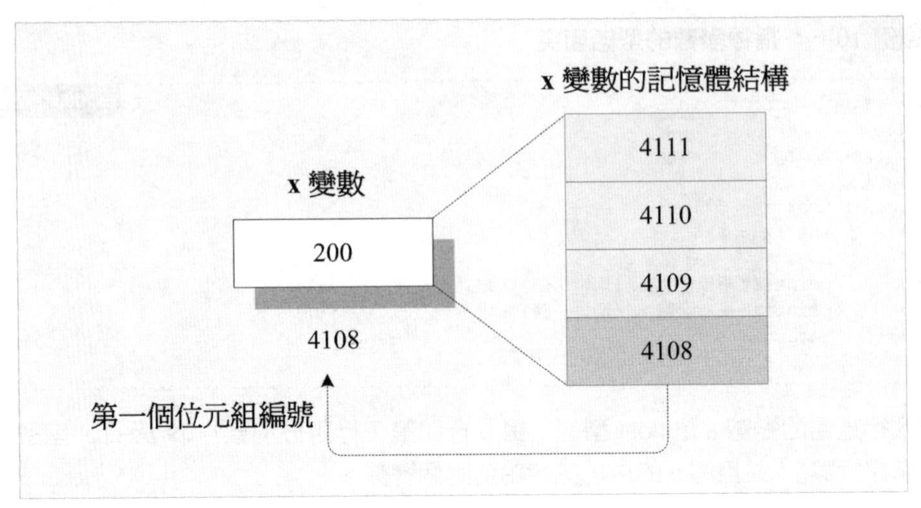

圖 10-7

假設編號從 4108 開始，逐一遞增，int 型態總共會佔據四個編號，而變數本身的位址，由其中的第一個位元組編號所表示，也就是 4108。

雖然用來表示位址的是第一個位元組的編號，但是一個完整的型態，依然必須以其定義的位元組長度為單位，例如上圖中的 x 變數，其位址編號從 4108 ~ 4111。

同樣的，「指標變數」以變數的型態大小為單位，例如一個宣告為 int 型態的「指標變數」，每一個單位是四個位元組，而宣告為 float 型態的「指標變數」每一個單位是八個位元組。

現在問題來了，「指標變數」所儲存的是變數的位址資訊，如果針對「指標變數」進行加減等算術運算，其結果如何？以 int 型態的「指標變數」為例，如果將其值加 1，則位址一次就會增加四個位元組，考慮以下的程式碼：

```
001  int *pt = &x  ;
002  pt++ ;
```

pt 是一個「指標變數」，它本身所儲存的是變數 x 的位址，接下來的 pt++ ，將 pt 的值加 1，由於 pt 是 int 型態的位址，因此導致它一次增加四個位元組。

經過 pt++ 運算之後，新的位址與舊的位址，總共差了四個位元組，當然，這個位址的記憶體空間裡面的值就不再是變數 x 的值。

緊接著以圖示說明上述討論的過程，為了方便比較說明，其中列舉了「指標變數」的原始設定，以及執行 ++ 運算後的變化。

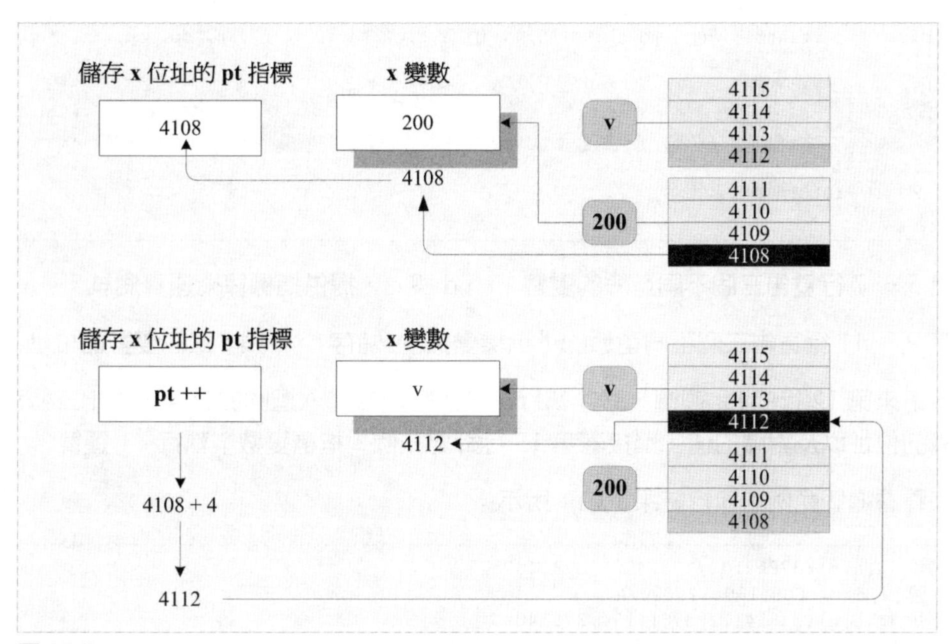

圖 10-8

當 pt++ 執行完畢之後，也就是圖的下半部，如你所見，其中所改變的是一整個 int 型態的長度，也就是四個位元組，而原來 x 變數的值，也會變成下一個 int 空間裡所儲存的值。

我們透過一個簡單的範例進行說明，其中示範了 int、double 以及 char 等三種指標變數的運算，來看看它們進行算術運算的差異，為了方便比較，其中的位址以十進位格式輸出。

範例 10-7 指標算術運算

p1007_pop

```
001  #include <stdio.h>
002
003  int main()
004  {
005      int i = 200;
006      double d = 100.123;
007      char c = 'A';
008      int x;
```

```
009       int *p = &i;
010       double *dp = &d;
011       char *cp = &c;
012       for (x = 0; x < 3; x++) {
013         printf("位址 (i,d,c):%d,%d,%d- 值 (i,d,c):%d,%f,%c\n", p, dp, cp, *p, *dp,
014                *cp);
015         p++;
016         dp++;
017         cp++;
018       }
019       return 0;
020   }
```

第 5 ~ 7 行宣告三個不同型態的變數，i、d 與 c ，提供指標算術運算測試。

第 9 ~ 11 行宣告三個不同型態的「指標變數」，儲存 i、d 與 c 三個變數的位址。

接下來第 12 行的 for 迴圈，總共執行三次，每一次進入迴圈的時候，輸出三個變數的位址以及對應的值，緊接著第 15 行針對三個「指標變數」執行 ++ 運算。

來看看這個範例的執行結果，如下所示：

```
位址 (i,d,c):37814108,37814096,37814095
- 值 (i,d,c):200,100.123000,A
位址 (i,d,c):37814112,37814104,37814096
- 值 (i,d,c):37814176,0.000000,
位址 (i,d,c):37814116,37814112,37814097
- 值 (i,d,c):4198849,0.000000,Z
```

輸出結果包含兩個部分，分別是變數的位址與值，先來看位址的部分。

第 1 行輸出的是變數一開始未經過任何運算的原始位址。

接下來第 3 行，每一個「指標變數」都經過 ++ 運算，i 是 int 因此增加了四個位元組，d 是 double 型態，因此增加了八個位元組，c 是 char 型態，因此增加一個位元組，第 5 行原理相同。

接下來是值的部分，第 1 行的原始值，一如程式中所宣告的內容。

第 2 行開始，由於 ++ 導致目前的位置往下一個位址移動，因此輸出的值不再是原來位址裡面所存放的值，而是新位址記憶體中的殘存值。

10.3 指標與函數

應用程式的功能經常被切割成各種函數，並且透過呼叫來執行這些功能，因此在必要的時候，指標會在函數之間傳遞，無論函數的回傳值或是引數，當它處理的是指標的時候，有其專屬的語法格式，這一節我們來看相關的細節。

10.3.1 指標與函數引數

「指標變數」同樣可以做為函數的引數，這與一般的變數無異，只是函數在宣告的時候，必須以「*」做標示，如下式：

```
void dosome (ptype *);
```

這是函數的原型宣告，其中的「*」表示這個函數 dosome() 接受一個「指標變數」做為其參數。

接下來，你必須在定義函數的時候，以「*」標示引數的名稱，如下式：

```
void dosome (ptype *pt);
```

在引數型態之後，以一個「*」做標示，以此宣告的函數引數，表示它接受一個「指標變數」的參數，以下範例進行相關的示範：

範例 10-8 函數引數

p1008_funarg

```
001  #include <stdio.h>
002
003  void showadd(int *);
004  int main()
005  {
006      int a = 100;
007      int b = 200;
008      int *x = &a;
009      showadd(x);
010      showadd(&b);
011      return 0;
012  }
013  void showadd(int *p)
014  {
015      //
016      printf("參數 *p(位址，值）:%d,%d  \n", p, *p);
017  }
```

第 3 行宣告了一個函數 showadd() ，它的引數標示了「*」，表示這個函數接受「指標變數」型態的參數。

第 13 行定義 showadd() 的內容，其中的引數是一個「指標變數」，以 *p 表示，接下來第 16 行將 p 的內容輸出，包含其儲存的位址與位址所對應的變數值。

第 6 ～ 7 行宣告兩個測試用的變數，第 8 行宣告的 x 是一個「指標變數」，同時儲存了變數 a 的位址。

第 9 行將 x 當作參數傳入，第 10 行則是將 b 的位址直接透過「&」取出並傳入。

```
參數 *p(位址，值）:37814108,100
參數 *p(位址，值）:37814104,200
```

上述的執行結果當中，讀者可以看到，無論你是傳入一個「指標變數」或是以「&」取得變數位址，效果均是相同的，就如同程式中的變數設值。

10.3.2 「指標變數」的傳址行為

由於「指標變數」掌握了變數的位址，這個位址代表變數儲存其真正值的地方，因此一旦你改變了它的值，等同於變數的值同時被改變，本章稍早討論「指標變數」的時候就已經針對這一部分的觀念進行討論，相同的原理同樣適用於函數的引數傳遞，底下我們透過一個範例做說明：

範例 10-9 「指標變數」傳址

p1009_passbyadd

```
001  #include <stdio.h>
002
003  void showadd(int *, int);
004  int main() {
005      int a = 10;
006      int b = 10;
007      showadd(&a, b);
008      printf("a:%d,b:%d", a, b);
009      return 0;
010  }
011  void showadd(int *p, int v)
012  {
013      *p += 10;
014      v += 10;
015  }
```

第 3 行宣告的 showadd() 函數包含兩個引數，第一個引數是「指標變數」，第二個引數則是一般的變數。

第 11 行定義 showadd() 函數的內容，分別指定了 *p 與 v 兩個引數，第 13 行透過 *p 的引用將其位址對應的值加上 10，第 14 行則是將 v 的值加上 10。

接下來則是 main() 函數，第 5 行與第 6 行分別宣告了 a 與 b 兩個測試用的變數，第 7 行將其當作參數傳入，a 傳入的是位址，b 傳入的是值，第 8 行則輸出 a 與 b 兩個變數值。

來看看範例的執行結果，如下式：

```
a:20,b:10
```

如你所見，其中 a 的值加上了 10，而 b 沒有變，就如同一開始所討論的，如果引數是「指標變數」，它所儲存的將是位址，傳遞進來的參數資料亦是位址，因此第 13 行的加 10 運算，改變的是位址裡面所儲存的值，也就是變數 a 的值，這個結果會反應回原始的 a 變數。

一般的變數是以傳值的方式傳遞，因此即使在函數中改變了參數的值，只是改變當下在函式中區域變數的值，而非變數本身的值。

我們來看看這個範例的運算流程：

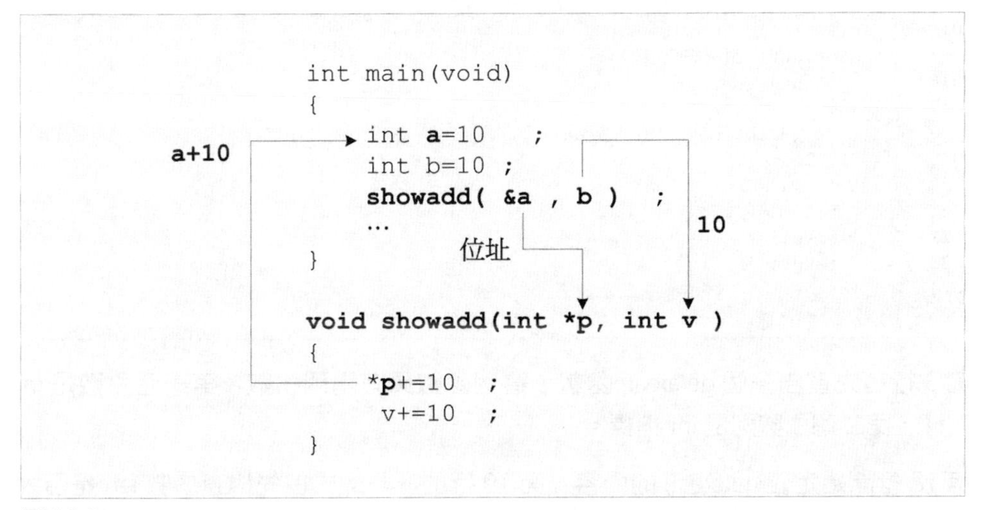

圖 10-9

showadd() 的第一個引數 p 所接受的是 a 傳進來的位址，因此就如同稍早說明的，p 針對此位址的值執行加 10 的運算，事實上是針對 a 的值所執行，因此會得到上述的結果，而另外一個 v 引數則對原來的值沒有影響。

從這一節的討論過程中你可以看到，當你需要以傳址的方式來傳遞函數的參數，並且將函數的運算結果返回呼叫的程式碼時，這種方式就特別有用，例如函數功能需要回傳超過一個以上的值，直接宣告具回傳值的函數並不夠用，我們可以在引數宣告指標型態的變數，藉由傳址行為來取得所需的結果。

底下透過另外一個例子來說明相關的應用，其中可以根據使用者指定的正方形邊長長度（cm），來計算正方形的面積，並且將計算結果回傳。

範例 10-10 計算正方形面積

p1010_square

```
001  #include <stdio.h>
002
003  int getarea(int len, int *area);
004  int main()
005  {
006      int a;
007      int area = 0;
008      int r;
009      printf("請輸入正方形邊長 (cm) :");
010      scanf("%d", &a);
011      r = getarea(a, &area);
012      if (r == 1)
013        printf("長度 %d cm 的正方形，面積等於 %d cm^2    \n", a, area);
014      else
015        printf("計算失敗 !");
016      return 0;
017  }
018  int getarea(int len, int *area) {
019      if (len > 0) {
020        *area = len * len;
021        return 1;
022      } else {
023        return 0;
024      }
025  }
```

第 3 行首先宣告一個 getarea() 函數，這個函數具有兩個引數，第一個引數是 int 型態，第二個引數則是 int 指標。

第 18 行開始定義 getarea() 的內容，第 19 行的 if 判斷式首先檢查參數 len 是否大於 0，如果沒有大於 0 直接於第 23 行回傳 0，表示計算結果失敗。

如果參數 len 大於 0，第 20 行進行平方運算，取得以 len 為邊長的正方形面積，並且將其值指定給 *area ，它會將值儲存至其中位址對應的位置，如此一來此位址原來的值會被取代，原來此位址的變數值被改變。

回到第 7 行，其中宣告的 area 變數用來儲存 getarea() 函數的面積結果值。

接下來於第 10 行讓使用者輸入代表正方形邊長的整數並儲存於變數 a ，第 11 行將 a 與 area 變數的位址傳入，並取得運算結果，變數 r 儲存結果值。

第 12 行的判斷式檢視 r 是否等於 1，是的話表示計算成功，並且於第 13 行輸出計算結果 area ，這個值透過位址於函式中改變其值，取得計算結果。

第 15 行是計算失敗的訊息。

```
請輸入正方形邊長（cm）:16
長度 16 cm 的正方形，面積等於 256 cm^2
```

以上為執行結果，第 1 行輸入邊長 16，第 2 行透過傳址的方式，取得面積的結果 256，如果輸入負值，會得到以下的訊息：

```
請輸入正方形邊長（cm）:-6
計算失敗 ！請按任意鍵繼續 . . .
```

從這個範例中，我們看到了傳址的應用，由於其中必須同時回傳運算結果，以及最後所取得的正方形面積，因此透過傳址將正方形面積的結果值，直接透過位址更新至變數 area。

10.3.3 回傳指標

經過上述的討論，相信讀者已經可以掌握指標的運用了，這一節最後我們來看看以指標變數做為回傳值的狀況。

沒有意外的，就如同引數的設定，只要宣告的時候配置「*」即可讓函數本身回傳指標，所需的定義如下：

```
typename *funname(type1,…) ;   // 函數宣告
typename *funname(type1 arg,…)     // 函數定義
{
        …
        return p ;
}
```

無論宣告或是定義函數，名稱的前方都必須配置一個「*」，如此一來函數最後就必須回傳「指標變數」或是變數的位址。

範例 10-11 回傳指標

p1011_funreturn

```
001  #include <stdio.h>
002
003  void *returnp(int);
004  int main()
005  {
006      int a = 10;
007      int *p;
008      p = returnp(a);
009      printf("a (位址，值) :%d,%d    \n", p, *p);
010      return 0;
011  }
012  void *returnp(int x)
013  {
014      int *p = &x;
015      return p ;
016  }
```

第 3 行宣告的 returnp() 函數以「*」命名，因此必須回傳指標，第 12 行定義 returnp() 函數的內容，其中的第 14 行將參數 x 以「&」取得其位址，再儲存至「指標變數」p，最後第 15 行則回傳這個變數。

第 4 行開始的 main() 函數，其中第 8 行執行 returnp() 函數，取得其回傳值，並且將其儲存至「指標變數」p。

第 9 行輸出 p 所儲存的位址資料以及對應的變數值。

```
a (位址，值) :37814072,10
```

從這個範例的執行結果當中，我們看到了其中的函數 returnp() 成功將參數變數的位址取出之後回傳。

當然，你也可以直接回傳以「&」取得的變數位址，如下式：

```
001      void *returnp(int x)
002      {
003              return &x ;
004      }
```

其中的第 3 行直接將 &x 整個運算式回傳。

10.4 雙重指標

完成指標的基本討論之後，本章最後一節來討論雙重指標。

「指標變數」儲存某個變數位址資訊，而它本身也是個不折不扣的變數，因此也有一個位址，如下圖：

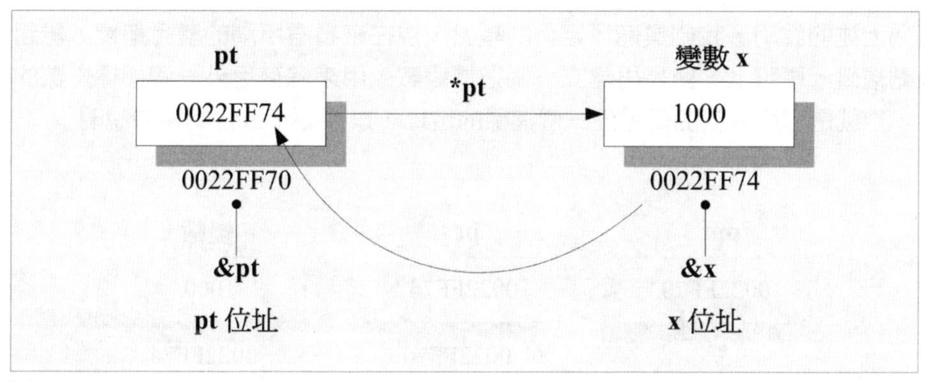

圖 10-10

在上述的圖示中，pt 儲存了變數 x 的位址，而它本身也有一個位址 0022FF70，我們可以透過 &pt 來取得這個位址資訊，就如同一般的變數。

範例 10-12 指標變數位址

p1012_paddress

```
001  #include <stdio.h>
002
003  int main()
004  {
005      int x = 1000;
006      int *pt;
007      pt = &x;
008
009      printf("pt 指向的 x 變數值 (*pt):%d \n", *pt);
010      printf("pt 本身的值 (pt):%p \n", pt);
011      printf("pt 本身的位址 (&pt):%p \n", &pt);
012      return 0;
013  }
```

第 6 行透過 *pt 取得其位址對應的 int 變數值。

第 7 行將變數 x 的位址指定給 pt 這個「指標變數」。

第 10 行直接取得 pt 本身的值，這是 x 變數的位址。

第 11 行透過 &pt 取得 pt 本身的位址。

```
pt 指向的 x 變數值 (*pt):1000
pt 本身的值 (pt):0022FF74
pt 本身的位址 (&pt):0022FF70
```

如你所見，透過「&」運算子可以輕易找出「指標變數」本身的位址資訊。

經過上述的說明，我們具備了足夠的基礎，現在來看看所謂的雙重指標，聽起來有點複雜，事實上，只是再建立一個指標變數，用來儲存另外一個指標變數的位址，也就是它所存放的是另外一個指標的位址，以下圖示進行相關的說明：

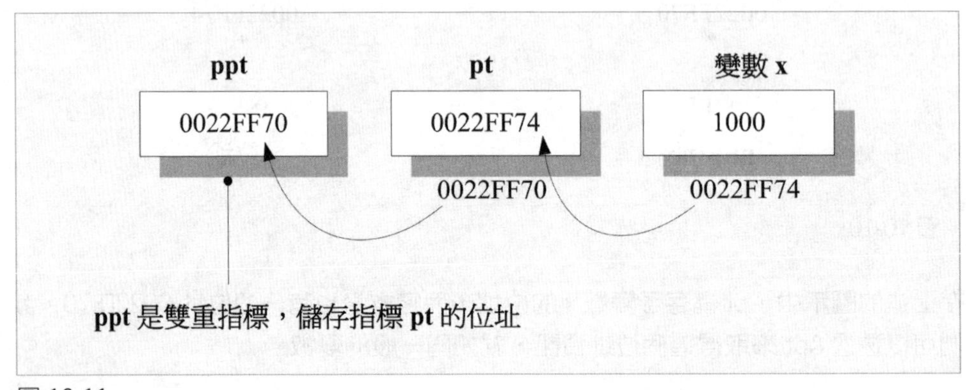

圖 10-11

圖中最左邊的 ppt 是一個雙重指標，它儲存了指標 pt 的位址資訊，而 pt 是一個單一的「指標變數」，它儲存了變數 x 的位址。

雙重指標的宣告必須以「**」標示，如下式：

```
int **dpt  ;
```

這一行程式碼宣告一個雙重指標變數，下式則將一個「指標變數」pt 的位址指定給這個雙重指標變數：

```
dpt  = &pt  ;
```

其中的 pt 是一般的「指標變數」。

雙重指標變數與「指標變數」的用法相同，*dpt 可以取出其儲存的值，也就是上述 &pt 所回傳的位址，比較特殊的是，你可以透過 **dpt 來取得最終變數的值，也就是 pt 指標所儲存的位址，其指向的變數值。

底下我們透過一個範例進行說明：

範例 10-13 雙重指標

p1013_dpp

```
001  #include <stdio.h>
002
003  int main(void)
004  {
005      int x = 1000;
006      int *pt;
007      int **dpt;
008      pt = &x;
009      dpt = &pt;
010      printf("x 位址：%p,pt 儲存的值：%p \n", &x, pt);
011      printf("pt 位址：%p,dpt 儲存的值：%p \n\n", &pt, dpt);
012      printf("x 的值：%d,pt 指標對應的值：%d \n", x, *pt);
013      printf("pt 的值：%p,dpt 指標對應的值：%p \n\n", pt, *dpt);
014      printf("dpt 指標最終對應的值：%d \n", **dpt);
015      return 0;
016  }
```

第 5 行宣告的 x 是一個典型的 int 變數。

第 6 行與第 7 行所宣告的 pt 與 dpt ，則是指標變數，第 8 行將 x 的位址資訊儲存至 pt 變數，第 9 行則是將 pt 指標的位址儲存至 dpt 指標變數。

當第 8 行執行完畢，pt 本身儲存了變數 x 的位址，而 pt 本身又有一個位址。

第 9 行執行完畢，dpt 儲存了 pt 的位址，而 dpt 本身也有自己專屬的一個位址。

接下來的第 10 行，依序取出 x 的指標以及 pt 所儲存的值做比較，第 11 行依序取出 pt 的位址與 dpt 所儲存的值做比較。

第 13 行則是取出 x 的值與 pt 指標對應的值做比較，第 14 行取出 pt 的值與 dpt 指標對應的值。

最後第 14 行，取出 dpt 最終所對應的值，也就是 x 變數值，透過 **dpt 取出。

```
x 位址：0022FF74,pt 儲存的值：0022FF74
pt 位址：0022FF70,dpt 儲存的值：0022FF70

x 的值：1000,pt 指標對應的值：1000
pt 的值：0022FF74,dpt 指標對應的值：0022FF74

dpt 指標最終對應的值：1000
```

從這個範例中，我們可以看到一般變數與指標變數的關係，同時也看到了「指標變數」與雙重指標的關係，下圖將其中三個變數的關聯做了說明：

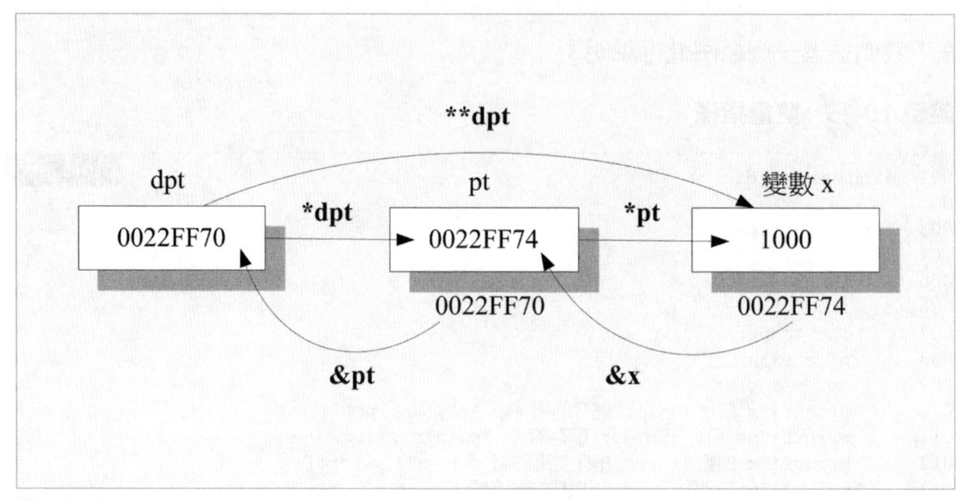

圖 10-12

雙重指標與陣列有密切的關聯，它牽涉到陣列元素的儲存與二維陣列的結構設計，下一章我們將繼續針對這一部分進行討論。

結論

本章的主題「指標」，是 C 語言初學者最難理解的議題之一，透過大量的圖示說明，相信讀者可以建立相當清楚的概念。接下來的章節繼續針對指標進一步做說明，探討陣列與指標的相關應用。

摘要

10.1
- 程式透過位址資訊，找到儲存於某個特定記憶體位置的變數值。
- 格式化符號 %p 用來回傳十六進位格式的位址。
- 「&」運算子，支援變數的位址資訊存取。

10.2
- 「指標變數」行為與一般變數無異，只是它專門用來儲存位址資料。

- 宣告「指標變數」必須以「*」為字首，儲存「&」運算子取得的位址資訊。
- 重新以「*」標示指標變數即可反向取得「指標變數」位址所對應的真正變數值。
- 「*」標示符號可以配置於型態或是變數名稱之前。
- 「指標變數」所儲存的值可以被修改。
- 修改以「*」為字首的「指標變數」，會直接反應至佔據此位址的變數，變更其值。
- 指標本身指向某個特定的變數，因此它與變數的型態有關，「指標變數」的型態必須搭配變數的型態。
- 配置給變數的記憶體，針對每一個位元組，進行連續編號。
- 用來表示變數位址的，是第一個位元組的編號。
- 如果針對「指標變數」執行加減等算數運算，會以變數型態所屬的位元組長度為單位運算。

10.3

- 函數的引數如果是「指標變數」，必須在宣告與定義時以「*」做標示。
- 「指標變數」儲存了變數的位址，以「傳址」的方式傳遞。
- 回傳指標，必須在宣告時配置「*」。

10.4

- 「指標變數」儲存某個變數位址資訊，本身也有自己的位址，透過「&」運算子即可取得。
- 雙重指標是建立一個指標變數，用來儲存另外一個指標變數的位址。
- 雙重指標的宣告必須以「**」做標示。

學習評量

10.1

1. 簡述變數與位址的關係，而資料如何儲存於變數中？
2. 請說明「&」運算子的意義，同時假設 a 是一個變數，請說明以下程式碼的輸出結果為何？

```
printf("%d",&x)    ;
```

3. 承上題，考慮以下兩行程式碼，請說明其中 %d 與 %p 的差異。

```
printf("%d",&x)    ;
printf("%p",&x)    ;
```

4. 假設有一個 int 型態變數 x ，當我們執行以下的程式碼將其輸出時，請說明為何每個人的執行結果會有差異？

```
printf("%p",&x)    ;
```

10.2

5. 簡述指標變數與一般變數的差異。
6. 假設 x 是一個事先宣告的變數，請說明以下這一行程式碼的意義，其中 pt 所儲存的資料以及「*」運算子的功用為何？

```
int *pt = &x  ;
```

7. 考慮以下的程式碼，其中的 x 是一個變數：

```
001  int *y = &x ;
002  printf("%d",*y) ;
```

請說明其中第 1 行的 *y 與第 2 行的 *y 在意義上有何不同？

8. 考慮變數 a 與 b ，它們宣告如下：

```
int a
int *b
```

嘗試於下表中填入取得其對應值的變數語法，並簡述為何如此指定：

	位址	變數值
變數 a		
指標變數 b		

9. 請說明以下兩行程式碼的差異。

```
int* x ;
int *y ;
```

10. 承上題，請說明以下兩種不同寫法的程式碼差異，哪一種比較好，為什麼？

```
int* x,y,z  ;
int *x,y,z  ;
```

11. 考慮以下的程式碼：

```
int x = 200 ;
int y = 500 ;
int *z = &x    ;
```

現在執行以下這一行程式碼：

```
z =&y
```

請說明其中 z 所儲存的位址以及這個位址所對應的值為何？

12. 承上題，考慮另一段程式碼：

```
int x = 200 ;
int y = 500 ;
int *z = &x    ;
*z=y ;
```

請說明其中最後 z 這個變數所儲存的位址與值為何？

13. 考慮以下的程式碼，請說明其中的錯誤。

```
double z =369
int *x=&z  ;
```

14. 假設宣告了一個變數 x ，系統配置給這個變數四個位元組，每一個位元組的位址編號分別是 1006,1007,1008,1009，請問變數 x 的位址為何？

15. 考慮以下的程式碼，其中的 x 是一個 float 型態的變數：

```
001     float *f = &x  ;
002     f++ ;
```

請說明第 2 行執行完畢之後，f 本身的值有何變化？與第 1 行的 f 差距為多少位元組？

16. 承上題，經過遞增運算的 f，其儲存的位址所對應的值是否等於 x，原因為何？請說明之。

10.3

17. 考慮以下兩行程式碼：

```
001     void showadd(int )    ;
002     void showadd(int *)    ;
```

請說明這兩行程式碼所宣告的函數 showadd() 有何差異？

18. 簡述函數參數的傳遞過程中，傳址與傳值的差異？

19. 試實作一個函數，提供計算圓形面積的功能，接受兩個引數，定義如下：

```
001     int getcarea(int len, int *area)
002     {
003       …  /* 計算圓形面積 */
004     }
```

其中 len 參數是所要計算的半徑，而 area 則是計算完成的面積，如果使用者傳入大於 0 的值，成功完成計算則回傳 1，否則的話回傳 0；嘗試呼叫此函數，分別顯示輸入 10 以及 -6 的結果與求得的面積。

20. 考慮以下的範例程式碼：

```
/* 範例 (exrefby.c)：定義函數內容 */

001     #include <stdio.h>
002     #include <stdlib.h>
003
004     void mnumber(int *,int) ;
005     int main(void)
006     {
007         int x=100 ;
008         int y=100 ;
009         mnumber(&x,y);
010         printf("%d,%d",x,y)  ;
011         system("pause");
```

```
012         return 0;
013     }
014     void mnumber(int *x, int y)
015     {
016          *x= 200  ;
017          y=200 ;
018     }
```

請說明其中的第 10 行輸出結果為何？

10.4

21. 何謂雙重指標，請簡述之。
22. 承上題，請說明以下兩種不同的變數宣告語法中，x 與 y 有何差異？

```
int *x  ;
int **y  ;
```

11 指標與陣列

延續前一章的主題，本章繼續將重點放在與指標有關的議題上面，討論指標與陣列的關係。陣列本身是一種複雜的資料型態，它可以儲存一個以上的特定形態資料，它的位址配置與一般單純型態的資料有很大的差異，一個陣列本身的值甚至就是一個位址常值。因此完成基本的指標討論之後，本章持續針對陣列的位址操作等相關議題進行說明。

11.1 陣列的位址

陣列根據宣告的長度，儲存特定數量與型態的資料，其中每一個儲存的元素，均有其專屬的位址，這很容易理解，不過，如果是陣列本身就沒有那麼單純了，我們先來看一個範例：

範例 11-1　陣列位址

p1101_arrayaddress

```
001  #include <stdio.h>
002
003  int main()
004  {
005      int a[] = {100, 200, 300, 400, 500, 600};
006      int i = 0;
007      printf("陣列 a 的位址：%p \n", &a);
008      for (i = 0; i < 6; i++) {
009        printf("元素 a[%d] 的位址：%p \n", i, &a[i]);
010      }
011      return 0;
012  }
```

在這個範例中，第 5 行宣告一個儲存六個 int 整數的陣列 a。

第 7 行輸出陣列 a 的位址。

第 8 開始是一個 for 迴圈，其中總共執行六次，每一次依序取出陣列元素的位址，並且將其輸出於畫面。

來看它的輸出結果，列舉如下：

```
陣列 a 的位址：0022FF50
元素 a[0] 的位址：0022FF50
元素 a[1] 的位址：0022FF54
元素 a[2] 的位址：0022FF58
元素 a[3] 的位址：0022FF5C
元素 a[4] 的位址：0022FF60
元素 a[5] 的位址：0022FF64
```

從這個輸出結果當中，我們可以看到陣列 a 的位址與其中第一個元素的位址相同，均是 0022FF50，下頁圖說明其中陣列的結構與位址配置：

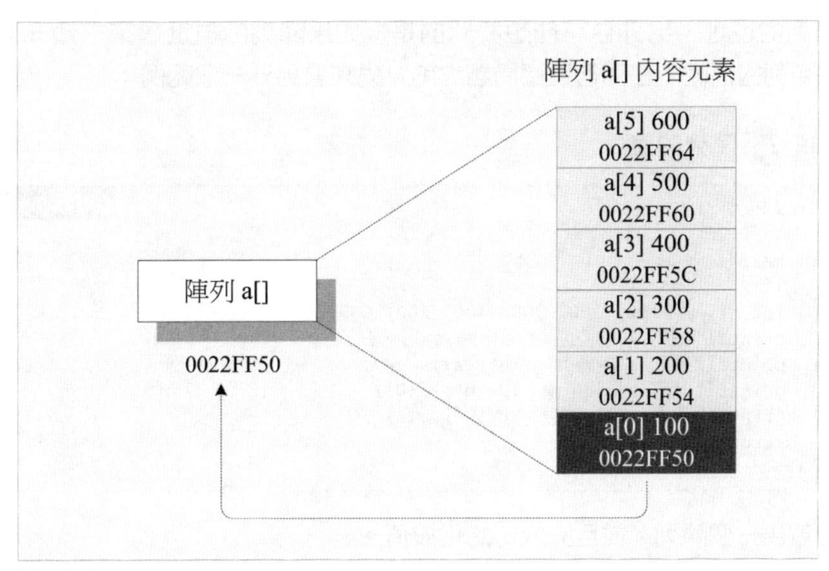

圖 11-1

上述的圖示，讀者應該會覺得眼熟，還記得我們在第 10 章所討論的位址編號嗎？事實上陣列的設計其實等同於一般型態的資料，例如以下的程式碼：

```
int x ;
```

這一行程式碼宣告了一個 int 型態變數 x ，而每一個 int 型態的變數由四個位元組所組成，變數 x 可以被視為位元組的陣列，而 x 的位址即是其中第一個位元組的位址，為了方便說明，我們將相關的圖示重新列舉如下所示：

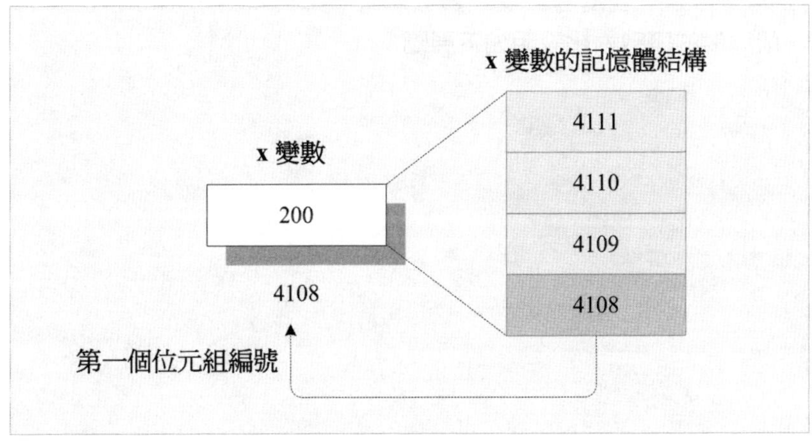

圖 11-2

除了陣列的位址，另外你可能想要問的是：如果陣列的位址是第一個元素的位址，那陣列的值呢？在回答這個問題之前，先來看另外一個範例：

範例 11-2 陣列的值

p1102_arrayvalue

```
001  #include <stdio.h>
002
003  int main()
004  {
005      int a[] = {100, 200, 300, 400, 500, 600};
006      printf("陣列 a 的位址：%p \n", &a);
007      printf("陣列 a 的值：%p \n", a);
008      printf("元素 a[0] 的值：%p \n", a[0]);
009      printf("元素 a[1] 的值：%p \n", a[1]);
010      return 0;
011  }
```

第 5 行宣告一個陣列 a 並且完成初始化設值。

第 6 行開始逐一輸出陣列 a 的位址與儲存的值，接下來輸出第一個以及第二個元素的值做比對。

```
陣列 a 的位址：0022FF50
陣列 a 的值：0022FF50
元素 a[0] 的值：00000064
元素 a[1] 的值：000000C8
```

從輸出結果當中我們可以發現，陣列的值與它的位址完全相同，換句話說，陣列本身儲存了位址編號這個值，並且再指向與此值完全相同的位址。

不要被上述的討論所混淆了，這其實很單純，陣列本身存放了它自己的位址資訊，與一般型態的變數對比說明如下頁圖：

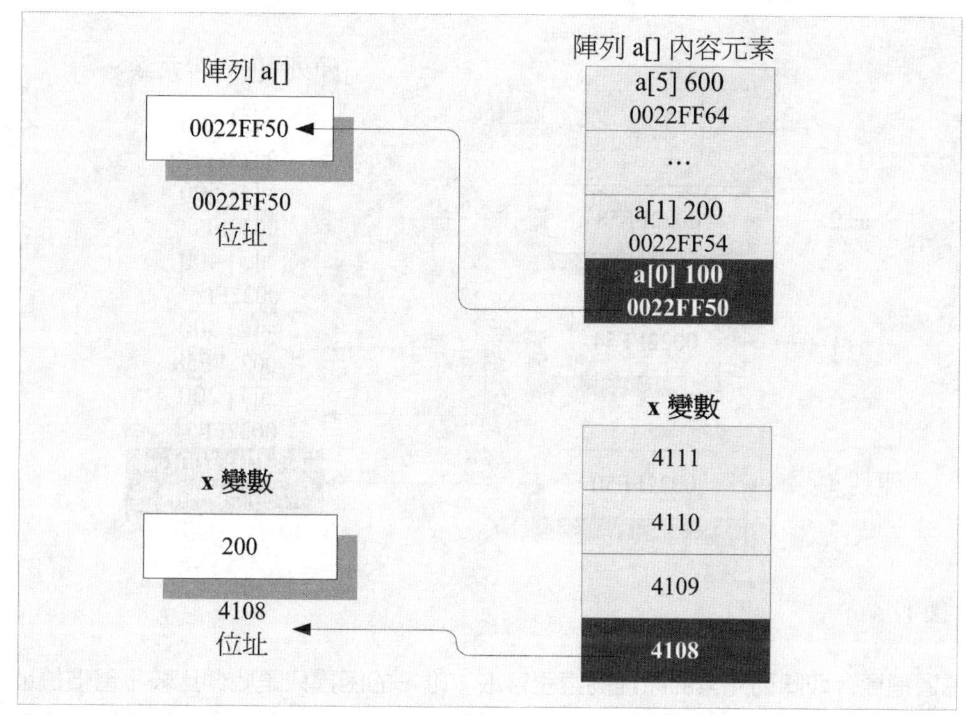

圖 11-3

圖示的上方是陣列，它的位址與值均是 002FF50，而下方是一般的 int 變數 x ，它儲存了 200 這個值，而位址是 4108，同時儲存了值 200。

11.2 陣列指標與元素存取

從上述的說明中，我們瞭解了陣列本身所儲存的是第一個元素的位址，既然如此，我們可以運用前一章所討論的技巧，進行陣列元素的存取。

11.2.1 透過指標存取陣列元素

在一般的情形下，我們透過索引值存取陣列元素，索引值從 0 開始遞增，每一個索引值代表一個元素，而陣列本身的值與位址，代表第一個元素的位址，因此我們只要逐一遞增位址的值，就可以取得每一個元素的值了，如下頁圖：

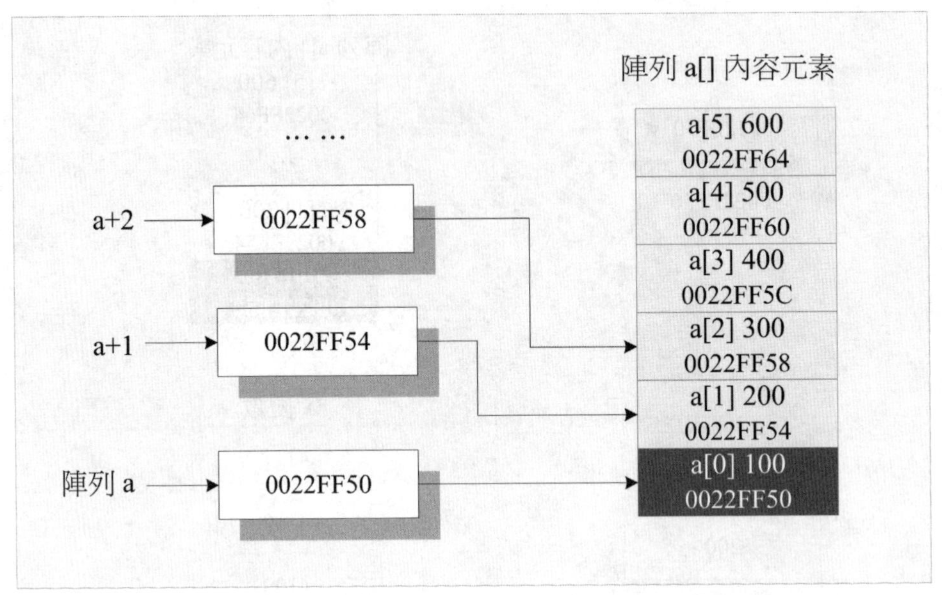

圖 11-4

透過指標存取陣列元素的原理同索引存取，唯一的困擾只是我們比較不習慣位址格式存取，不過只要瞭解原理，就能輕易完成操作，下面透過一個範例進行說明：

範例 11-3 陣列元素位址

p1103_arrayadde

```
001   #include <stdio.h>
002
003   int main()
004   {
005       int a[] = {100, 200, 300, 400, 500, 600};
006       printf("  a：%p , a[0]:%p \n", a, &a[0]);
007       printf("a+1：%p , a[1]:%p \n", a + 1, &a[1]);
008       printf("a+2：%p , a[2]:%p \n", a + 2, &a[2]);
009       printf("a+3：%p , a[3]:%p \n", a + 3, &a[3]);
010       printf("a+4：%p , a[4]:%p \n", a + 4, &a[4]);
011       printf("a+5：%p , a[5]:%p \n", a + 5, &a[5]);
012       return 0;
013   }
```

第 5 行建立一個測試用的陣列，第 6 行開始逐一輸出陣列本身的值，以及對應的元素。

由於陣列每加 1 即會跳一個索引的位址，因此取得的位址值會與每一個元素的位址相同，它的輸出結果如下，讀者可以自行比較：

```
a：0022FF50 , a[0]:0022FF50
a+1：0022FF54 , a[1]:0022FF54
a+2：0022FF58 , a[2]:0022FF58
a+3：0022FF5C , a[3]:0022FF5C
a+4：0022FF60 , a[4]:0022FF60
a+5：0022FF64 , a[5]:0022FF64
```

如你所見，透過陣列值遞增的技巧，我們可以取得每一個元素的位址，當然，聰明的你可能想到了，我們也可以透過相同的方式，來取得每一個陣列元素的值，不過，就如同第 10 章討論指標位址對應的變數值存取，你必須再經過「*」的運算來取得對應的元素，如以下圖示：

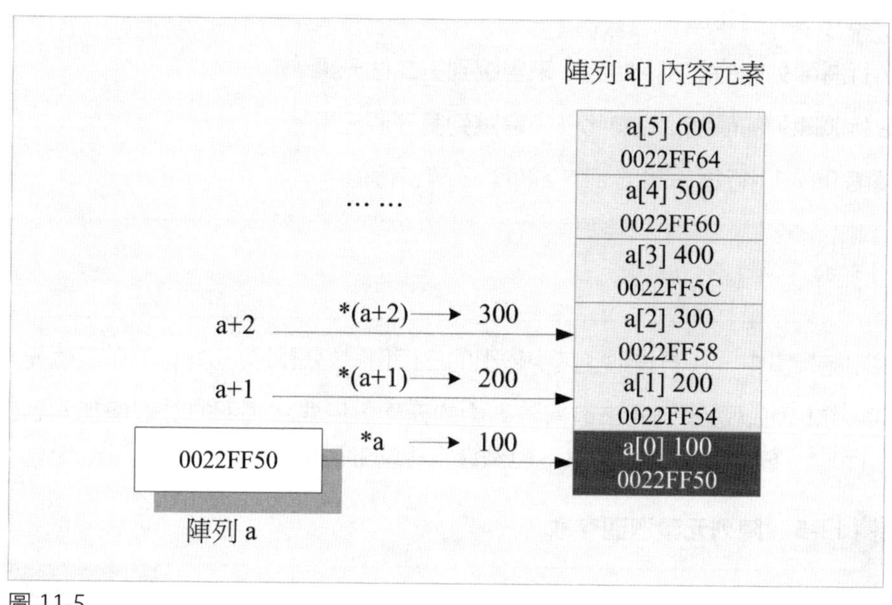

圖 11-5

其中經過運算後的位址，先以括弧包圍，表示新的位址，然後再以「*」標示即可。見下頁範例示範相關的應用：

範例 11-4 陣列元素存取

p1104_arraypele

```
001  #include <stdio.h>
002
003  int main()
004  {
005      int a[] = {100, 200, 300, 400, 500, 600};
006      int a1 = *a;
007      int a2 = *(a + 1);
008      int a3 = *(a + 2);
009      printf("a[0]：%d \n", a1);
010      printf("a[1]：%d \n", a2);
011      printf("a[2]：%d \n", a3);
012      return 0;
013  }
```

由於陣列本身的值是一個位址，因此透過「*」運算子即可取得此位址所對應的值，第 6 行取出此值。

第 7 行將陣列的值加 1，如此一來會跳到第二個元素。

第 8 行將陣列的值加 2，如此一來會跳到第三個元素。

最後第 9 ～ 11 行逐一輸出 a1、a2 與 a3 等三個值。

```
a[0]：100
a[1]：200
a[2]：300
```

從輸出結果當中，我們看到了其中輸出的三個值剛好是陣列初始化的前三個元素。

當然，你也可以透過迴圈來取得陣列中的元素，只要將迴圈的計數值加入到位址再進行「*」轉換運算即可，以下範例進行相關的說明：

範例 11-5 陣列元素迴圈存取

p1105_arraypelefor

```
001  #include <stdio.h>
002
003  int main()
004  {
005      int a[] = {100, 200, 300, 400, 500, 600};
006      int i;
007      for (i = 0; i < 6; i++) {
008        int ai = *(a + i);
009        printf("a[%d]：%d \n", i, ai);
010      }
011      return 0;
012  }
```

第 7 行開始的 for 迴圈，其中的計數值 i 從 0 ～ 5，第 8 行將 a 加上 i ，然後將結果值透過「*」運算，取得位址對應的值，並將其指定給變數 ai。

接下來的第 9 行，則輸出 ai 的值。

```
a[0]：100
a[1]：200
a[2]：300
a[3]：400
a[4]：500
a[5]：600
```

透過迴圈與指標的運用，執行結果中逐一輸出了陣列中的各元素值。

11.2.2 變更陣列位址值的錯誤

陣列變數本身儲存了位址的值，就如同一般的變數儲存特定型態的資料，不過必須特別注意的是，陣列並不同於一般的變數，你可以存取並且改變其中特定索引位置的元素，但是不能夠直接對它的值進行變更。

來看看以下的程式碼：

```
001  int a[]={100,200,300,400,500,600}    ;
002  a++ ;
003  a=100;
```

第 1 行宣告一個陣列 a ，第 2 行執行 a++ ，將其值加 1 再重新指定給自己，第 3 行直接將 100 這個值指定給自己。

如果執行其中第 2 行與第 3 行，程式都會出現錯誤，因為它嘗試修改 a 的值，這是不允許的，要特別注意的是，陣列本身所儲存的位址值是一個常數值，對於任何形式的變更都是不允許的。

一般的「指標變數」並沒有陣列的限制，修改「指標變數」不會有任何的問題，因此你可以將陣列直接設定給一個特定的「指標變數」，然後就可以對其進行修改，以上述說明中的 a 為例，你可以如下操作：

```
001  int *p= a  ;
002  p++ ;
```

第 1 行將陣列所儲存的位址指定給一個新宣告的 int 指標，然後第 2 行針對指標進行修改。

讀者要避免與一般的位址設定操作混淆，將陣列值直接設定給一個指標，與取出一般變數的位址之後，再設定給「指標變數」，它們之間的差異如下圖所示：

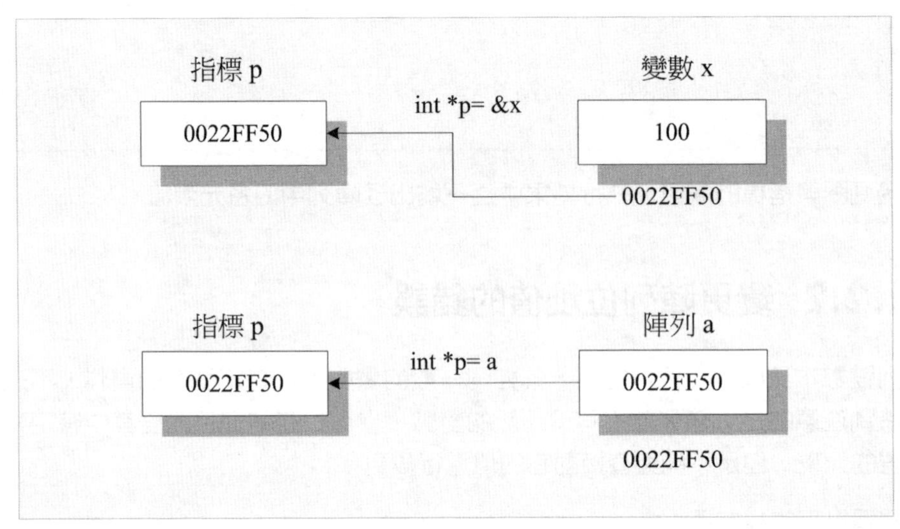

圖 11-6

如你所見，上圖是一般變數，透過「&」運算子來取得變數 x 的位址，然後將其儲存至「指標變數」p；下圖則是陣列，由於陣列本身的值便是第一個元素的位址，因此直接將其設定給指標變數即可，如此一來，變數 p 就儲存了第一個元素的位址。

接下來，透過一個範例，我們來看看相關設定的問題：

範例 11-6　陣列元素迴圈存取

p1106_arrayv

```
001  #include <stdio.h>
002
003  int main()
004  {
005      int a[]={100,200,300,400,500,600}    ;
006      int *p = a ;
007
008      printf("p 位址：%p \n",p)  ;
009      printf("p 值  ：%d \n",*p)  ;
010      p++  ;
011      printf("p++ 位址：%p \n",p)  ;
```

```
012         printf("p++ 值  ：%d \n",*p)  ;
013
014         printf("a[0] 位址：%p \n",&a[0])  ;
015         printf("a[0] 值  ：%d \n",a[0])  ;
016         printf("a[1] 位址：%p \n",&a[1])  ;
017         printf("a[1] 值  ：%d \n",a[1])  ;
018
019         return 0;
020  }
```

第 5 行宣告了一個 int 型態的「指標變數」，並且將陣列 a 的值指定給它，接下來的第 8 ～ 9 行直接輸出 p 的位址以及其值。

第 10 行執行「++」運算，因此這個變數的位址加上了四個位元組，緊接著第 11 ～ 12 行，分別輸出 p 執行「++」運算之後的位址與對應的值。

第 14 ～ 17 行，分別輸出索引值 0 與 1 的元素值。

```
p 位址：0240FF40
p 值  ：100
p++ 位址：0240FF44
p++ 值  ：200
a[0] 位址：0240FF40
a[0] 值  ：100
a[1] 位址：0240FF44
a[1] 值  ：200
```

從輸出結果中我們可以看到 p 儲存陣列 a 的原始值是其中的第一個元素，而執行「++」之後，就變成第二個元素的位址與對應的值。

11.3 以指標為儲存元素的陣列

陣列本身的值是第一個元素的指標，到目前為止我們已經針對這一部分進行了詳細的解說，現在進一步來看看陣列本身儲存指標的情形。

指標就如同一般型態的資料，只是它的功能是用來表示某個特定型態資料的位址，當然，我們也可以宣告一個陣列，用來儲存數個指標，所需的語法如下：

```
int  *pt[i]  ;
```

當這一行程式碼執行之後，它會宣告一個名稱為 pt 的陣列，這個陣列可以儲存 i 個指向特定整數值的指標，然後我們可以透過索引值取出其中特定位置的指標。

儲存指標元素的陣列不難理解，只是為何我們會需要建立如此的陣列？最主要的原因在於透過陣列的指標特性，我們可以建立一個不規則的二維陣列。

考慮以下的二維陣列結構：

0	1	2	3	
0	1	2	3	4
0	1	2		

它可以儲存三個一維陣列，不過每個一維陣列的長度均不相同，如你所見，第一個一維陣列可以儲存四個元素，第二個一維陣列可以儲存五個元素，第三個一維陣列則能夠儲存三個元素。

你必須宣告一個 3x5 的二維陣列，才能完整的儲存這個二維陣列的內容，例如以下的程式碼：

```
int x[3][5]  ;
```

二維陣列 x 的結構雖然可以滿足上述的儲存需求，卻也造成空間的浪費，其中第一個一維陣列 4 的索引位置並沒有儲存任何元素，同樣的，第三個一維陣列，則是 3 與 4 的索引位置沒有儲存任何元素，如下圖深色的方塊區域：

0	1	2	3	X
0	1	2	3	4
0	1	2	X	X

為了避免閒置空間的浪費，我們可以針對需求，宣告各種不同長度的一維陣列，然後將指向這些陣列的指標儲存於陣列中，如此一來就可以建立所需的二維陣列，又可以避免空間無謂的浪費，如下頁圖：

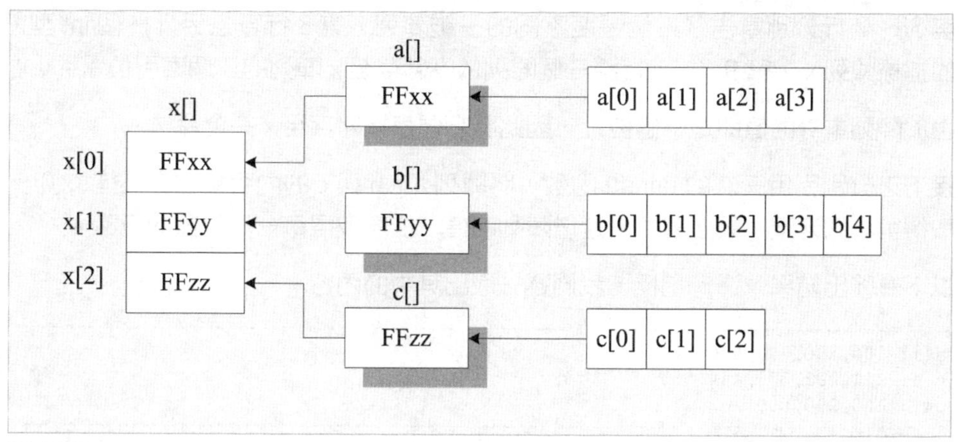

圖 11-7

圖中間的三個矩形方塊分別代表一個特定長度的一維陣列，其中的位址，指向此一維陣列，由於是獨立的陣列，因此本身可以根據需求定義所需的長度，我們只要定義三個長度分別為 4、5 以及 3 的三個一維陣列，然後將這三個一維陣列的指標儲存至一個預先宣告的陣列 x 即可。

經由此種方式的架構設計，只要透過指標，就可以讓 x 陣列的每一個元素，指向特定的陣列，達到建立不規則二維陣列的目標。

範例 11-7 儲存指標元素的陣列

p1107_dimpt

```
001  #include <stdio.h>
002
003  int main()
004  {
005      int a[] = {100, 200, 300, 400};
006      int b[] = {111, 222, 333, 444, 555};
007      int c[] = {100, 300, 500};
008      int *x[3];
009      x[0] = a;
010      x[1] = b;
011      x[2] = c;
012
013      printf("a[]: %d,%d,%d,%d \n", *x[0], *(x[0] + 1),
014              *(x[0] + 2), *(x[0]+ 3));
015      printf("b[]: %d,%d,%d,%d,%d \n", *x[1],
016              *(x[1] + 1), *(x[1] + 2), *(x + 3),*(x[1] + 4));
017      printf("c[]: %d,%d,%d \n", *x[2], *(x[2] + 1), *(x[2] + 2));
018      return 0;
019  }
```

第 5 ～ 7 行分別宣告了三個長度不同的一維陣列，第 8 行宣告另外一個 int 型態的指標陣列 x ，第 9 ～ 11 行將三個陣列依序儲存至 x 陣列的三個索引位置。

由於陣列本身的值即是一個位址，因此將它們直接儲存至 x 完全合法。

接下來分別引用三次的 printf() 函數，將陣列 a、b 與 c 的內容輸出，透過 *x[0] ，取得第一個元素，緊接著逐一遞增陣列的值，依序取得每一個位置的元素。

以下為輸出結果，透過指標，我們逐一取出其中的內容：

```
a[]: 100,200,300,400
b[]: 111,222,333,444,555
c[]: 100,300,500
```

稍早針對如何透過指標存取陣列元素的原理，做了相關的說明，讀者在這裡應該可以很容易理解，其中用來取得陣列元素的作法。

從這個範例中，我們看到了儲存指標的一維陣列與不規則的二維陣列的關聯，事實上，二維陣列還可以運用在字串陣列的儲存上，後續討論字串的過程將針對這一部分進行說明。

11.4 指標與二維陣列

完成上述的討論，現在我們來看看二維陣列與指標的關係。

11.4.1 二維陣列位址

我們在討論陣列的時候曾經提及，二維陣列其實只是將一維陣列當作其陣列元素的一種陣列結構，當你宣告一個典型的二維陣列，如下式：

```
int x[3][4] ;
```

原理同一維陣列，其中第一個元素 x[0][0] 的位址，剛好是陣列的位址，同時也是它所儲存的值。

假設有一個二維陣列宣告如下頁：

```
int x[2][3]= {{100,200,300},{111,222,333}} ;
```

這個二維陣列 x 的第一個元素 x[0][0] ，是第一個一維陣列中的第一個元素 100，它的位址等同於陣列 x 本身的位址，也是它的值，原理與一維陣列完全相同，下圖說明這個陣列的結構：

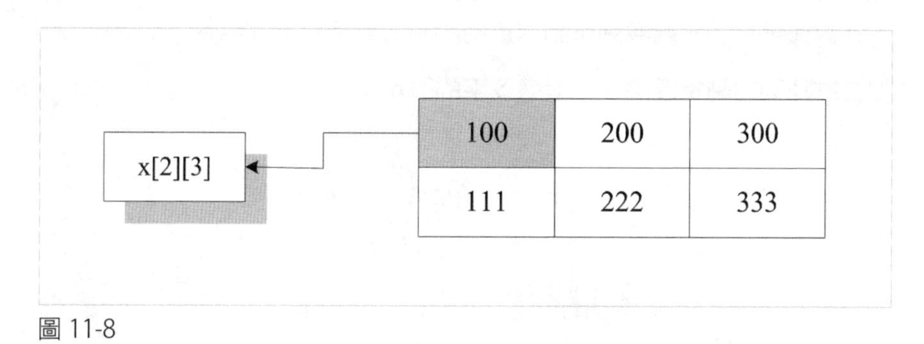

圖 11-8

我們來看一個範例：

範例 11-8 二維陣列與指標

p1108_pttd

```
001  #include <stdio.h>
002
003  int main()
004  {
005       int x[2][3]= {{100,200,300},{111,222,333}} ;
006       printf("x[0][0] 位址：%p \n",&x[0][0])  ;
007       printf("x 位址：%p \n",&x)  ;
008       printf("x 的值：%p \n",x)  ;
009       return 0;
010  }
```

第 5 行宣告一個二維陣列，並且初始化其值。

第 6 行取出其中的第一個元素，透過「&」取得這個元素的位址將其輸出，第 7 行取出的是 x 陣列的位址，第 8 行取出的則是 x 本身的值。

```
x[0][0] 位址：0240FF40
x 位址：0240FF40
x 的值：0240FF40
```

比較一下這三個值，內容完全相同，你可以發現二維陣列事實上與一維陣列無論結構與組成原理，並沒有什麼差異，唯一不同之處在於前者儲存了一維陣列。

11.4.2 二維陣列的指標運算

在討論一維陣列的時候，我們透過逐一遞增指標的值，來取得每一個索引位置的元素，對於二維陣列，原理還是相同，只是二維陣列的元素是一維陣列，因此遞增指標的值，會逐一往下一個元素的位置移動，當第一個一維陣列到達最後一個位置，就會往第二個一維陣列移動，直到所有的元素巡覽完畢。

不要被二維陣列的結構混淆了，考慮以下的圖示：

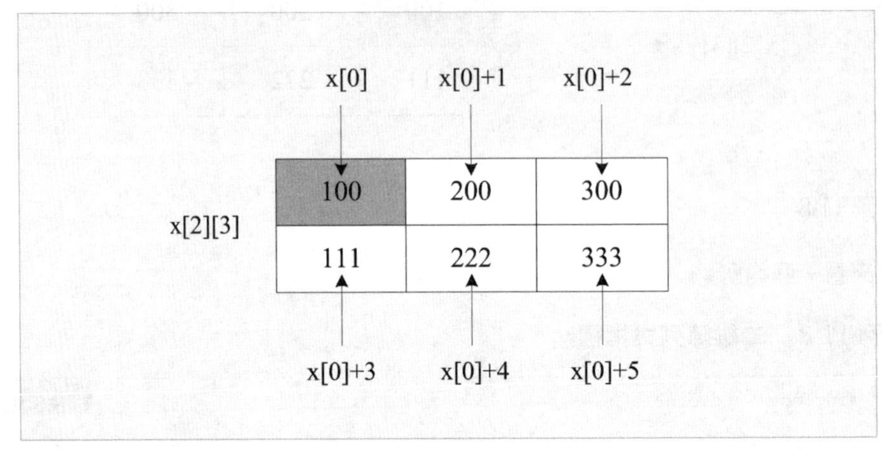

圖 11-9

有了概念之後，現在我們再透過一個範例進行相關的說明：

範例 11-9 二維陣列與指標運算

p1109_pttdop

```
001  #include <stdio.h>
002
003  int main()
004  {
005      int x[2][3] = {{100, 200, 300}, {111, 222, 333}};
006
007      int a00 = *x[0];
008      int a01 = *(x[0] + 1);
009      int a02 = *(x[0] + 2);
010
011      int a10 = *(x[0] + 3);
012      int a11 = *(x[0] + 4);
013      int a12 = *(x[0] + 5);
014
015      printf("x[0] 的元素：%d,%d,%d\n", a00, a01, a02);
016      printf("x[1] 的元素：%d,%d,%d\n", a10, a11, a12);
```

```
017
018     return 0;
019 }
```

第 5 行宣告了一個測試用的 2x3 二維陣列，並且初始化其值。

第 7 行，透過索引值 0，取出第一個元素，也就是初始化時內容為 100、200 與 300 的陣列，這是一個指標，其位址對應到其中的第一個元素，然後透過「*」將其轉換成為真正對應的值 100。

第 8 行與第 9 行，分別透過加 1 與加 2，逐一取得陣列的第二個與第三個值。

第 11 行開始加上 3 則是將目前的索引位置移至第二個陣列的第一個索引位置元素，餘下的依此類推。

```
x[0] 的元素：100,200,300
x[1] 的元素：111,222,333
```

從執行結果當中，我們看到了如何透過陣列元素的加法運算來取得二維陣列中的各元素值，事實上，你也可以透過以下的語法來取得第二個一維陣列的值：

```
001  int b10 = *x[1];
002  int b11 = *(x[1]+1);
003  int b12 = *(x[1]+2);
```

由於 x[1] 表示第二個一維陣列，因此會從第二個陣列的第一個值開始讀取。同樣的，我們透過圖示說明這個範例的運算，如下：

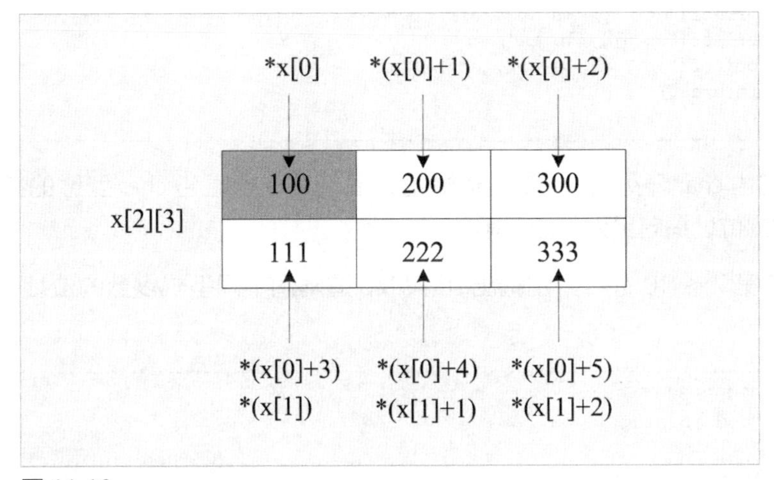

圖 11-10

如你所見，只要依序遞增相關的值，就可以逐一取得二維陣列中的所有陣列元素，一維陣列的原理在這裡同樣適用。

11.5 字串與陣列指標

完成陣列的討論，緊接著我們繼續來看與陣列有密切關係的字串。

C 語言沒有字串型態的資料，它透過字元陣列處理字串，既然是陣列，我們就可以透過指標來處理字串，考慮以下的程式碼：

```
001     char str[]="ABCDE" ;
002     char *strp = "abcde" ;
```

第 1 行是典型的 char 陣列，第 2 行將字串指定給「指標變數」strp ，這兩行都是合法的語法，特別是其中的第 2 行，由於陣列本身所儲存的值便是一個位址資訊，因此可以直接指定給指標變數，接下來就可以直接將 strp 當作字串使用。

範例 11-10　字串

p1110_strarray

```
001  #include <stdio.h>
002
003  int main()
004  {
005      char str[] = "good morning ";
006      char *cp = "wwww.google.com";
007      printf("str 位址 :%p \n", str);
008      printf("str  值 :%s \n", str);
009      printf("cp 位址 :%p \n", cp);
010      printf("cp   值 :%s \n", cp);
011      return 0;
012  }
```

第 5 行宣告 char 陣列 str ，並且初始化其值。第 6 行宣告 char 型態的指標變數 *cp ，它的位址指向另外一個字串。

接下來的第 7 ~ 10 行，分別輸出 str 與 *cp 這兩個不同型式變數的位址與相對應的值。

```
str 位址 :0240FF50
str  值 :good morning
cp 位址 :0040121E
cp   值 :wwww.google.com
```

從上述的輸出結果，我們看到了字串可以被直接指定到一個宣告為 char 的「指標變數」。

除了單一的字串，如果你想要建立一個字串陣列，可以直接透過指標變數的陣列進行宣告，就如同一般的 char 陣列，不過由於指標本身就可以表示一維陣列，因此一維的指標陣列就可以直接處理，來看看以下的程式碼：

```
001  char str[3][3]={"AAA","BBB","CCC"} ;
002  char *cp[3] = {"aaa","bbb","ccc"} ;
```

第 1 行是傳統的二維字元陣列，它可以用來儲存數個字串，第 2 行則是以指標陣列儲存字串，我們來看一個範例，示範實際的作法，並且逐一取出其中的字串內容。

相關的原理在上述討論陣列的指標元素時，就已經做了說明，只是這裡的陣列所儲存的元素是字串，由於每一個字串的長度並不相同，就如同長度不等的一維陣列所構成的不規則二維陣列。

範例 11-11 字串陣列

p1111_strarrayd

```
001  #include <stdio.h>
002  
003  int main()
004  {
005      int i = 0;
006      char str[3][10] = {"TAIWAN", "CHINA", "JAPAN"};
007      char *cp[3] = {"USA", "Italy", "Singapore"};
008      for (i = 0; i < 3; i++) {
009        printf("%s ", str[i]);
010      }
011      printf("\n");
012      for (i = 0; i < 3; i++) {
013        printf("%s ", cp[i]);
014      }
015      return 0;
016  }
```

第 6 行宣告了一個二維陣列 str ，其中儲存了三個字串。第 7 行宣告一個一維指標陣列 cp ，其中同樣儲存了三個字串。

第 8 行開始的 for 迴圈，逐一取出 str 陣列中的字串。第 12 行開始的 for 迴圈，則逐一取出 cp 陣列中的字串。

下頁列舉輸出結果：

```
TAIWAN CHINA JAPAN
USA Italy Singapore
```

如你所見，透過「指標變數」取得字串陣列要比一般的字元陣列來得方便，只要一維指標陣列就可以完成相關的字串處理作業。

結論

結束這一章的課程，我們完整討論了指標的相關議題，讀者現在對於指標應該具備了足夠的理解，同時也瞭解陣列與指標的關聯，甚至可以將其應用在不規則二維陣列的設計上面。接下來，我們要討論兩種特殊的資料型態—結構與列舉，讓你可以很方便的處理一群不同型態的資料，並且對其進行存取。

摘要

11.1
- 陣列的位址，與其中第一個元素的位址相同。
- 陣列本身存放了它自己的位址資訊，這是一個常值無法被修改。

11.2
- 逐一遞增陣列位址的值，就可以取得所有的陣列元素位址。
- 透過「*」的轉換，可以取得每一個位址所對應的元素值。
- 直接變更陣列位址的值並不合法。
- 將陣列值指定給一般的指標變數，就可以透過變數進行修改。
- 指標變數本身可以被當作元素，儲存於陣列中。

11.3
- 透過陣列的指標特性，我們可以經由儲存指標的方式，建立一個不規則的二維陣列。

11.4
- 二維陣列的位址是第一個元素 x[0][0] 的位址。
- 遞增二維陣列指標的值，會逐一巡覽每一個一維陣列的元素。

11.5
- 字串是字元陣列，因此可以透過指標進行字串的維護處理。
- 字串陣列，可以直接透過指標型式的陣列進行宣告，並且以一維陣列結構儲存字串值，就如同不規則二維陣列。

學習評量

11.1

1. 陣列與一般型態變數的位址差異為何？
2. 承上題，陣列本身的值為何？它與陣列的位址有何關聯？

11.2

3. 考慮以下的程式碼：

```
001  int a[]={100,200,300}    ;
002  printf("  a：%p , a[0]:%p \n",a,&a[0])  ;
003  printf("a+1：%p , a[1]:%p \n",a+1,&a[1])  ;
004  printf("a+2：%p , a[2]:%p \n",a+2,&a[2])  ;
```

假設部分輸出結果如下：

```
  a：1020 ,  a[0]:
a+1：1024 , a[1]:
a+2：1028 , a[2]:
```

請填滿右邊的內容。

4. 承上題，將輸出的程式碼修改如下：

```
001  int a[]={100,200,300}    ;
002  printf("  a：%p , a[0]:%d \n",a,*a)  ;
003  printf("a+1：%p , a[1]:%d \n",a+1,*(a+1))  ;
004  printf("a+2：%p , a[2]:%d \n",a+2,*(a+2))  ;
```

同樣的，假設部分輸出結果如下：

```
  a：1020 , a[0]:
a+1：1024 , a[1]:
a+2：1028 , a[2]:
```

請填滿右邊的內容。

5. 承上兩題，請說明這兩題的輸出結果。

6. 考慮以下的程式碼：

```
001  double d[]={111.11,222.22};
002  d=600  ;
```

執行這兩行程式碼會出現什麼問題，請說明之。

7. 假設有一個陣列 x 如下：

```
int x[]={100,200,300,444,555,666}    ;
```

取得此陣列的值如下式：

```
int *pt = x  ;
```

現在，執行以下的迴圈：

```
for(i=0;i<3;i++)
pt++  ;
```

請問如果輸出 *pt 的值，如下式，結果為何？請說明原因。

```
printf("%d",*pt)  ;
```

11.3

8. 底下的程式碼宣告了一個陣列，請說明它所能儲存的元素型態。

```
int  *pt[i]  ;
```

9. 考慮以下的陣列結構：

0	1	2	3
0	1		
0	1	2	

宣告一個 3x4 的二維陣列儲存其中的元素，如下式：

```
int xarray[3][4] ;
```

請說明 xarray 用來儲存上述表格的元素，有什麼問題。

10. 承上題，假設不規則二維陣列的內容如下：

100	200	300	400
123	456		
777	888	999	

請建立一個陣列，在不浪費任何空間的前提下，儲存這些元素的內容。

11.4

11. 考慮一個 4x3 的二維陣列 darray，其中每一個元素的位址如下表所示：

0022FF40	0022FF44	0022FF48
0022FF4C	0022FF50	0022FF54
0022FF58	0022FF5C	0022FF60
0022FF64	0022FF68	0022FF6C

現在，假設我想要輸出 darray 的位址，程式如下：

```
printf("%p\n ",&x   )  ;
```

請說明這一行程式碼的輸出值是多少？原因為何？

12. 承上題，假設陣列內容值如下：

```
int darray[4][3]={{100,200,300},{123,456,789},
                {111,222,333},{1000,2000,3000} }    ;
```

我們打算透過陣列指標，進行其中元素的存取，考慮以下的程式碼：

```
001  for(i=0;i<6;i++)
002  {
003      int k=i+2    ;
004      printf("%d,",*(x[0]+k))    ;
005  }
```

請列舉這個迴圈所輸出的值為何？

13. 承上題，簡述為何有如此的輸出結果？

11.5

14. 考慮以下兩行程式碼：

```
001   char str[]="ABCDE" ;
002   char *strp = "ABCDE" ;
```

請說明其中的 str 與 strp 這兩個變數的差異為何？

15. 承上題，無論 str 或是 *strp 均是合法的字串變數，請說明如下式的輸出，會得到何種結果？

```
001   printf("%p\n",strp) ;
002   printf("%s\n",strp) ;
```

16. 假設有一個表格如下，其中儲存了六個字串：

TAIWAN	AMERICAN	CHINA
KOREA	ENGLAND	JAPAN

請宣告一個一維陣列儲存這個表格的內容。

12 結構與列舉型態

本章針對「結構」與「列舉」這兩種特殊的資料型態進行討論，其中「結構」讓你可以根據自己的需求定義 struct 型態的資料結構，用以處理數種不同型態的資料，而「列舉」則是用來管理一群特定的常數。當你有一群不同型態的資料或是整數常數需要歸納整理，本章課程所討論的技術將非常有用。

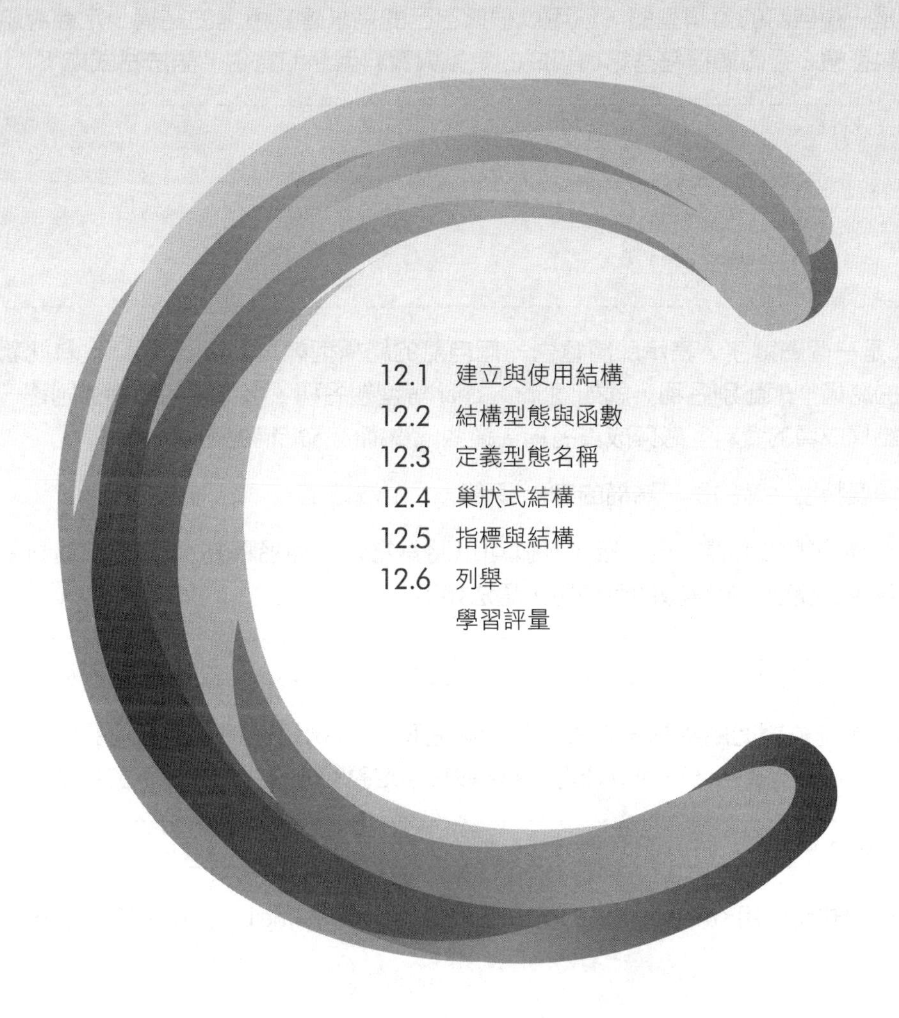

12.1 建立與使用結構

相較於陣列，結構（structure）可以讓你處理各種不同型態的資料，這對於複雜的資料處理相當有用，有了結構，你不需要為了處理不同型態的資料，宣告各種特定型態的變數或是陣列，我們先來看看結構的用途，再從結構的宣告與定義開始討論。

12.1.1 建立結構

結構是一種自訂的資料型態，你可以根據自己的需求建立所需的結構，定義專屬的資料型態，這個過程包含結構組成的定義與資料型態的宣告，語法格式如下：

```
struct stname
{
        type1 membername1 ;
        type2 membername2 ;
        …
        typen membernamen ;
} ;
```

struct 是一個關鍵字，表示即將宣告一個自訂的結構型態，緊接著 stname 為此新建立的結構型態識別名稱，就如同 int、char 等型態名稱，接下來的大括弧則逐一列舉結構成員的資料型態與成員名稱，這些成員構成了結構的內容。

另外，要特別注意的是，結構的宣告最後以「;」做結尾。

完成結構的組成定義之後，接下來就可以將其當作一種名稱為 stname 的資料型態，宣告此種型態的變數即可使用，語法如下：

```
struct stname sta ;
```

stname 是前述說明結構語法定義時的示範名稱，sta 則是使用這個結構的變數名稱，完成這一行宣告後就可以透過 sta 存取其中定義的成員，例如以下的程式碼：

```
sta.membername1  ;
```

這一行程式碼引用 stname 結構的第一個成員 membername1，你可以將一個符合其型態 type1 的值指定給這個成員，或是從這個成員取出其中所儲存的值，就如同一般的變數。

有了結構的使用概念，接下來透過一個範例做說明，在此之前，假設我們要處理以下三本書的資料：

title	ISBN	price	pages	author
VB 2008	123-456-789-00-11	550	600	Tom
Java 6	123-456-789-00-22	650	750	Jacky
SCJP 6	123-456-789-00-33	590	650	Bruce

表格中的每一列儲存了一本書的相關資料，包含「書名」、「ISBN」以及「價格」等等，你很難利用一般的二維陣列來處理這個表格，因為其中包含了整數與字串等兩種不同型態的資料。

下面的範例實作處理表列書籍資料所需的結構：

範例 12-1 結構示範

p1201_structbook

```
001  #include <stdio.h>
002  #include <string.h>
003
004  int main()
005  {
006      struct book
007      {
008        char title[24];
009        char ISBN[18];
010        int price;
011        int pages;
012        char author[24];
013      }; // b ;
014      struct book b;
015      strcpy(b.title, "VB 2008");
016      strcpy(b.ISBN, "123-456-789-00-11");
017      b.price = 550;
018      b.pages = 600;
019      strcpy(b.author, "Tom");
020
021      printf(" title:%s \n ISBN:%s \n price:%d \n pages:%d \n author:%s \n",
022             b.title, b.ISBN, b.price, b.pages, b.author);
023      return 0;
024  }
```

第 6 ~ 13 行定義一個 book 結構，其中包含五個成員，用來儲存上述表列的書籍資料，其中的成員根據所要儲存的資料，定義了不同的型態，包含字元陣列與 int 整數。

第 14 行宣告一個 book 結構變數 b ，緊接著第 15 行開始，透過變數 b 以「.」連接成員名稱，然後將資料逐一指定給結構中的各個資料成員，title、ISBN 與 author ，並以 strcpy() 函數執行字串的設定，price 與 pages 為整數型態，則直接將整數值指定給成員。

第 22 行依序透過變數 b 經由「.」連接成員名稱，取得每個成員的值，輸出於畫面上。

```
title:VB 2008
ISBN:123-456-789-00-11
price:550
pages:600
author:Tom
```

經過上述的說明，相信讀者對於如何使用結構已經有了初步的瞭解，如你所見，透過結構可以很方便的組織與管理一群相關但是型態不同的資料。

如果需要處理的資料很多，這個範例的寫法便顯得相當累贅，你可以選擇透過初始化直接建立結構資料，下一節針對這一部分做說明。

12.1.2 初始化結構成員

結構成員可以在宣告結構變數的時候直接初始化，這種作法與陣列類似，以上述的書籍資料為例，所需的語法結構如下：

```
struct book b1={"VB 2008","123-456-789-00-11",550,600,"Tom"};
```

只要依據成員定義的順序，依序填入所需的值即可，不過你還是必須注意填入的值是否確實符合成員的型態。

範例 12-2 結構成員初始化

p1202_smemberi

```
001  #include <stdio.h>
002
003  int main()
```

```
004  {
005      struct book
006      {
007        char title[24];
008        char ISBN[18];
009        int price;
010        int pages;
011        char author[24];
012      };
013      struct book b1 = {"VB 2008", "123-456-789-00-11", 550, 600, "Tom"};
014      struct book b2 = {"Java 6", "123-456-789-00-22", 650, 750, "Jacky"};
015      struct book b3 = {"SCJP 6", "123-456-789-00-33", 590, 650, "Bruce"};
016
017      printf("title:%s ISBN:%s price:%d pages:%d author:%s \n", b1.title,
018        b1.ISBN, b1.price, b1.pages, b1.author);
019      printf("title:%s ISBN:%s price:%d pages:%d author:%s \n", b2.title,
020        b2.ISBN, b2.price, b2.pages, b2.author);
021      printf("title:%s ISBN:%s price:%d pages:%d author:%s \n", b3.title,
022        b3.ISBN, b3.price, b3.pages, b3.author);
023      return 0;
024  }
```

第 13 ~ 15 行，宣告三個 book 結構變數，並且直接初始化，依序指定所需的成員值。

接下來從第 17 行開始，逐一輸出上述初始化過程所設定的值。

```
title:VB 2008 ISBN:123-456-789-00-11 price:550 pages:600 author:Tom
title:Java 6 ISBN:123-456-789-00-22 price:650 pages:750 author:Jacky
title:SCJP 6 ISBN:123-456-789-00-33 price:590 pages:650 author:Bruce
```

透過直接初始化的設定，我們不需要針對每個成員設定其所需的值，即可完成結構內容的建立。

另外一方面，宣告變數也可以直接在結構完成定義時緊接著設定，以上述範例中的 book 結構為例，底下是需要的語法：

```
001     struct book
002     {
003             char title[24]  ;
004             char ISBN[18] ;
005             int price ;
006             int pages ;
007             char author[24] ;
008     }   b  ;
```

其中第 8 行緊接著大括弧的變數 b 是一個完成宣告的 book 結構變數，它與下頁獨立宣告的效果相同。

```
struct book b  ;
```

當然，你也可以在其中直接初始化結構的內容：

```
001     struct book
002     {
003             char title[24]  ;
004             char ISBN[18] ;
005             int price ;
006             int pages ;
007             char author[24] ;
008     }   b {"VB 2008","123-456-789-00-11",550,600,"Tom"}  ;
```

第 8 行的效果，與獨立一行初始化的效果依然相同。

如果要定義一個全新的結構變數，它的內容與原有的結構變數內容相同，直接將其設定給新建立的結構變數即可，原理同一般的變數，來看以下的範例：

範例 12-3 結構指定

p1203_structcopy

```
001  #include <stdio.h>
002
003  int main()
004  {
005      struct book
006      {
007        char title[24];
008        char ISBN[18];
009        int price;
010        int pages;
011        char author[24];
012      };
013      struct book b = {"VB 2008", "123-456-789-00-11", 550, 600, "Tom"};
014      struct book bx;
015      bx = b;
016      printf("title:%s ISBN:%s price:%d pages:%d author:%s \n",
017             bx.title, bx.ISBN,bx.price, bx.pages, bx.author);
018      return 0;
019  }
```

第 13 行宣告的 book 變數 b 直接進行初始化，第 14 行宣告另外一個 book 變數 bx ，第 15 行將 b 指定給 bx ，第 16 行的 printf() 函數輸出 bx 的內容。

```
title:VB 2008 ISBN:123-456-789-00-11 price:550 pages:600 author:Tom
```

這個執行結果同 b 定義的內容。

12.1.3 結構陣列

我們透過宣告數個結構變數來描述所要處理的書籍資料，針對這種情形，事實上你也可以建立一個結構陣列，如此一來程式碼可以變得更為簡潔，同時也更容易維護。

結構本身也是一種型態，就如同 int 或是 char ，只是它由使用者自行定義，當你完成結構的定義之後，透過以下的語法即可建立此結構的陣列：

```
struct book books[6]  ;
```

這一行程式執行完畢之後，變數 books 就是一個 book 結構的陣列，它可以儲存六筆書籍資料，接下來只要完成每一個結構的內容，再逐一儲存至 books 的指定索引位置即可。

結構陣列中的每一個元素，都是一個獨立的結構，例如 books 的每一個元素都是一個 book 結構，當你要對其特定的元素進行存取，同樣的，經由索引存取即可順利完成所需的作業，例如以下這一行程式碼：

```
books[0].title
```

這會取得 books 結構陣列中，第一個 book 結構的 title 成員，接下來無論設值或是取值，作法均與單一結構變數相同。

將所要處理的結構配置於陣列中，可以方便我們對其進行存取，避免撰寫大量的程式碼，接下來我們透過一個範例進行說明：

範例 12-4 結構陣列

p1204_structarray

```
001  #include <stdio.h>
002  #include <string.h>
003
004  int main()
005  {
006        int i = 0  ;
```

```
007        struct book
008        {
009            char title[24]  ;
010            char ISBN[18] ;
011            int price ;
012            int pages ;
013            char author[24] ;
014        }  ;
015        struct book books[3]   ;
016
017        strcpy(books[0].title,"VB 2008");
018        strcpy(books[0].ISBN,"123-456-789-00-11");
019        books[0].price=550 ;
020        books[0].pages=600 ;
021        strcpy(books[0].author,"Tom");
022
023        strcpy(books[1].title,"Java 6");
024        strcpy(books[1].ISBN,"123-456-789-00-22");
025        books[1].price=650  ;
026        books[1].pages=750 ;
027        strcpy(books[1].author,"Jacky");
028
029        strcpy(books[2].title,"SCJP 6");
030        strcpy(books[2].ISBN,"123-456-789-00-33");
031        books[2].price=590 ;
032        books[2].pages=650 ;
033        strcpy(books[2].author,"Bruce");
034
035        for(i=0;i<3;i++)
036        {
037             printf("title:%s ISBN:%s price:%d pages:%d author:%s \n",
038                    books[i].title,books[i].ISBN,
039                    books[i].price,books[i].pages,books[i].author)  ;
040        }
041        return 0;
042   }
```

這個範例繼續使用前述範例的書籍資料，第 15 行宣告一個長度 3 的 book 陣列，接下來則依序透過索引，將所需的值指定給陣列中第一個結構的成員，接下來針對其它兩個元素進行相同的設定，由於內容相似，為了節省篇幅這裡不再列出，請自行檢視程式碼。

第 35 行開始的 for 迴圈，依序取出陣列中的三個結構內容。

輸出結果同稍早討論結構初始化的範例，請自行執行看看，這裡就不再列出。讀者可以從這個範例當中看到，經由迴圈我們就可以直接取出陣列中的所有結構，如同一般的資料型態，對於大量的結構型態資料處理相當方便。

12.1.4 全域結構

結構變數同樣可以定義在函數外部，如此一來，就可以讓其它的函數使用，我們直接透過範例進行說明。

範例 12-5 全域結構

p1205_gstruct

```
001  #include <stdio.h>
002
003  struct book
004  {
005        char title[24]  ;
006        char ISBN[18] ;
007        int price ;
008        int pages ;
009        char author[24] ;
010  } ;
011  int main()
012  {
013        struct book b={"VB 2008","123-456-789-00-11",550,600,"Tom"}  ;
014        printf("title:%s ISBN:%s price:%d pages:%d author:%s \n",
015               b.title,b.ISBN,
016               b.price,b.pages,b.author)  ;
017        return 0;
018  }
```

有了前述範例的經驗，相信讀者對這個範例應該相當熟悉，其中唯一要注意的是 book 結構定義在 main() 函數的範圍外部，也就是其中以網底標示的第 3 ～ 10 行，如此一來，檔案中所有函數都可以同時使用這個結構。

到目前為止，我們完成了結構的初步討論，你應該可以發現，結構除了必須是一種由使用者自訂內容的型態，它的行為與一般的資料型態無異，因此接下來我們針對一般變數的使用會遇到的狀況，來看看結構的作法。

12.2 結構型態與函數

結構是合法的型態，將它當作參數在函數之間傳遞同樣沒有問題，只需注意函數的宣告即可，下頁是宣告一個包含結構型態引數的函數語法：

```
001  void funname(struct stname sb)
002  {
003     …
004  }
```

這是一個具備結構型態引數的函數，其中的引數以 struct 關鍵字宣告，stname 是結構的名稱，而 sb 則是結構變數，它承接外部的結構型態參數。

完成上述的宣告之後，接下來就可以將結構當作參數傳入，執行函數的內容，接下來將示範相關的應用：

範例 12-6 結構型態引數

p1206_funstruct

```
001  #include <stdio.h>
002
003  struct book
004  {
005      char title[24];
006      char ISBN[18];
007      int price;
008      int pages;
009      char author[24];
010  };
011  void showStruct(struct book);
012  int main()
013  {
014      struct book b = {"VB 2008", "123-456-789-00-11", 550, 600, "Tom"};
015      showStruct(b);
016      return 0;
017  }
018  void showStruct(struct book sb)
019  {
020      printf("title:%s ISBN:%s price:%d pages:%d author:%s \n",
021           sb.title,sb.ISBN,
022      sb.price, sb.pages, sb.author);
023  }
```

第 3 行定義 book 結構的內容成員，由於它獨立存在，因此檔案中的任何函數都可以使用這個結構型態。

第 11 行宣告一個名稱為 showStruct() 的函數原型，其中接受一個 book 結構引數。

第 18 行定義 showStruct() 的內容，其中的結構引數名稱為 sb ，第 20 行開始，透過 sb 存取結構成員，並且將其值輸出於畫面。

第 12 行開始的 main() 函數中，第 14 行建立一個 book 結構 b ，並且完成其初始化作業，接下來引用 showStruct() ，將 b 當作參數傳入，最後於畫面輸出結構的內容。

showStruct() 將結構內容的列舉輸出功能集中於函數，因此只要將一個結構變數傳入即可完成輸出的動作，這是函數重複引用的好處。

接下來我們來看看回傳值，同樣的，你也可以回傳一個結構型態的資料，只要在宣告與定義的時候，指定回傳結構的型態，並且以 return 在函數結束的時候回傳即可。

接下來另外加入一個函數，用來回傳整理好的 book 結構。

範例 12-7 回傳結構型態

p1207_funstructr

```
001  #include <stdio.h>
002  #include <string.h>
003
004  struct book
005  {
006      char title[24];
007      char ISBN[18];
008      int price;
009      int pages;
010      char author[24];
011  };
012  void showStruct(struct book);
013  struct book getStruct(char title[], char ISBN[], int, int, char author[]);
014  int main(void)
015  {
016      struct book b = getStruct("VB 2008", "123-456-789-00-11", 150, 600,
017        "Tom");
018      showStruct(b);
019      return 0;
020  }
021  void showStruct(struct book sb)
022  {
023      printf("title:%s ISBN:%s price:%d pages:%d author:%s \n", sb.title,
024        sb.ISBN,
025              sb.price, sb.pages, sb.author);
026  }
027  struct book getStruct(char title[], char ISBN[], int price, int pages,
028     char author[])
029  {
030      struct book bookreturn;
031      strcpy(bookreturn.title, title);
032      strcpy(bookreturn.ISBN, ISBN);
033      bookreturn.pages = pages;
034      strcpy(bookreturn.author, author);
035
036      if (price < 300)
037      {
038        bookreturn.price = 300;
```

```
039     }
040     else
041     {
042       bookreturn.price = price;
043     }
044     return bookreturn;
045 }
```

這個範例的內容與上述討論函數引數的範例 12-5 有部分重複，不過為了方便檢視，這裡將其全部列出。

第 12 ~ 13 行宣告 getStruct() 原型，回傳 book 結構型態，並且接受建立 book 結構所需的五個引數。

第 27 行是 getStruct() 的內容，第 30 行宣告一個用來回傳的 book 結構型態變數 bookreturn ，第 31 ~ 34 行，逐一將除了 price 之外的引數內容設定給 book 結構的成員。

第 36 行開始是 if 判斷式，檢視 price 是否小於 300，是的話第 38 行將 price 成員設為 300，避免指定了過低的書籍價格，第 42 行則是 price 高於 300 時，直接將其設定給 price 成員。

最後將設定好的 book 結構變數 bookreturn 回傳。

現在回到 main() 函式中，第 16 ~ 17 行，將建立 book 結構所需的資料傳入 getStruct() 取得回傳值。

在這個範例中，我們示範了回傳結構型態的函數，而你也看到了，當我們在建立結構內容資料的過程中，如果需要其它的運算邏輯，可以將相關的功能寫在函數裡面，如此一來，只要每一次建立結構資料的時候，將資料傳入即可，不用重複針對每一次的資料執行重複的邏輯程式碼。

12.3 定義型態名稱

從上述使用結構的過程中你應該可以發現，相較於一般 C 語言內建的型態，結構的使用稍嫌麻煩，以函數為例，當你宣告一個具有結構型態引數的函數時，必須透過下頁的語法：

```
void showStruct(struct book sb)
{
        ...
}
```

在 showStruct() 這個函數中，必須以 struct 標示這是一個結構型態的引數，同時還要指定結構型態的名稱 book ，然後才是變數 sb。

我們可以透過 typedef 預先定義，讓自訂的結構型態變成內建的資料型態，如此一來，就可以直接以自訂的名稱來引用結構，以下是所需的語法：

```
typedef datatype typename  ;
```

其中的 typedef 是關鍵字，以此為開頭，接下來的 datatype 是資料型態名稱，最後 typename 為自訂的型態名稱。

以前述所討論的 book 結構為例，我們將其重新定義一個新的名稱如下：

```
typedef struct book KBOOK  ;
```

KBOOK 是 book 的別名，當這一行執行完畢之後，接下來就可以直接在程式中使用這個名稱來宣告結構變數。

範例 12-8 typedef 示範

p1208_typedef

```
001  #include <stdio.h>
002
003  int main()
004  {
005      struct book
006      {
007        char title[24];
008        int price;
009      };
010      typedef struct book kbook;
011      kbook Kb = {"VB 2008", 680};
012      printf("title:%s ,pages:%d \n ", Kb.title, Kb.price);
013      return 0;
014  }
```

這個範例簡化了結構的內容定義，將重點放在 typedef 的運用。

第 10 行以 typedef 宣告 book 結構變數 kbook ，並且以此為型態名稱，第 11 行宣告其變數 Kb 並且直接初始化。

第 12 行輸出結構成員的內容。

```
title:VB 2008 ,pages:680
```

如你所見，typedef 可以簡化程式碼，透過此種方式定義，結構變數的用法與一般型態變數宣告無異。

typedef 還可以直接在結構定義時完成型態名稱的宣告，語法如下：

```
001  typedef struct book
002  {
003    char title[24]  ;
004    int price ;
005  } kbook ;
```

第 1 行以 typedef 關鍵字定義，第 5 行則是指定 kbook 為結構名稱，效果與獨立宣告完全相同，這裡就不再說明。

到目前為止，我們完成了結構型態的基本討論，接下來針對一些更複雜的議題進行說明。

12.4 巢狀式結構

你可以在結構當中，將另外一個結構定義成為其成員，就如同一般型態的成員，例如以下的語法：

```
struct st
{
        struct nestst smember1 ;
        …
} ;
```

在這個語法中，st 是一個結構，而其中的 nestst 亦是一個結構，只是在這裡變成了 st 的成員。

除了是 struct 型態之外，巢狀結構中的巢狀結構成員與一般型態的成員並沒有什麼差異，我們可以將一個結構型態的成員儲存進去，或是將其取出，下頁透過一個範例做說明：

範例 12-9 巢狀式結構

p1209_structnest

```
001 #include <stdio.h>
002 #include <string.h>
003
004 int main()
005 {
006     int i = 0;
007     struct book
008     {
009       char title[24];
010       char ISBN[18];
011     };
012     struct lib {
013       struct book computer;
014       struct book comic;
015     };
016
017
018     struct lib books;
019     strcpy(books.computer.title, "C language");
020     strcpy(books.computer.ISBN, "123456789");
021     strcpy(books.comic.title, "Spider-Man");
022     strcpy(books.comic.ISBN, "1122334455");
023     printf("computer:%s,%s \n",
024             books.computer.title,
025             books.computer.ISBN);
026     printf("comic:%s,%s \n",
027             books.comic.title,
028             books.comic.ISBN);
029     return 0;
030 }
```

第 12 ~ 15 行建立了一個巢狀式的結構 lib ，其中的兩個成員是第 7 行宣告的 book 結構。

第 18 行宣告一個 books 變數，緊接著第 19 ~ 22 行，分別透過「.」連接結構的成員名稱，設定成員的值。

```
computer:C language,123456789
comic:Spider-Man,1122334455
```

執行結果顯示巢狀式結構所取出的值，與一般的結構比較，它只是多了一層，我們可以很容易將其取出。

對於這種巢狀式的結構，你也可以直接對其進行初始化，以此範例的 lib 結構為例，如下頁：

```
001   struct lib libbooks =
002   {
003     {"Java","j123456789"},
004     {"Super-Man","s1122334455"}
005   }  ;
```

這一段程式碼的效果與獨立設定的效果相同。

12.5 指標與結構

前面兩個章節的課程完成了指標的討論，現在我們要運用指標的知識，進行指標與結構的關係說明，同時討論結構陣列與指標的應用。

12.5.1 結構指標

讀者只要將結構當作一般的型態看待，即可很容易理解如何建立指定一個特定結構的指標變數，所需的變數宣告如下：

```
struct xtype *stptname    ;
```

其中的 struct 表示要宣告一個 struct 型態的指標，xtype 為這個結構的型態名稱，例如有一個結構宣告如下：

```
001   struct book
002   {
003     char title[24]   ;
004     char ISBN[18]  ;
005     int price   ;
006   }
```

透過以下的語法，可以宣告一個 book 型態的指標：

```
struct book *b
```

其中的 b 是 book 型態的指標變數，它可以儲存 book 結構的位址資訊，例如以下這一行程式碼：

```
b = &books   ;
```

books 是一個 book 型態結構變數，透過「&」取得其位址，然後透過「=」運算子設定給 b。

更進一步的，我們可以直接透過結構指標，進行結構成員的存取，只要以「->」取代「.」即可，以上述的結構 book 為例，存取其中的 title 成員，所需的語法如下：

```
b->title
```

完成相關語法的討論之後，緊接著來看一個完整的範例說明：

範例 12-10 指標與結構

p1210_structpt

```
001 #include <stdio.h>
002 #include <string.h>
003
004 int main()
005 {
006     struct book
007     {
008       char title[24];
009       char ISBN[18];
010       int price;
011     };
012     struct book books;
013     struct book *b;
014     b = &books;
015     strcpy(b->title, "C language");
016     strcpy(b->ISBN, "11-22-33-44-55");
017     b->price = 590;
018     printf("books 位址：%p \n", b);
019     printf("title=%s \nISBN=%s \nprice=%d",
020             b->title, b->ISBN, b->price);
021     return 0;
022 }
```

第 12 行宣告了一個 book 型態的結構變數 books，第 13 行宣告的 b 則是一個 book 型態的結構指標，透過「&」取得 books 位址，並且將值設定給 b。

接下來的第 15 ～ 17 行，分別設定 book 結構的 title、ISBN 與 price 等三個成員，其中透過「->」完成相關的設定。

第 19 行逐一取出完成設定的成員。

```
books 位址：0240FF20
title=C language
ISBN=11-22-33-44-55
price=590
```

其中的第 1 行取得 books 的位址資訊，接下來則逐一輸出每一個成員的值。

12.5.2 結構陣列與指標

陣列本身的值是一個常數指標，與第一個元素的指標相同，並且可透過加總遞增的運算來取得其中的元素，相同的原理同樣可以運用在結構陣列的存取上。

當我們宣告一個結構陣列如下：

```
struct book books[6]  ;
```

其中 books 本身的值是第一個元素的位址，套用到結構依然適用，我們可以經由這個特性，來取得陣列中的任何一個結構元素。

現在重新修改上述的範例內容，透過指標來存取所儲存的結構元素。

範例 12-11　指標與結構陣列

p1211_structptarray

```
001  #include <stdio.h>
002  #include <string.h>
003
004  int main()
005  {
006      struct book
007      {
008        char title[24];
009        char ISBN[18];
010        int price;
011      };
012      struct book books[2];
013      strcpy(books->title, "C language");
014      strcpy(books->ISBN, "11-22-33-44-55");
015      books->price = 590;
016
017      strcpy((books + 1)->title, "Java");
018      strcpy((books + 1)->ISBN, "123456789");
019      (books + 1)->price = 650;
020
021      printf("books 位址：%p \n", books);
```

```
022      printf("title=%s \nISBN=%s \nprice=%d \n",
023             books->title, books->ISBN,
024             books->price);
025      printf("title=%s \nISBN=%s \nprice=%d",
026             (books + 1)->title, (books + 1)->ISBN,
027             (books + 1)->price);
028      return 0;
029  }
```

第 12 行宣告一個 book 結構陣列，並且定義它的長度為 2。

由於 books 本身儲存了指向第一個結構元素的位址，因此第 13 ～ 15 行透過「->」可以取得第一個結構元素的各項成員，並且將相關的值設定給這些成員。

第 17 ～ 19 行將 books 加 1，取得第二個元素，然後逐一設定其中的成員。

第 21 行開始，透過 books 來取得設定好的結構元素，取出成員的值輸出。

```
books 位址：0240FF00
title=C language
ISBN=11-22-33-44-55
price=590
title=Java
ISBN=123456789
price=650
```

如你所見，透過陣列可以直接取出特定的結構，甚至不需要經由「&」進行轉換。

12.6 列舉

接下來的課程繼續討論本章的第二個重點，另外一種資料型態—列舉，這種資料型態與結構類似，但是它特別針對一群整數常數做處理，我們從列舉的定義以及宣告開始，討論如何運用此種類型的資料型態。

12.6.1 建立列舉

列舉與結構非常類似，架構上則更為簡單，它只是針對一群整數常數做處理，由於我們已經有了結構的知識，因此這裡直接來看列舉的定義以及宣告。

定義列舉必須使用 enum 關鍵字，語法如下：

```
enum ename
{
        ec1 ,
        ec2 ,
        …
        ecn
} ;
```

ename 是列舉的識別名稱，大括弧內部的 ec1 等項目則是列舉常數名稱，這是一個整數，在預設的情形下，列舉常數的第一個成員為 0，接下來逐一遞增，換句話說，當你如同上述宣告一個 ename 的列舉資料型態，則 ec1 將代表 0，ec2 代表 1，以下類推，這些列舉常數的值無法被更改。

列舉的使用相當簡單，只要宣告列舉型態的變數即可，語法如下：

```
enum ename evar  ;
```

其中的 evar 是一個列舉型態變數，完成這一行宣告之後，接下來 evar 這個變數值會是大括弧中所定義的常數值其中之一，以下的程式碼，將列舉常值設定給 evar：

```
evar = ec1 ;
```

接著來看一個範例，其中建立一個列舉型態，用來管理一星期 7 天的名稱：

範例 12-12 列舉示範

p1212_enum

```
001  #include <stdio.h>
002
003  int main()
004  {
005         enum week
006         {
007             mon,
008             tue,
009             wed,
010             thu,
011             fri,
012             sat,
013             sun
014         } ;
015         enum week w  ;
016
017         w = fri  ;
```

```
018         printf("w:%d ",w)   ;
019         return 0;
020   }
```

第 5 ~ 14 行，定義一個名稱為 week 的列舉型態，其中設定了七個常數，分別是星期一到星期日的縮寫，代表 0 ~ 6 的整數。

第 15 行宣告了一個 week 變數 w ，代表 w 的可能值為其中的一個常數，第 17 行將 fri 指定給 w ，w 此時的值為 4。

第 18 行將其輸出，結果如下：

```
w:4
```

enum 方便我們組織一群相關的整數，透過自訂的型態變數以具名常數存取，接著透過另外一個具體的範例做說明：

範例 12-13 列舉值比對

p1213_enumcheck

```
001  #include <stdio.h>
002  #include <string.h>
003
004  int main()
005  {
006      enum week { mon, tue, wed, thu, fri, sat, sun };
007      enum week w;
008      char msg[4];
009      scanf("%d", &w);
010
011      switch (w) {
012      case mon:
013        strcpy(msg, "一");
014        break;
015      case tue:
016        strcpy(msg, "二");
017        break;
018      case wed:
019        strcpy(msg, "三");
020        break;
021      case thu:
022        strcpy(msg, "四");
023        break;
024      case fri:
025        strcpy(msg, "五");
026        break;
027      case sat:
028        strcpy(msg, "六");
```

```
029         break;
030       case sun:
031         strcpy(msg, "七");
032         break;
033       }
034       printf("今天星期 %s", msg);
035       return 0;
036   }
```

第 6 行宣告一個 week 列舉型態。

接下來第 7 行宣告 week 型態變數 w ，第 8 行宣告 char 型態陣列變數 msg ，用來儲存所要顯示的訊息資訊，第 9 行則是引用 scanf() ，要求使用者輸入整數，並且將其指定給 w。

第 11 行開始的 switch 根據 w 的值，判斷其儲存的常數值，然後指定對應的字串給 msg 變數。

第 34 行輸出結果說明。

```
5
今天星期 六
```

在這個輸出的執行結果當中，第 1 行要求使用者輸入一個整數，例如 5，接下來輸出結果值為星期六，讀者可以自行嘗試執行範例，看看各種不同的輸出結果。

這個範例展示了列舉型態資料的典型運用，透過具名的列舉常數，應用程式可以更容易被理解，資料維護也更方便。

12.6.2 列舉常數的設定

列舉如同結構，它可以在完成定義之後直接進行宣告，如下式：

```
001  enum week
002  {
003    mon,tue,wed,thu,
004    fri,sat,sun
005  } week1,week2;
```

第 5 行的 week1 以及 week2 均是 week 列舉變數，可以在程式中被使用。

範例 12-14 列舉設定

p1214_enumset

```
001  #include <stdio.h>
002
003  int main()
004  {
005      enum week { mon, tue, wed, thu, fri, sat, sun } week1, week2;
006      week1 = fri;
007      week2 = thu;
008      printf("week1:%d,week2:%d", week1, week2);
009      return 0;
010  }
```

在這個範例中，第 5 行直接宣告兩個 week 型態變數，第 6 行以及第 7 行將 fri 與 thu 兩個常數值指定給 week1 與 week2，然後第 8 行將其輸出。

```
week1:4,week2:3
```

直接宣告與完成定義之後再另外獨立宣告的效果完全相同。

另外，列舉常數的值並非固定的，你可以在定義的時候對其進行初始化設定，如此一來預設值就會被取代，以下是所需的語法格式：

```
001  enum week
002  {
003    mon=100,
004    tue=200,
005    …
006    sun=700
007  }
```

其中直接針對每個列舉常數設值以取代原始的預設值，我們持續調整上述的範例，來看看初始化的效果：

範例 12-15 列舉初始化設定

p1215_enumconst

```
001  #include <stdio.h>
002
003  int main()
004  {
005        enum week
006        {
007            mon=100,tue=200,
008            wed=300,thu,
009            fri=500,sat=600,
010            sun=700
011        }  week1,week2 ;
```

```
012         week1 = wed ;
013         week2 = thu ;
014         printf("week1:%d,week2:%d",week1,week2)  ;
015         return 0;
016   }
```

第 7 行開始針對每一個列舉常數設值，不過我們特別跳過其中第 8 行的 thu ，來看看它的效果。

第 12 行將 week1 設定為 wed ，第 13 行將 week2 設定為 thu ，第 14 行輸出結果如下：

```
week1:300,week2:301
```

由於 wed 在定義的時候被初始化為 300，因此 week1 輸出值為 300，而 thu 沒有任何設值，它根據前一個列舉常數的值加 1，因此輸出值為 301。

結論

本章針對結構與列舉等兩個重要的特殊型態，進行了完整的說明，相信讀者已經可以透過這些特殊的型態設計，管理一群相關資料。

下一章要來談談檔案的輸出入處理，與本書到目前為止十二個章節不同的地方，在於這個主題牽涉到 C 程式本身以外的東西—外部檔案，其中將針對 C 語言的檔案處理功能進行討論。

摘要

12.1

- 結構是一種自訂的資料型態，允許開發者自行定義資料。
- 關鍵字 struct 支援結構型態的宣告，必須以「;」結尾，完成宣告後結構的識別名稱就變成一種自訂的型態。
- 使用結構之前，必須先以此結構型態名稱宣告型態變數。
- 型態變數透過「.」結合成員名稱可以取出結構成員。
- 結構型態變數支援宣告時的直接初始化。

- 結構本身也是一種型態，同樣可以建立此結構的陣列，每一個獨立的結構都是一個陣列元素。
- 定義在函數外部的結構是一種全域結構，可以為其它的函數所共用。

12.2
- 結構型態同樣可以在函數之間傳遞，只是必須特別指定 struct 關鍵字與自行定義的結構名稱。
- 函數回傳值定義為結構型態是合法的，只是必須指定 struct 關鍵字與自行定義的結構名稱。

12.3
- 透過 typedef 的定義功能，可以將自訂的結構型態變成內建的資料型態，直接以型態的名稱進行引用。

12.4
- 結構支援巢狀式的設計。

12.5
- 透過 struct 與「*」同樣可以建立一個 struct 型態的指標。
- 透過結構指標進行結構成員的存取，只要以「->」取代「.」即可。
- 與一般型態的陣列相同，結構陣列本身的值是第一個元素的位址。

12.6
- 列舉針對一群整數常數做處理，方便我們組織一群相關的整數，然後透過自訂的型態變數以具名常數存取。
- 關鍵字 enum 提供列舉型態的定義功能。
- 列舉如同結構，它可以定義之後直接進行初始化宣告，效果與定義完成之後再進行獨立宣告相同。
- 列舉常數的值並非固定，可以在定義的時候直接初始化以取代預設值。

學習評量

12.1

1. 簡述 struct 關鍵字的功用。
2. 考慮以下的結構 books：

```
001  struct books
002  {
003      char title[120]  ;
004      char ISBN[18] ;
005      int price ;
006  } ;
```

現在，我們想要利用 books 來儲存以下的資料：

title	ISBN	price
Java in action	123-456-789-00-11	550
Programming in C	123-456-789-00-22	650
SCJP 7	123-456-789-00-33	590

請撰寫所需的程式片段，建立 books 型態的變數，試逐一設定 books 成員，將其中第二筆資料「Programming in C」建立成為一筆 books 的資料。

3. 承上題，請建立 books 型態的變數，並且直接初始化其內容，建立表格中第一與第三筆資料。
4. 考慮以下的程式碼，請說明最後一行 x 的意義？

```
001  struct stobj
002  {
003      … /* 結構成員內容 */
004
005  } x ;
```

5. 承上述的第 2 題，請說明以下的這一行程式碼，它的意義為何？

```
struct books barray[3]  ;
```

12.2

6. 承第 2 題的結構 books ，假設想建立函數 bookStruct ，用來建立 books 結構的資料，它需要一個 books 型態的引數，架構如下：

```
void   bookStruct (arg …)
 {
     … /* 函數的內容程式碼 */

 }
```

請完成其中 arg 的設計。

7. 承上題，我們想要修改 bookStruct 這個函數，讓它可以回傳 books 型態的資料，請說明 void 應該如何修改？

12.3

8. 宣告一個特定型態的結構變數相當累贅，以第 2 題的 books 結構為例，請試著宣告一個變數 vbook ，避免在程式中使用 struct 關鍵字。

12.4

9. 考慮以下的程式碼：

```
001   struct animal
002   {
003       char species[120]   ;
004   }  ;
005   struct zoo
006   {
007       struct animal cat ;
008       struct animal bird ;
009   };
```

假設要建立兩筆 animal 型態的結構資料，並以 zoo 結構中的 cat 與 bird 項目做表示，其中 cat 的 species 為 Lion ，而 bird 的 species 為 Eagle ，請設計所需的程式碼。

12.5

10. 承第 2 題所建立的 books 結構，試建立此結構型態的指標變數，並將其命名為 ptbooks。
11. 承上題，考慮以下的程式碼：

```
struct book mybooks
```

現在，試撰寫所需的程式碼，將 mybooks 指定給 ptbooks ，並且設定其 title 為「Java SE 6」。

12. 承第 2 題所建立的 books 結構，底下的程式碼建立其結構陣列：

```
struct books mybooks[6]  ;
```

說明如何將第 2 題表格中的資料，逐一設定給這個陣列中的 books 結構，請設計所需的程式碼。

12.6

13. 考慮以下的程式碼：

```
001  enum digit
002  {
003          one,
004          two,
005          three,
006          four
007  }  ;
```

請說明以下程式的輸出結果，並解釋其原因。

```
001  enum digit dg =four ;
002  printf("%d",dg ) ;
```

14. 承上題，透過 switch 敘述判斷，根據列舉值，輸出對應的中文，如下表：

one	壹
two	貳
three	參
four	肆

請問需要的 switch 判斷式為何？

15. 承第 13 題，如果將程式修改如下：

```
001  enum digit
002  {
003      one = 100,
004      two = 200,
005      three,
006      four = 400
007  }  ;
008  printf("%d",three) ;
```

說明第 8 行的輸出結果值為何？並請解釋原因。

13 檔案資料讀寫

本書目前所討論的範例，都是在需要的時候於程式中建立所需的測試資料來示範各種程式功能，事實上，真正上線運作的應用程式會將資料儲存於檔案中，永久的保留下來，再透過檔案作業進行資料的存取。本章從檔案與資料的概念開始介紹，針對各種檔案作業進行討論，包含相關功能的函數、支援資料的寫入與讀取等功能實作示範。

13.1 檔案與資料

前述章節的範例實作過程中，建立了許多程式碼檔案，並且將其編譯成為可執行的執行檔，現在我們將重點放在存放資料的資料檔，這種類型的檔案負責資料的儲存，提供應用程式的資料儲存管理作業所需。

每一種應用程式所能處理的資料格式不盡相同，資料依據應用程式的設計，以其專屬的格式儲存於檔案中，例如文字檔是最普遍的檔案，它以字元格式儲存文字資料，並且以具備文書處理功能的軟體程式進行存取，而圖片檔則是以二進位格式儲存圖像資料，影像處理軟體則用來存取此種類型的檔案。

檔案類型以副檔名區隔，例如文字檔為 .txt、圖片檔為 .jpg 等等，系統根據副檔名找尋合適的應用程式開啟資料檔案，例如當你在副檔名為 .txt 的文字檔按兩下，應用程式 Notepad 便會啟動並且將此檔案開啟。

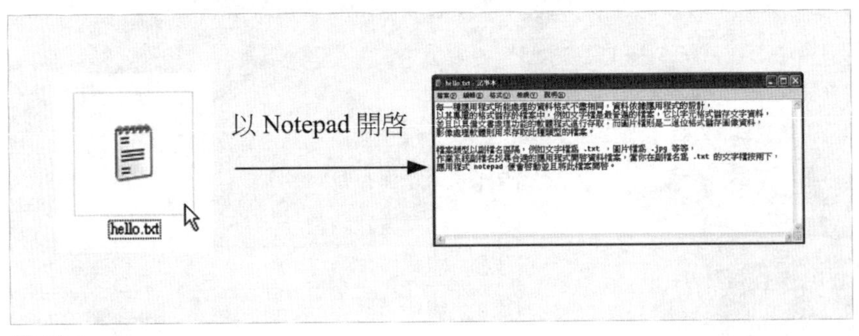

圖 13-1

C 語言的原始程式碼檔案事實上也是一種純文字檔，只是它以 .c 命名，用以儲存原始程式碼的內容文字，嘗試將副檔名調整為 .txt ，也可以透過文字編輯器開啟。

應用程式執行檔針對儲存資料的檔案執行讀寫作業，包含開啟檔案，將資料從檔案取出，執行特定的程式運算，然後再回存至檔案中。

下頁是簡單的應用程式執行過程圖示，應用程式功能脫離不了這幾個步驟。首先是開啟檔案，如下頁圖所示，接下來會執行資料的讀取與寫入操作。

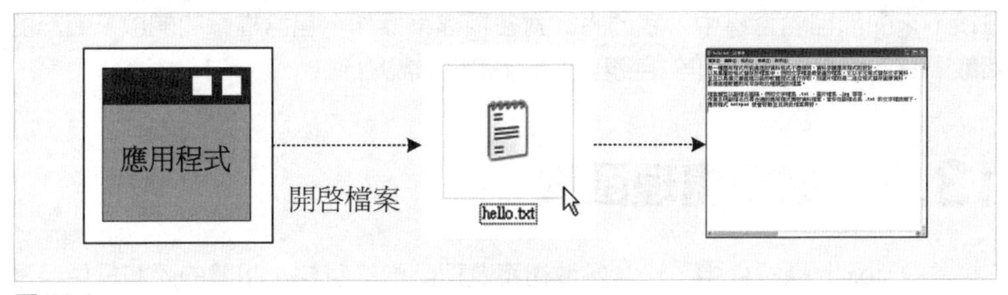

圖 13-2

資料的讀取是從檔案中讀取內容資料，如下圖，應用程式讀取檔案的內容之後，將其取出執行特定的運算。

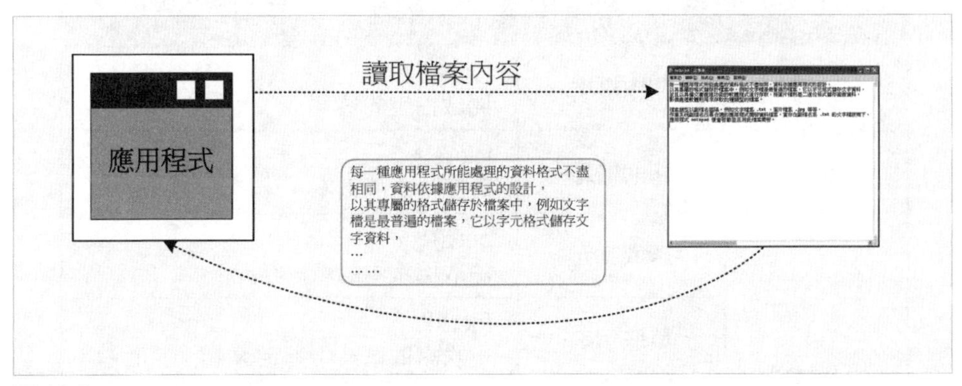

圖 13-3

而應用程式也可以將資料寫入檔案中，例如以下的圖示，將指定的資料寫入開啟的檔案中，最後關閉檔案。

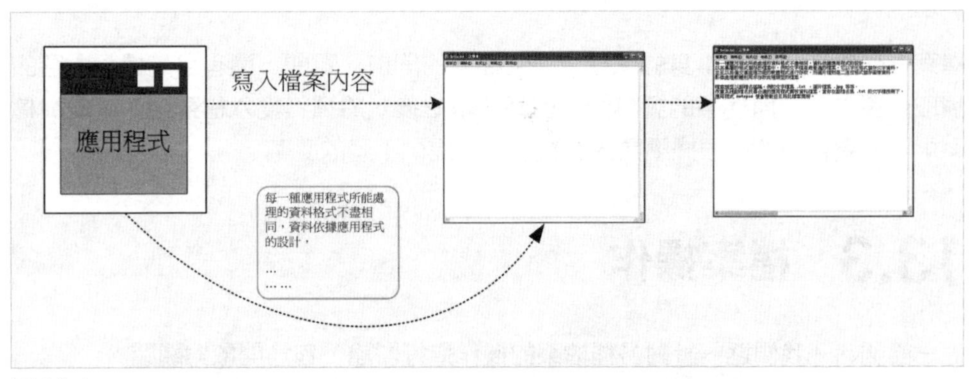

圖 13-4

在接下來的課程內容當中，我們將針對各種檔案操作，包含檔案的開啟、資料的讀取、寫入與檔案的關閉等相關程序進行完整的說明。

13.2 檔案處理函數

C 語言的 stdio.h 標頭檔中，包含各種檔案處理函數的宣告，相關的函數提供各種檔案存取功能，當你要在程式中執行檔案處理等相關作業，只要直接引用合適的函數即可，下表列舉這些函數，依功能分為檔案操作與資料讀寫。

表 13-1

分類	函數功能	函數內容說明
檔案操作	開啟檔案	fopen() 開啟指定的檔案。
	關閉檔案	fclose() 關閉指定的檔案。
資料讀寫	讀取字元	getc() 讀取檔案中的單一字元。
	讀取字串	fgets() 一次讀取檔案中指定數量的字元。
	寫入字元	putc() 將單一字元寫入檔案。
	寫入字串	fputs() 將一段字串寫入指定的檔案中。

檔案操作是針對檔案本身的處理，包含檔案的開啟、關閉，還有目前檔案內容的讀取位置等等，而檔案的讀寫則是檔案開啟之後，將資料寫入檔案中，或是從檔案中讀取資料，並且根據讀寫的資料大小，提供不同的函數。

13.3 檔案操作

這一節開始，我們逐一針對各種檔案的操作進行討論，包含開啟與關閉。

13.3.1 開啟檔案

當你要執行某個檔案的內容資料讀寫作業之前，首先要做的是將檔案開啟，所需的函數為 fopen() ，它的定義如下：

```
FILE *fopen(const char*  ,const char*)
```

在這個定義中有幾個必須注意的地方，我們來看看。

函數 fopen 完成檔案開啟之後，回傳 FILE 型態的檔案指標，這個指標指向所開啟的檔案位址，如下圖：

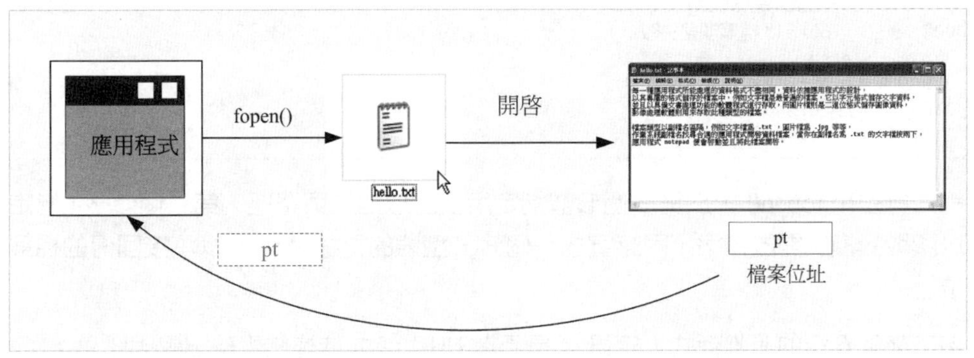

圖 13-5

如你所見，fopen 以「*」標示，這是一個指標，表示回傳值是一個位址，而透過回傳的指標，我們可以取得此開啟的檔案，進一步對其進行存取。

fopen 需要兩個引數，第一個引數為所要開啟的檔案路徑名稱字串，例如 C:\\cexample\\myfile.txt ，第二個引數則是檔案的開啟模式，你可以指定以下表格列舉的相關字元：

表 13-2

開啟模式	說明
r	以讀取模式開啟檔案，如果檔案不存在則回傳 NULL 。
w	以寫入模式開啟檔案，寫入的資料會蓋掉其中的內容，如果檔案不存在，系統會自行建立新的檔案。
a	以寫入模式開啟檔案，並且將資料寫入檔案末端，如果檔案不存在，系統會自行建立新的檔案。

開啟的模式設定，會影響後續資料的讀寫，這一部分我們下一節做說明，要特別注意的是，如果檔案開啟失敗，它會回傳一個值為 0 的 NULL ，我們可以透過這個值判斷檔案開啟作業是否成功。

接下來透過一個實際的範例，說明以讀寫模式開啟檔案的狀況。

範例 13-1　開啟檔案

p1301_fileopen

```
001  #include <stdio.h>
002
003  int main()
004  {
005      FILE *of = fopen("D:\\testopen.txt", "r");
006      if (of == NULL)
007        puts("檔案開啓失敗 ");
008      else
009        puts("檔案順利開啓 ");
010      return 0;
011  }
```

第 5 行引用 fopen() ，於第一個參數指定所要開啟的檔案路徑，第二個參數 r 指定以讀取的模式開啟檔案，同時宣告一個 FILE 型態的指標變數 of 以承接回傳的檔案位址。

接下來第 6 行的 if 判斷式，檢視 of 是否為 NULL ，並依據結果輸出說明訊息。

當你直接執行這個範例的時候，會輸出第 7 行的訊息，如果你在 C 的根目錄底下建立一個名稱為 testopen.txt 的文字檔，則會輸出第 9 行的訊息。

第 5 行的第二個參數，由於指定了 r ，因此 fopen() 只會開啟現成的檔案，找不到檔案則回傳 NULL ，如果指定 w 或是 a 的模式，則在找不到檔案時，會直接建立，例如我們將程式碼修改如下：

```
FILE *of  = fopen("C:\\xxx.txt","w")  ;
```

在這種情形下，即使 C 根目錄底下沒有 xxx.txt 這個檔案，它還是會被建立，因此不會有開啟失敗的情形發生，讀者可以嘗試執行這個範例，完成之後會看到 C 的根目錄底下建立了一個 xxx.txt 的文字檔。

同樣的，指定為 a 的檔案建立行為相同，只是未來資料寫入檔案的差異，這一部分稍後做說明。

fopen 會在成功開啟檔案之後回傳開啟的檔案對應位址，這個位址資料被儲存至指定的變數，也是上述第 5 行所宣告的 of ，接下來就可以針對這個位址的檔案進行讀寫作業。

最後，你還必須特別注意，檔案的路徑名稱必須以「\\」取代「\」，如此才能正確的解析。

13.3.2 關閉檔案

檔案開啟之後，一旦完成檔案處理作業，接下來就必須將其關閉，至於為何要關閉檔案，有兩個原因，首先，檔案本身會佔用資源，將不需要的檔案關閉可以避免資源浪費，另外就是檔案讀寫的緩衝區問題，這一部分在後續討論檔案讀寫時進行說明。

關閉檔案必須引用 fclose() 函數，它的語法定義如下：

```
int fclose(File *)
```

其中接受一個指向特定檔案位址的「指標變數」，函數會將這個位址的檔案關閉，並且回傳整數值 0，如果關閉失敗，則回傳非 0 的數值。

範例 13-2 關閉檔案

p1302_fileclose

```
001  #include <stdio.h>
002
003  int main()
004  {
005      FILE *of = fopen("D:\\testopen.txt", "w");
006      int x = fclose(of);
007      if (x == 0)
008        puts("檔案順利關閉");
009      else
010        puts("檔案關閉失敗");
011      return 0;
012  }
```

第 5 行開啟指定的檔案，並且取得所開啟的檔案位址，第 6 行引用 fclose() ，將參考檔案位址的「指標變數」of 當作參數傳入，關閉檔案。

第 7 行檢視回傳值 x 是否為 0，是的話，表示檔案已經順利關閉，否則的話，表示檔案沒有成功關閉。

13.4 檔案讀取

完成檔案的開啟與關閉說明，接下來我們要進一步來看看如何針對開啟的檔案進行其中的資料讀取。

13.4.1 讀取單一字元

有幾種方式可以讓你讀取檔案的內容，其中最單純的是讀取單一字元，getc() 支援相關的功能實作，它的定義如下：

```
int getc (FILE *)
```

getc() 接受一個參數，為所要讀取的檔案指標，它會針對此檔案讀取檔案中目前位置的下一個字元，底下先來看一個範例：

範例 13-3　讀取檔案內容

p1303_fileread

```
001  #include <stdio.h>
002
003  int main()
004  {
005      FILE *of = fopen("D:\\hello.txt", "r");
006      int c = getc(of);
007      int x = fclose(of);
008      printf("%c", c);
009      return 0;
010  }
```

第 5 行開啟指定的檔案 hello.txt ，由於我們要讀取檔案，因此必須將第二個參數指定為 r ，如此一來，檔案只能允許讀取。

第 6 行引用 getc() ，並且將 of 當作參數傳入，它會針對這個檔案讀取其中的第一個字元，接下來第 7 行引用 fclose() 關閉檔案。

第 8 行將取得的字元輸出。

現在我們來看看這個範例的執行效果，首先於 C 目錄底下建立一個名稱為 hello.txt 的文字檔案，內容如下頁所示：

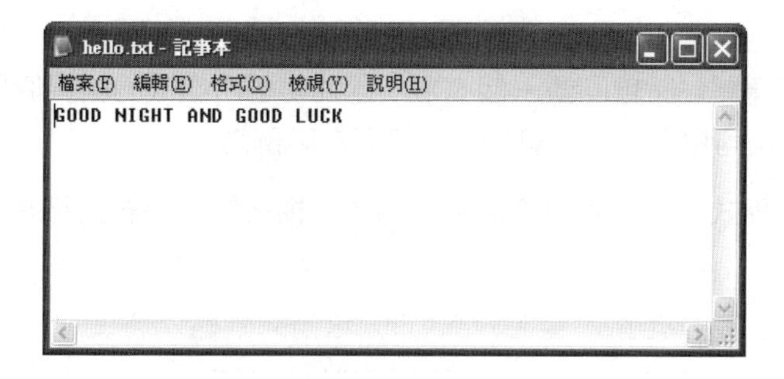

接下來執行程式，會得到以下的輸出結果：

```
G
```

比較 hello.txt 原始檔案，只有其中第一個字元被取出。

這是最簡單的檔案讀取方式，當然，這裡將重點放在檔案內容的讀取，因此並沒有判斷檔案是否成功開啟，為了確保程式在開啟檔案失敗時能正確的執行，最好加入判斷程式碼，稍後的範例進行說明。

上述讀取單一字元內容的範例功能相當陽春，它只能讀取檔案中的第一個字元，有其它函式可以讀取完整的檔案內容，不過我們先來看另外一種作法，利用迴圈來達到連續讀取檔案內容的目的，底下範例進行相關的說明。

範例 13-4 迴圈讀取檔案內容

p1304_filereadfor

```
001  #include <stdio.h>
002
003  int main()
004  {
005      FILE *of = fopen("D:\\hello.txt", "r");
006      int x;
007      int c;
008      do
009      {
010        c = getc(of);
011        printf("%c", c);
012      } while (c != EOF);
013      x = fclose(of);
014      return 0;
015  }
```

第 8 ~ 12 行是 do-while 迴圈，其中第 10 行讀取檔案中目前位置的下一個字元，然後將其輸出於畫面。

第 12 行的 while 判斷式，則檢視所讀取的檔案是否已經到達終點，是的話則跳出迴圈，由於到達終點時會回傳一個 EOF ，因此檢視所讀取的結果值是否為 EOF 即可，相同的技術可以用在上述讀取單一字元的範例當中。

執行這個範例程式，會得到以下的輸出結果，檔案的內容被完整顯示在畫面上，如下式：

```
GOOD NIGHT AND GOOD LUCK
```

這個範例還有一個重點需要說明，那便是上述提及的 EOF。當我們透過這個函數讀取檔案的內容時，它會從其中的第一個字元開始讀取，而每一次引用就會往下一個位置移動，讀取下一個位置字元，因此當我們透過迴圈重複引用 getc() 的時候，檔案中的字元就會逐一讀取直到最後一個字元。

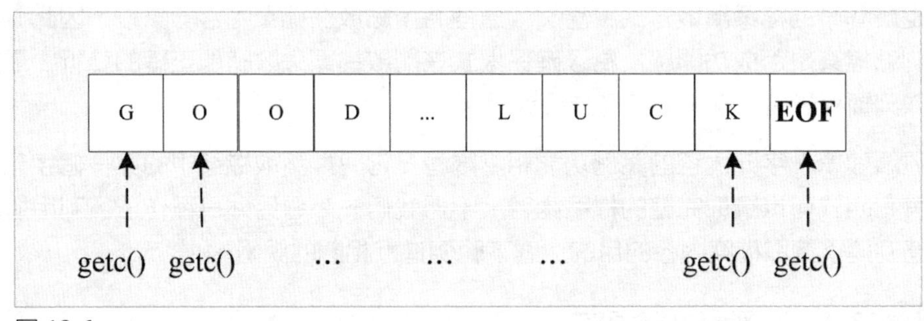

圖 13-6

當 getc() 讀取的是檔案最後一個位置的時候，它會回傳 EOF ，這是一個預先定義代表檔案結尾的整數值 -1，因此只要測試回傳的值是否為此，即可得知檔案是否已經到達結尾。

現在做一個實驗，將範例中的第 11 行程式碼修改如下：

```
printf("%d,",c) ;
```

其中的 %d 要求以整數輸出字元，然後以「,」分隔，重新執行出現以下的結果：

```
…,32,76,85,67,75,-1
```

如你所見，最後第二個值是 75，這是字元 K 的 ASCII 編碼，接下來的 -1 代表檔案的結尾。

13.4.2 讀取字串

透過迴圈讀取文字檔的內容，是相當沒有效率的作法，比較好的方式是透過 fgets() ，這個函數允許你指定所要讀取的字元數量，一次取出大量的字元，語法的格式如下：

```
char *fgets(char *,int,FILE *)
```

第一個參數儲存所讀取的字元內容，第二個參數則是所要讀取的字元數量，第三個參數則是所要讀取的檔案所在位址的指標變數，如果這個函數讀取檔案失敗，最後會回傳一個 NULL 值，根據這個回傳值，我們可以判斷是否順利完成檔案的讀取。

範例 13-5　讀取指定數量字元的檔案內容

p1305_filereadstring

```
001  #include <stdio.h>
002
003  int main()
004  {
005      FILE *of = fopen("D:\\hello.txt", "r");
006      int x;
007      int c;
008      char strread[36];
009      c = fgets(strread, 36, of);
010      if (c == NULL)
011        printf(" 讀取失敗 ");
012      else
013        printf("%s\n", strread);
014      x = fclose(of);
015      return 0;
016  }
```

第 8 行宣告一個長度 36 的 char 陣列，第 9 行引用 fgets ，將 strread 當作參數傳入取得所讀取的字串，第二個參數 36 要求這個函數一次讀取三十六個字元，最後一個參數 of 則是所要讀取的檔案。

第 10 行的 if 判斷式，檢視 c 是否為 NULL ，是的話表示讀取失敗，輸出相關的訊息，否則將所讀取的內容 strread 顯示在畫面上。

這個範例示範如何一次讀取一個以上的字元並且將其回傳，對於需要一次讀取多個字元的狀況相當有用。

現在我們來測試這個範例，準備一個文字檔，以上述的文字檔案 hello.txt 為例，為了方便檢視，重新列舉如下：

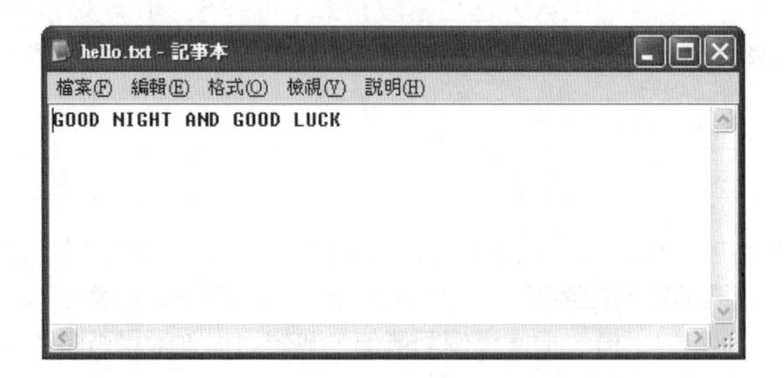

這個範例配置於 C 的根目錄底下，最後範例的輸出結果如下：

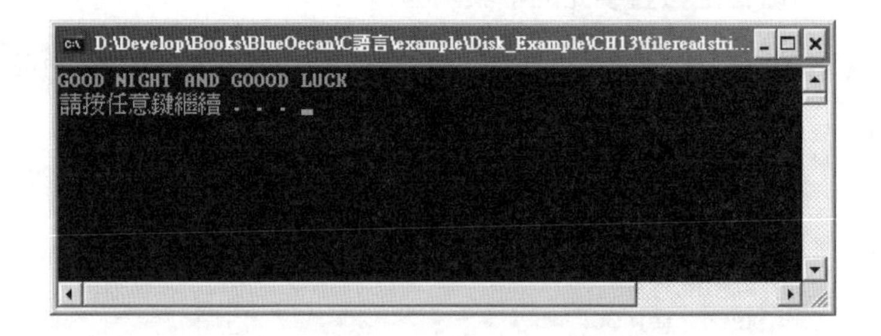

如你所見，檔案中的字串被順利取出，然後輸出在畫面上。

13.5 檔案寫入

資料必須寫入檔案才能在應用程式結束的時候保留下來，就如同檔案的寫入，將資料寫入檔案同樣必須透過相關函數的引用，接下來這一節我們來看看如何實作寫入的功能。

13.5.1 寫入單一字元

同樣的，我們從單一字元的寫入做說明，函數 putc() 提供此功能的支援，它的定義如下頁：

```
int putc(int c, FILE *fp);
```

第一個引數是要寫入檔案的字元，第二個引數則是要寫入檔案的位址指標，它最後回傳寫入的字元，如果寫入失敗，則回傳 EOF。

底下透過一個範例進行 putc() 的實際運用說明：

範例 13-6 寫入單一字元

p1306_filewrite

```
001  #include <stdio.h>
002
003  int main()
004  {
005      FILE *of = fopen("D:\\hello.txt", "w");
006      int c;
007      c = putc('X', of);
008      if (c != EOF)
009        printf(" 字元 X 寫入完成 ");
010      else
011        printf(" 寫入失敗 ");
012      c = fclose(of);
013      return 0;
014  }
```

第 5 行先取得所要寫入的檔案位址，將其儲存於指標變數 of。

第 7 行引用 putc() ，第一個字元 X 被當作參數傳入，接下來的 of 則是所要寫入的目標檔案位址。

第 8 行的 if 判斷式，檢視回傳的 c 是否為 EOF ，如果不是 EOF 表示成功寫入了單一字元，否則的話則寫入失敗。

寫入的動作會改變檔案的內容，有幾種狀況必須進一步說明，我們先來看最簡單的情形，建立一個空白的文字檔 hello.txt ，配置於目錄 C ，接下來執行範例程式，完成之後開啟文字檔，結果如下：

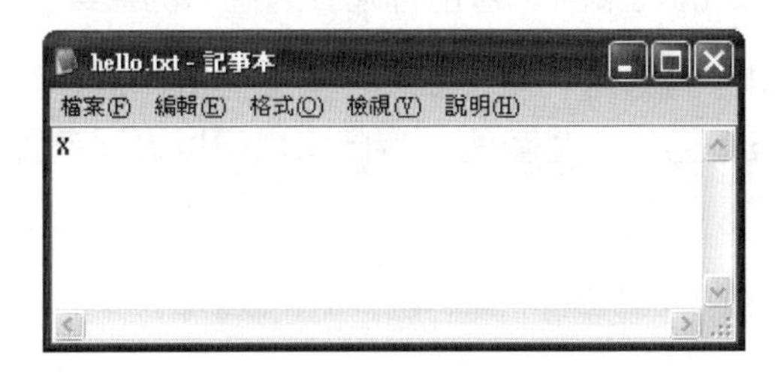

現在修改檔案的內容，完成之後將其儲存，如左圖，接下來重新執行一次，最後得到結果如右圖：

如你所見，原來的內容被蓋掉了，如果你希望寫入的字元可以附加在原有的內容後方，必須在開啟檔案的時候，指定 a 的模式，將其中的第 5 行修改如下：

```
FILE *of  = fopen("C:\\hello.txt","a")  ;
```

第二個參數從 w 修改為 a ，現在重新執行一次上述的程序，我們來看看執行的結果，列舉如下：

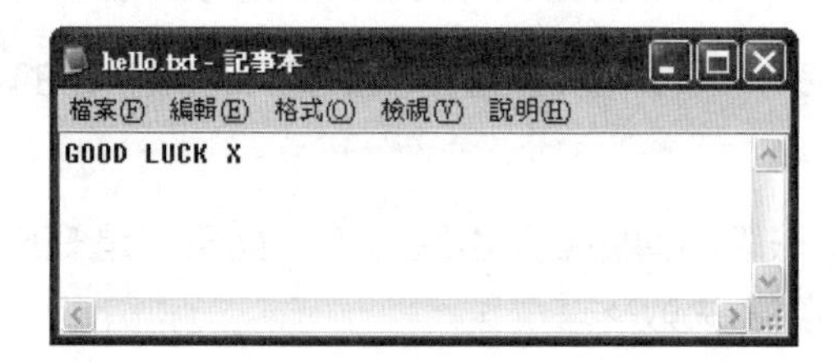

這一次檔案的內容不會被清空，而寫入的字元被附加至原來的內容後方。

另外，就如同本章一開始列表說明的，如果指定的是 a 或是 w 參數，則 fopen 在指定路徑下找不到指定的檔案時，會自行建立一個新的檔案以供程式寫入。

與寫入作業有密切關係的還有一項，那就是緩衝區的問題，這一部分留待下一個小節做說明，這裡來看另外一個範例，我們同樣可以透過迴圈，將一段字串寫入檔案中。

範例 13-7 寫入字元陣列

p1307_filewrites

```
001  #include <stdio.h>
002
003  int main()
004  {
005      FILE *of = fopen("D:\\hello.txt", "w");
006      int c;
007      int i;
008      char cs[] = "GOOD LUCK";
009      for (i = 0; i < 9; i++)
010      {
011          c = putc(cs[i], of);
012          if (c == EOF)
013          {
014              printf(" 寫入失敗 ");
015              break;
016          }
017      }
018      c = fclose(of);
019      return 0;
020  }
```

第 8 行建立一個字元陣列 cs ，並且指定了一個字串值。

接下來的第 9 行開始是 for 迴圈，其中的第 11 行於每一次迴圈執行的時候，傳入索引值 i 取得其中的特定字元，然後引用 putc() 寫入檔案。

第 12 行判斷寫入是否成功，如果回傳值是 EOF ，結束字元的寫入動作。

執行這個範例程式，你會發現其中第 8 行宣告的字串，被完整的寫入檔案中，執行完畢之後，開啟檔案內容結果如下：

13.5.2 寫入字串

如果要寫入一個以上的字元，甚至一整個字串，可以考慮引用另外一個函數 fputs() ，這個函數接受字元陣列參數，支援將整個陣列一次寫入檔案所需的功能，函數的定義如下：

```
int fputs(const char *s,FILE * fp);
```

其中第一個參數是字串，它會被寫入 fp 指標位址所指向的檔案，如果寫入的動作發生失敗，則會回傳 EOF。

範例 13-8　寫入字串

p1308_filewritestring

```
001  #include <stdio.h>
002
003  int main()
004  {
005      FILE *of = fopen("D:\\hello.txt", "w");
006      int i;
007      char cs[] = "GOOD NIGHT AND GOOOD LUCK ";
008      i = fputs(cs, of);
009      if (i != EOF) {
010        printf(" 寫入檔案完畢 ");
011      } else {
012        printf(" 寫入檔案失敗 ");
013      }
014      i = fclose(of);
015      return 0;
016  }
```

第 5 行開啟了一個指定的檔案，取得指向檔案的指標，接下來的第 7 行則建立測試用的字串。

第 8 行引用 fputs() ，將 cs 與 of 當作參數傳入，cs 的內容字串被寫入 of 指標所指向的檔案中。

第 9 行開始的 if 判斷式，檢視回傳的結果是否為 EOF ，不是的話表示字串成功寫入檔案，否則的話寫入的操作失敗。

第 14 行將檔案關閉。

執行結果與上一個範例相同，由於這裡是直接將一段字串寫入，因此不需要透過迴圈即可完成寫入作業。

13.6 複製檔案

瞭解如何實作檔案的讀寫功能之後，現在我們可以利用這些相關的函數，製作一個檔案複製器，將一個檔案的內容，複製到另外一個檔案，底下範例說明相關的功能：

範例 13-9 檔案複製

p1309_filecopy

```
001  #include <stdio.h>
002
003  int main()
004  {
005      int *c;
006      char strread[36];
007      FILE *ofr = fopen("D:\\hello.txt", "r");
008      FILE *ofw = fopen("D:\\helloB.txt", "w");
009      c = fgets(strread, 36, ofr);
010      c = fputs(strread, ofw);
011      printf("檔案複製完成");
012      c = fclose(ofr);
013      c = fclose(ofw);
014      return 0;
015  }
```

第 7 行以及第 8 行分別開啟了指定的檔案，並且取得指向檔案的指標，其中 ofr 為所要讀取的檔案位址，而 ofw 則是所要寫入的檔案位址。

第 9 行讀取指標 ofr 所指向的檔案內容，儲存於變數 strread，第 10 行則將 strread 當作參數傳入 fputs()，將其寫入 ofw 指標所指向的檔案中。

第 12 ~ 13 行分別關閉這兩個檔案。

當這個範例執行完畢之後，你會發現 C 根目錄出現一個新建立的檔案 helloB.txt，它的內容與 hello.txt 完全相同，如下圖：

畫面左方是 hello.txt 文字檔的內容，這是複製作業的資料來源，而右方則是 helloB.txt ，從 hello.txt 文字檔內取出的資料，被寫入這個檔案。

13.7 檔案緩衝區

在討論緩衝區之前，先回到前述寫入檔案的功能實作範例 13-6，來做一個實驗，先將其中的第 12 行加上註解，如下式：

```
/* c = fclose(of)  ; */
```

如此一來，這個程式在寫入檔案完成之後，並不會自動關閉檔案，現在重新執行範例，你會發現，指定的字元並沒有寫入檔案。

會有上述的原因，在於檔案寫入的過程中，實際上會先經過一個緩衝區，再寫目標檔案，如下圖：

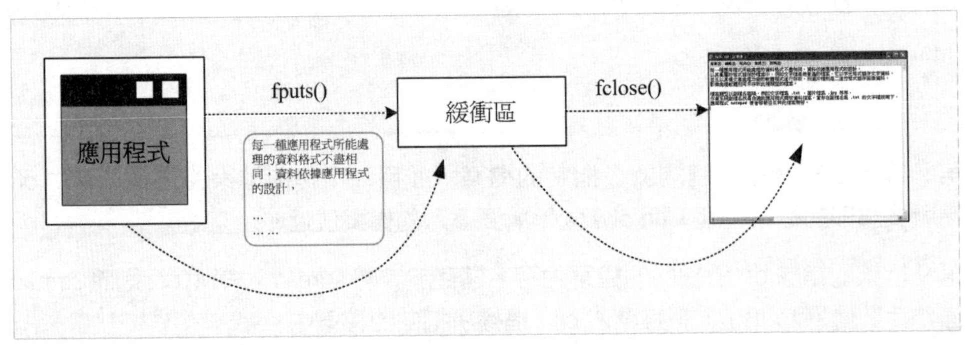

圖 13-7

當資料被寫入檔案時，會先寫入緩衝區，然後再寫入檔案，因此在你完成寫入動作之後，必須確實執行檔案的關閉動作，如此留在緩衝區的資料才會正確寫入檔案中。

緩衝區做為實體儲存裝置與程式之間的橋樑，避免因為頻繁的輸出入操作，拖慢檔案的讀寫速度，但是它需要一塊專用的記憶體空間，不過在硬體技術已經發展成熟的今日，這不會是什麼問題。

並非所有的函數都會用到緩衝區，另外有一組函數並不需要緩衝區，它們直接針對儲存裝置中的檔案資料進行讀寫，這樣做的好處在於可以避免因為系統異常導致緩衝區的存取失敗，造成資料的錯誤。

13.8 無緩衝區資料讀寫

這一節繼續討論支援無緩衝區檔案讀寫功能的相關函數，同時透過實作範例進行函數的引用說明。

13.8.1 無緩衝區檔案讀寫函數

首先來看看支援無緩衝區檔案讀寫功能的函數，列舉如下表所示：

表 13-3

分類	函數功能	函數內容說明
檔案操作	建立新檔案	create() 建立一個指定存取模式的新檔案。
	開啟檔案	open() 以指定的模式開啟檔案。
	關閉檔案	close() 關閉指定檔案。
資料讀寫	讀取檔案	read() 讀取指定數目的字元資料。
	寫入檔案	write() 將指定數目的字元資料寫入檔案。

與稍早討論透過緩衝區讀寫檔案的函數，表列的函數用法與意義大致相同，不過這些函數分別位於 fcntl.h 與 io.h 等標頭檔，因此你必須先將它們含括進來，除此之外，你還必須含括另外一個檔案 sys/stat.h ，它定義了所需的檔案屬性常數。

接下來我們從檔案的操作開始進行說明。

13.8.2 開啟與關閉檔案

開啟檔案可以引用 open() 或是 create() ，我們先來看 open() ，它的定義如下：

```
int open(const char *fpath,int openm [,int rwm])   ;
```

第一個參數為所要開啟的檔案，第二個參數是開啟的模式，第三個參數則是檔案的存取屬性，這個參數是選擇性的，只有在第二個參數是特定值情形下才有效果。

除了第一個參數之外，接下來的兩個參數，均是預先定義的常數，先來看開啟模式，下表列舉可能的常數值：

表 13-4

常數值	說明
O_RDONLY	唯讀模式。
O_WRONLY	唯寫模式。
O_RDWR	讀寫模式。

表列的三種常值，分別決定所要開啟的檔案是否允許讀寫，除了這三個值，你可以再結合其它幾個常值，設定更複雜的開啟模式，列舉如下：

表 13-5

常數值	說明
O_CREAT	欲開啟的檔案不存在時，則建立新檔。
O_APPEND	寫入開啟檔案的內容，會附加在原有的內容後面。
O_BNIARY	開啟二進位格式檔。
O_TEXT	開啟文字格式檔。

當你決定了第一個表列的常數值，可以再透過符號「|」合併第二個表列的常數值，建立更複雜的開啟模式，如下式：

```
O_WRONLY | O_CREAT | O_APPEND
```

接下來，我們來看第三個參數，它決定新建立的檔案是否可寫入或是讀取，當第二個參數指定了 O_CREATE 的時候，就可以進一步指定這個參數，可能的常數值如下頁表：

表 13-6

常數值	說明
O_IWRITE	建立可寫入的新檔案。
O_IREAD	建立可讀取的新檔案。

你也可以進一步結合這兩個常數值，要求新建立的檔案能夠同時讀寫。

完成參數的討論之後，現在我們回到 open() 函數本身，它最後回傳的是一個 int 型態的整數，這個整數代表開啟的檔案代號，後續所要討論的函數，都必須透過這個代號找到檔案對其進行處理。

如果 open() 開啟檔案的操作失敗，它的回傳結果將是 -1。

完成 open() 函數的討論，現在我們透過一個範例進行相關的說明。

範例 13-10 開啟檔案

p1310_open

```
001  #include <stdio.h>
002  #include <fcntl.h>
003  #include <io.h>
004  #include <sys/stat.h>
005
006  int main()
007  {
008      int fhandle = open("D:\\hello.txt", O_RDONLY);
009      if (fhandle != -1)
010        printf(" 開啓檔案代號：%d \n", fhandle);
011      else
012        printf(" 開啓失敗 \n");
013      return 0;
014  }
```

第 2 ~ 4 行含括了三個必要的標頭檔，如此一來程式才能順利執行。

第 8 行引用 open() 函數，指定開啟的檔案路徑，設定 O_RDONLY 常數表示開啟唯讀檔案。

第 9 行是判斷式，根據 open() 回傳的結果，顯示所開啟的檔案代號，如果是 -1 則表示開啟動作失敗。

接下來我們來看看函數 close() ，它提供關閉檔案的功能，定義如下：

```
int close(int handle)  ;
```

其中的參數 handle 是所要關閉的檔案，也就是成功開啟檔案時所回傳的值。

如果關閉檔案的動作沒有成功，它會回傳 1，否則會傳回 0 代表檔案關閉成功。

範例 13-11 開啟與關閉檔案

p1311_close

```
001  #include <stdio.h>
002  #include <fcntl.h>
003  #include <io.h>
004  #include <sys/stat.h>
005
006  int main()
007  {
008      int c;
009      int fhandle = open("D:\\hello.txt", O_RDONLY);
010      if (fhandle != -1) {
011        printf("開啓檔案代號：%d \n", fhandle);
012        c = close(fhandle);
013        if (c == 0) {
014          printf("檔案順利關閉 \n");
015        } else {
016          printf("檔案關閉失敗 \n");
017        }
018      } else {
019        printf("開啓失敗 \n");
020      }
021      return 0;
022  }
```

在這個範例中，第 13 ~ 17 行是內層巢狀 if 判斷式，檔案被順利開啟之後，會執行這一段程式碼，第 12 行將開啟的檔案關閉，根據 close() 的回傳結果，輸出合適的訊息。

指定一個存在的檔案，執行這個範例程式，會得到以下的結果：

```
開啓檔案代號：3
檔案順利關閉
```

知道如何開啟與關閉檔案，接下來，我們繼續討論檔案的讀寫。

13.8.3 讀寫檔案

檔案的讀寫必須透過 read() 與 write() 這兩個函數，用法與之前談過的緩衝區函數相似，下頁先來看函數 read() 的定義：

```
int read(int handle,char *buf,unsigned int count);
```

第一個參數 handle 為成功開啟檔案之後所回傳的檔案編號，第二個參數 buf 則是儲存所讀取的資料，第三個參數為所要讀取的位元組數目，最後的回傳值如果是 -1 表示資料讀取失敗，否則表示 read() 實際讀取的位元組數目。

接下來則是 write() 函數，以下是它的定義：

```
int write(int handle,char *buf, unsigned int count);
```

write() 同樣接受三個參數，第一個參數如上述，在這裡是指所要寫入的目標檔案，接下來的 buf 則是要寫入檔案的內容，第三個參數則是所要寫入的位元組數目，回傳值則是實際寫入的位元組，如果是 -1，表示寫入失敗。

有了 read() 與 write() ，現在我們可以執行檔案的讀寫作業了，接下來設計一個實作檔案複製功能的範例，說明 read() 與 write() 的應用。

範例 13-12　開啟複製

p1312_readnwrite

```
001  #include <stdio.h>
002  #include <fcntl.h>
003  #include <io.h>
004  #include <sys/stat.h>
005
006  int main()
007  {
008      char cread[36];
009      int rhandle = open("D:\\hello.txt", O_RDWR | O_TEXT);
010      int whandle = open("D:\\hellob.txt", O_RDWR | O_TEXT);
011      int i;
012      i = read(rhandle, cread, 36);
013      i = write(whandle, cread, i);
014      close(rhandle);
015      close(whandle);
016      printf(" 檔案複製完成 \n");
017      return 0;
018  }
```

第 9 ~ 10 行，開啟了兩個檔案示範複製的工作，第 9 行回傳的檔案代號 rhandle 為複製的資料來源，第 10 行的 whandle 則是資料複製的目標檔案。

第 12 行 read() 讀取 rhandle 所指向的檔案，並取得其內容儲存於 cread ，接下來第 13 行將 cread 當作參數傳入 write() ，將其寫入 whandle 所指向的檔案，最後並指定 i 為寫入的位元組長度，這個值為 read() 所讀取的長度。

第 14 ～ 15 行關閉兩個開啟的檔案，最後第 16 行輸出複製完成的訊息。

這個範例實作了複製的功能，開啟這兩個指定的檔案，你會發現其中的內容已經完全相同。

13.9 二進位格式檔案讀寫

到目前為止，本章所有範例討論的操作對象均是文字格式檔案，接下來這一節，我們將針對二進位格式的檔案存取進行說明。

13.9.1 fread() 與 fwrite()

針對二進位格式的檔案讀寫，同樣的，我們利用 fopen() 與 fclose() 執行檔案的開啟與關閉，所要注意的是，在你開啟檔案的時候，必須指定以下的模式：

表 13-7

開啟模式	說明
rb	以讀取模式開啟二進位檔案，檔案不存在則回傳 NULL 。
wb	以寫入模式開啟二進位檔案，寫入的資料會蓋掉其中的內容，如果檔案不存在，系統會自行建立新的檔案。
ab	以寫入模式開啟二進位檔案，並且將資料寫入檔案末端，如果檔案不存在，系統會自行建立新的檔案。

只要設定表列的開啟模式代碼，就能夠以二進位格式開啟指定的檔案，例如以下的程式碼：

```
FILE *of  = fopen("hellobin.bin","rb")  ;
```

這一行程式碼於其中的第二個參數指定了 rb ，因此會以二進位格式開啟 hellobin.bin ，以支援檔案讀取作業。

針對開啟的檔案，我們透過 fwrite() 函數進行資料的寫入，定義如下頁：

```
size_t fwrite(const void *pt,
              size_t size, size_t nmemb,
              FILE *fp);
```

第一個參數 pt 是要寫入檔案的資料位址指標，第二個參數 size 為每一次所要寫入的資料單位，第三個參數則是可能讀取的最大值，最後一個參數 fp 為資料讀取的來源檔案。

fwrite() 的回傳值代表成功寫入的元素數量，這個值會與第三個參數相同，除非遇到寫入的錯誤。

fwrite() 的原理與上述所討論的檔案寫入函數相同，但是必須指定讀取的單位 size ，你可以直接利用 sizeof() 運算子取出 int 或是 double 等型態的長度為單位，表示一次要讀取一個 int 或是 double 的單位。

範例 13-13 寫入二進位格式檔

p1313_fwrite

```
001  #include <stdio.h>
002
003  int main()
004  {
005      int c;
006      FILE *of = fopen("D:\\hello.bin", "wb");
007      size_t swrite;
008      int d[] = {100, 200, 300};
009      swrite = fwrite(d, sizeof(int), 3, of);
010      c = fclose(of);
011      printf("總共寫入 %d 個 int ", swrite);
012      return 0;
013  }
```

第 6 行開啟一個指定的檔案，提供二進位格式資料的寫入作業。

第 7 行宣告一個 size_t 變數 swrite ，用來儲存 fwite() 的回傳值。

第 8 行建立寫入測試所需的陣列資料。

第 9 行引用 fwrite() ，並且傳入所需的參數，意義如同上述說明。第一個參數 d 是陣列，由於它本身即是一個位址，因此這裡將其直接傳入，第二個參數則表示寫入的資料以 int 長度為單位，也就是以八個位元組為寫入的元素單位，第三個參數 3 指定寫入三個單位，最後一個參數 of 為所要寫入的目標檔案位址指標。

執行這個範例，其中第 8 行的陣列 d 會以二進位格式寫入檔案 hello.bin。

執行這個範例，會出現以下的訊息：

```
總共寫入 3 個 int
```

此時資料被寫入指定的檔案 hello.bin ，於指定的目錄底下，找到這個檔案，利用 Notepad 將其開啟，會看到儲存的值是亂碼：

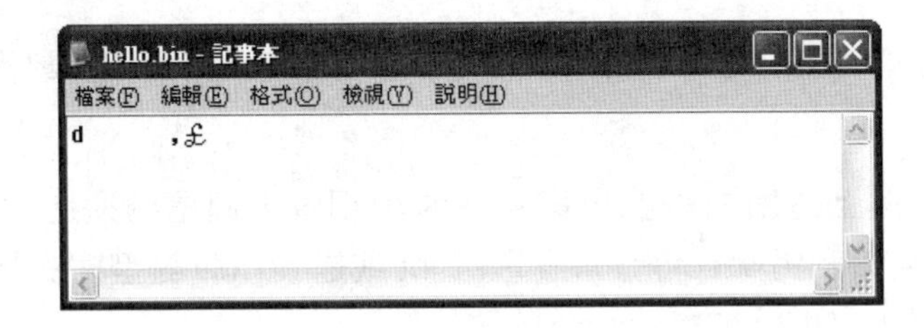

如果想要寫入一般的型態，必須以「&」運算子取得資料的型態，例如以下的 int 值：

```
001  int x = 100 ;
002  fwrite(&x,sizeof(int),1,of) ;
```

第 1 行是一個 int 型態的整數值，第 2 行將其寫入指定的目標檔案，其中的第一個參數必須指定為 &x。

以二進位格式讀取開啟的檔案內容，則必須引用 fread() 函數執行相關的工作，這個函數的定義如下：

```
size_t fread(void * restrict pt,
             size_t size, size_t nmemb,
             FILE * restrict fp);
```

fread() 的參數與 fwrite() 完全相同，只是它執行檔案的讀取動作，回傳值代表成功讀取的元素數量。

範例 13-14 讀取二進位格式檔

p1314_fread

```
001  #include <stdio.h>
002
003  int main()
004  {
005      int c;
006      FILE *of = fopen("D:\\hello.bin", "r");
```

```
007        size_t swrite;
008        int d[3];
009        swrite = fread(d, sizeof(int), 3, of);
010        c = fclose(of);
011        printf("總共讀取 %d 個 int \n", swrite);
012        printf("%d \n", d[0]);
013        printf("%d \n", d[1]);
014        printf("%d \n", d[2]);
015        return 0;
016    }
```

在這個範例中，第 6 行重新開啟上述的檔案 hello.bin ，緊接著第 9 行，引用 fread 讀取檔案的內容，結果被儲存至 int 陣列 d。

接下來的第 12 行開始，逐一輸出讀取的陣列 d 內容，執行這個範例，會得到以下的結果：

```
總共讀取 3 個 int
100
200
300
```

如你所見，這裡完成上述寫入檔案的資料內容讀取作業。

13.9.2 無緩衝區的檔案讀寫

前一個小節針對二進位格式檔案的讀寫進行了說明，它們透過緩衝區執行讀寫操作，接下來這一節，我們來看看無緩衝區的模式，這一部分與文字檔讀寫所使用的函數相同，差別在於開啟檔案的時候，必須指定 O_BINARY ，表示以二進位格式執行相關作業。

以下是以二進位格式開啟檔案的示範程式碼：

```
open(filepath,O_WRONLY|O_CREAT|O_BINARY,S_IWRITE)  ;
```

其中第二個參數指定了 O_BINARY ，如此一來就會以二進位格式的方式讀寫檔案。

由於我們已經針對相關函數進行了說明，接下來透過一個範例進行實作示範。

範例 13-15 二進位檔案讀寫

p1315_openrw

```
001 #include <stdio.h>
002 #include <fcntl.h>
003 #include <io.h>
004 #include <sys/stat.h>
005
006 int main()
007 {
008     int i;
009     int wc[3] = {444, 666, 888};
010     int rc[3];
011 int whandle = open("D:\\bwrite.bin",
012                         O_WRONLY | O_CREAT | O_BINARY,S_IWRITE);
013 int rhandle = open("D:\\bwrite.bin",
014                          O_RDONLY | O_CREAT | O_BINARY,S_IREAD);
015 int x;
016 i = write(whandle, wc, sizeof(wc));
017 printf(" 寫入位元組：%d \n", i);
018 i = read(rhandle, rc, sizeof(wc));
019 printf(" 讀取位元組：%d \n", i);
020
021 printf(" 讀取內容：\n%d \n", rc[0]);
022 printf("%d \n", rc[1]);
023 printf("%d \n", rc[2]);
024 close(whandle);
025 close(rhandle);
026
027 return 0;
028 }
```

第 11 行開啟所要寫入的目標檔案，取得其回傳的檔案代號 whandle ，第 13 行開啟所要讀取的資料來源檔案，其回傳的檔案代號為 rhandle ，由於我們打算讀寫的均是同一個檔案，因此這兩段程式碼所開啟的是同一個檔案。

第 16 行引用 write() 將陣列 wc 寫入檔案，第一個參數指向寫入的目標檔案位址指標，第二個參數則是要寫入的陣列 wc ，最後一個參數 sizeof(wc) 表示寫入 wc 陣列的長度。

第 18 行引用 read() 讀取寫入檔案的內容，第一個參數為指向讀取的來源檔案位址指標，第二個參數儲存讀取的內容，最後一個參數則是所要讀出的資料內容長度。

由於我們引用 open 時，指定了 O_CREAT ，因此如果沒有這個檔案，程式會自動建立，執行結果如下頁：

```
寫入位元組：12
讀取位元組：12
讀取內容：
444
666
888
```

第 9 行的陣列被寫入檔案中，然後再被讀取出來。

結論

經過本章課程內容的洗禮，相信讀者對於簡單的檔案讀寫作業，已經具備足夠的基礎與相關概念，同時亦瞭解如何透過含括相關的標頭檔，支援所需的檔案存取功能函數。接下來將進入本書最後一章，討論發展應用程式所需要的一些技巧，包含多函數的建立以及功能模組化的設計。

摘要

13.1
- C 語言的原始程式碼檔案，是一種以 .c 為副檔名的純文字檔。
- 應用程式針對資料儲存檔案，執行開啟、讀取與寫入資料的功能，最後關閉檔案。

13.2
- stdio.h 標頭檔，提供各種檔案存取功能函數。

13.3
- 函數 fopen() 支援檔案的開啟功能。
- 函數 fclose() 支援檔案的關閉功能。

13.4
- 函數 getc() 支援讀取單一字元的功能。
- 函數 fgets() 支援讀取字串的功能。

13.5
- 函數 putc() 支援單一字元的寫入功能。
- 呼叫 fopen() 的時候，指定 a 的模式，表示以附加方式寫入字元。
- 函數 fputs() 支援字串的寫入功能。

13.6
- 呼叫 fgets() 與 fputs() 可以實作複製檔案的功能。

13.7
- 當資料被寫入檔案時，會先寫入緩衝區，然後再寫入檔案，因此必須確實執行檔案的關閉動作，才能清空緩衝區的檔案，完成檔案寫入作業。

- 緩衝區做為實體儲存裝置與程式之間的橋樑，避免因為頻繁的輸出入操作，拖慢檔案的讀寫速度。

13.8

- 不需要緩衝區的函數，直接針對儲存裝置中的檔案資料進行讀寫。
- 函數 open() 支援無緩衝區模式的檔案開啟，close() 支援檔案關閉功能。
- 函數 read() 支援指定數目字元資料的讀取。
- 函數 write() 支援指定數目的字元資料寫入。

13.9

- fopen() 與 fclose() 支援二進位格式檔案的開啟與關閉。
- 函數 fwrite() 支援二進位格式檔案的寫入。
- 函數 fread() 支援二進位格式檔案的讀取。
- open() 函數指定 O_BINARY 參數，以二進位格式開啟檔案。

學習評量

13.1

1. C 語言原始程式碼檔案是何種格式的檔案，副檔名為何？
2. 簡述檔案處理的三個步驟。

13.2

3. C 語言中，與檔案處理有關的函數宣告是哪一個標頭檔？
4. 請完成下表與各種檔案操作有關的函數功能說明：

函數	功能說明
fopen()	
fclose()	
getc()	
fgets()	
putc()	
fputs()	

13.3

5. 考慮以下 fopen() 函數的定義，請說明其中 FILE 的意義。

```
FILE *fopen(const char*  ,const char*)
```

6. 承上題，請說明其中第二個引數的意義，它的可能值為何？並說明這些參數值的分別。
7. fclose() 函數支援檔案關閉的功能，請說明為何我們必須在完成檔案開啟之後，呼叫此函數關閉檔案？

13.4

8. 有一個文字檔 kid.txt ，它的內容如下：

```
Diary of a Wimpy Kid
```

現在我們要利用 getc() 函數讀取其內容，考慮以下兩段程式碼，A 與 B：

A：

```
int c = getc(of)  ;
```

B：

```
001  do
002  {
003     c = getc(of)  ;
004     printf("%c",c) ;
005  }while(c != EOF)  ;
```

其中傳入 getc() 的參數 of 是指向 kid.txt 這個檔案的 FILE 型態指標，請說明 A 與 B 輸出的結果為何？

9. 如何檢視 getc() 函數是否已經讀取到檔案的結尾了？

13.5

10. 函數 putc() 支援檔案寫入的功能，請說明以 w 模式與 a 模式開啟的檔案，寫入效果的差異為何？

11. 請說明 fputs() 與 putc() 的差異？

13.6

12. 建立兩個文字檔，分別命名為 source.txt 與 target.txt ，將一段文字「Alice in Wonderland」寫入其中的 source.txt ，然後設計一支複製程式，將文字複製到 targer.txt 檔案裡面。

13.7

13. 簡述檔案緩衝區的功用。

14. 考慮以下的程式碼，其中的 of 是所要寫入的檔案：

```
001   char cs[] = "How to Train Your Dragon"   ;
002   i=fputs(cs,of)   ;
```

請說明在第 2 行結束時，是否 cs 會寫入檔案中，原因為何？

13.8

15. 請說明使用無緩衝區檔案讀寫功能的相關函數，必須含括哪三個標頭檔？
16. 請說明在透過 open() 方法開啟檔案時，如果要同時以唯寫模式與附加寫入的模式開啟，應該如何設計所需的參數？
17. close() 函數支援關閉檔案的功能，請說明其回傳值，0 與非 0 的意義。
18. 承上述的第 12 題，請重新利用無緩衝區檔案讀寫功能的相關函數，再實作一次。

13.9

19. 二進位格式檔案的讀寫，開啟與關閉檔案所需的函數為何？
20. 以文字模式讀寫檔案，必須指定 r、w 與 a 等三種參數，請問如果是二進位格式，對應的參數為何？
21. 考慮以下的程式碼：

```
open(filepath,O_WRONLY|O_CREAT|O_BINARY,S_IWRITE)   ;
```

請說明其中的 O_BINARY 參數的意義。

14 模組設計與應用程式發展

本書最後一章，我們要討論如何組織程式碼，有效的切割程式功能，甚至將獨立的函數儲存至分離的檔案，讓所有的程式碼能夠被共用，提高程式開發效率，同時，我們也將討論一種特殊的前置處理器指令—條件式編譯。

14.1 多函數呼叫

當應用程式的功能愈來愈複雜，程式碼就不是單一函數或是一個獨立的檔案可以完成實作的，在這種情形下，我們會開始將程式功能拆解至不同的函數，建立獨立的模組，甚至將這些函數模組分類儲存於獨立的檔案，而在我們進一步討論之前，先來複習函數的應用，看看多函數的呼叫。

當我們將程式功能切割成獨立的函數，整個程式的架構如下：

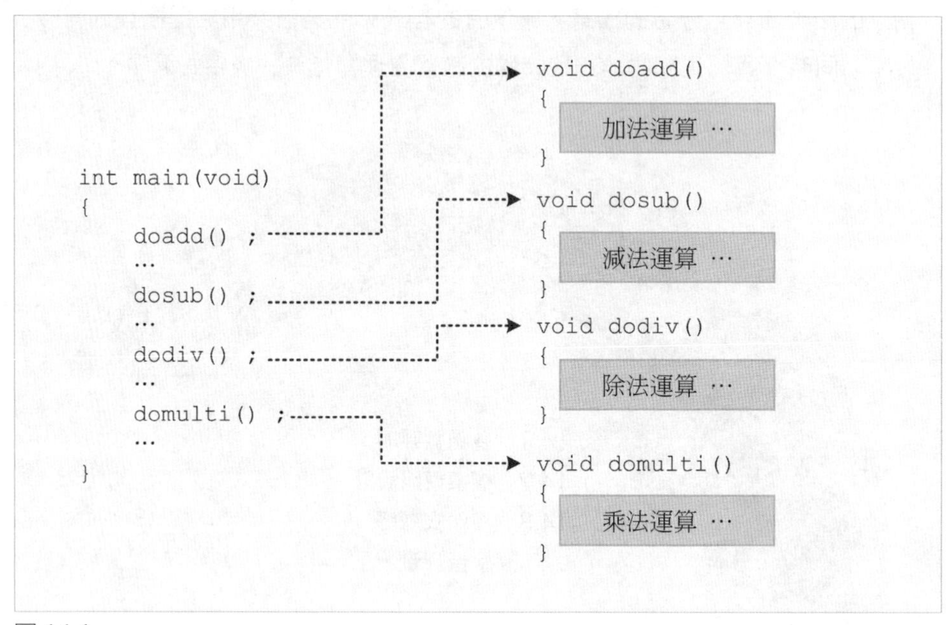

圖 14-1

這張示意圖曾經在第 7 章做過說明，這裡重新列舉以方便理解，如你所見，將數個不同的功能分別切割至各別獨立的函數裡面，在需要的時候進行引用，可以有效提升應用程式的設計彈性，同時讓程式的維護工作變得更為容易。

多函數的設計在複雜應用程式的開發相當常見，你可以將功能分別切割至不同的函數，然後根據需求進行呼叫即可，這非常容易理解，另外，函數與函數之間，還可以相互呼叫引用，以建立更複雜的流程。

下頁的範例，我們來看看相關的運用：

範例 14-1 多函數呼叫

p1401_mfun

```
001 #include <stdio.h>
002
003 void showmsg(int);
004 void showmsgo() ;
005 void showmsge() ;
006 int x  = 0 ;
007 int main()
008 {
009       int i ;
010       printf("請輸入整數:") ;
011       scanf("%d",&i) ;
012       showmsg(i) ;
013       return 0;
014 }
015 void showmsg(int i)
016 {
017        if(i%2>0)
018          showmsgo();
019        else
020          showmsge();
021 }
022 void showmsgo()
023 {
024        printf("輸入的值是奇數 ! \n")  ;
025 }
026 void showmsge()
027 {
028        printf("輸入的值是偶數 ! \n")  ;
029 }
```

除了 main() 之外，這個範例另外定義了三個函數，分別是第 15 行的 showmsg()、第 22 行的 showmsgo() 以及第 26 行的 showmsge()。

第 15 行的 showmsg() 接受一個參數，透過餘數計算，檢視此值為偶數或是奇數，然後在第 18 行與第 20 行，分別呼叫 showmsgo() 與 showmsge()。

回到 main() 函數，其中第 12 行呼叫 showmsg()，並且將使用者輸入的值當作參數傳入。

來看看執行結果，首先輸入一個整數 56，輸出以下的結果：

```
請輸入整數:56
輸入的值是偶數 !
```

其中顯示這個整數是一個偶數，接下來輸入另外一個整數：

```
請輸入整數 :55
輸入的值是奇數 !
```

這一次顯示輸入的值是奇數。

如你所見，透過函數可以讓我們更容易切割程式功能，並且透過呼叫來執行不同的功能函數，而函數之間的相互呼叫，能夠讓我們更容易應用這些函數，建立功能與程式流程更複雜的應用程式。

14.2 檔案模組設計

函數並非切割程式功能的唯一方法，尤其在面對大型程式的開發時，將大量的函數全部建立在同一個程式碼檔案中，同樣會造成管理上的困擾，為了程式的擴充發展，我們可以考慮更進一步將函數拆解出來，分門別類歸納在不同的獨立檔案，形成更大的模組，這一節來看看相關的作法。

14.2.1 切割檔案

在開始實作各種方法功能檔案之前，先來看看如何切割程式的功能，假設我們要實作一個計算機，包含了四則運算與三角函數功能，如果你不瞭解如何將程式切割至不同的檔案，就必須將所有功能程式碼寫在同一個檔案裡面，我們先來看看所需的功能函數與切割實作。

下表列舉我們所要建立的計算機功能：

表 14-1

功能模組	功能	說明
三角函數	sin	三角函數 Sin。
	cos	三角函數 Cos。
	tan	三角函數 Tan。
四則運算	+	四則加法運算。
	-	四則減法運算。
	*	四則乘法運算。
	/	四則除法運算。

根據列表需求，實作其中的每一個功能，這裡總計需要七個功能函數，而三角函數的部分，直接含括 math.h 標頭檔進行引用即可，整個架構圖拆解之後如下：

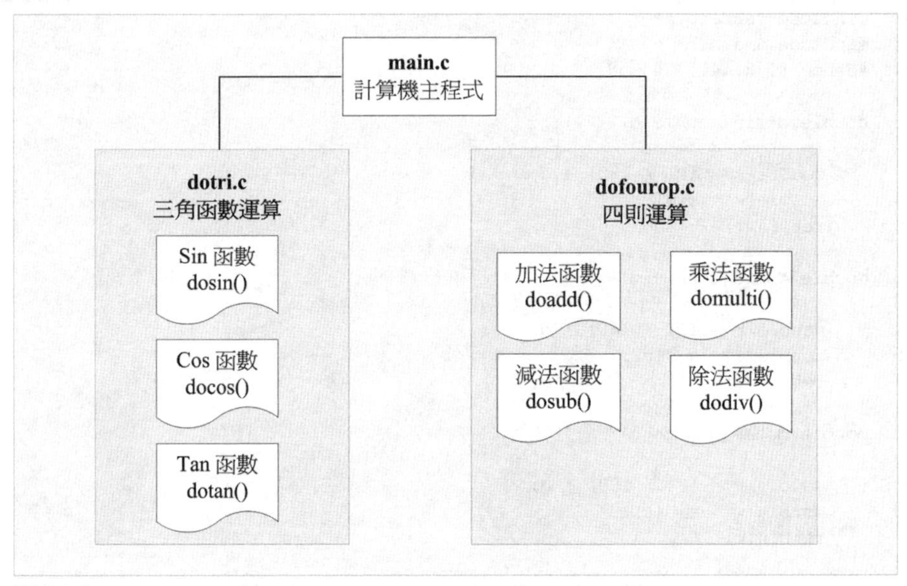

圖 14-2

我們打算建立三個檔案，滿足這個範例所需的功能，列舉如下表：

表 14-2

檔案	說明
domath.c	主程式。
dotri.c	三角函數功能。
dofourop.c	四則運算功能。

瞭解所需的檔案及功能函數之後，接下來，我們逐一實作其中兩個檔案的內容。

14.2.2 函數功能檔案實作與編譯

首先我們要建立的是三角函數的功能，由於 math.h 支援相關的函數，因此直接套用即可，這一部分在第 8 章討論標準函數的時候，已經做了說明，現在來看看這個新的檔案 dotri.c ，列舉如下頁：

範例 14-2-1 計算三角函數

p1402/dotri.c

```
001  #include <stdio.h>
002  #include <stdlib.h>
003  #include <math.h>
004  #define PI 3.14159265359
005
006  double dosin(double d)
007  {
008      double r = (PI / 180) * d;
009      double v = sin(r);
010      return v;
011  }
012  double docos(double d)
013  {
014      double r = (PI / 180) * d;
015      double v = cos(r);
016      return v;
017  }
018  double dotan(double d)
019  {
020      double r = (PI / 180) * d;
021      double v = tan(r);
022      return v;
023  }
```

這個檔案包含三個函數，其中分別透過三角函數的呼叫，傳入參數以取得指定角度的計算結果。

接下來是另外一個檔案 dofourop.c ，這個檔案提供四則運算功能函數，列舉如下：

範例 14-2-2 四則運算

p1402/dofourop.c

```
001  #include <stdio.h>
002  #include <stdlib.h>
003
004  double doadd(double a, double b)
005  {
006      double v = a + b;
007      return v;
008  }
009
010  double dosub(double a, double b)
011  {
012      double v = a - b;
013      return v;
014  }
015
```

```
016  double domulti(double a, double b)
017  {
018      double v = a * b;
019      return v;
020  }
021
022  double dodiv(double a, double b)
023  {
024      double v = a / b;
025      return v;
026  }
```

同樣的，四則運算的功能，被切割至四個不同的函數，程式的內容很簡單，只是將兩個參數執行四則運算，然後回傳運算結果。

dofourop.c 與 dotri.c 這兩個檔案只提供所需的功能函數，並沒有 main() 函數，這與我們之前所撰寫的範例有很大的差異，它們其中的函數可以被呼叫，但是無法直接執行。

接下來建立主程式來使用這些檔案。

14.2.3 建立程式專案

當我們要引用外部檔案的時候，必須建立專案組織所需的程式碼檔案，Dev-C++ 支援所需的功能，來看看相關的操作。

1. 開啟 Dev-C++ 編輯器，從功能表的「檔案 → 專案」開啟「建立新專案」對話方塊。

對話方塊的上方是專案的類型，選取「Console Application」，於畫面下方的「專案選項」中，找到「名稱」欄位，於其中輸入 ccalc ，右邊點選「C 專案」類型，最後按一下「確定」按鈕。

2. 接下來會出現儲存專案檔的對話方塊，指定欲儲存的專案名稱為 ccalc.dev ，dev 是專案檔的副檔名，同時指定儲存位置即可，如下圖：

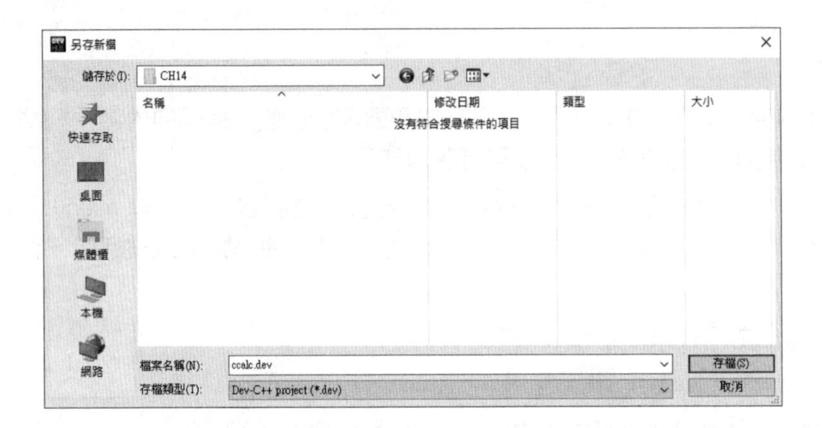

完成之後出現以下的畫面，左邊是專案的目錄結構，將其展開，會看到一個預設名稱為 main.c 的預設主檔案，按一下這個檔案節點，右邊會出現檔案的預設內容。

```
1  #include <stdio.h>
2  #include <stdlib.h>
3
4  /* run this program using the console pauser or add your
5
6  int main(int argc, char *argv[]) {
7      return 0;
8  }
9
10
11
12
13
```

3. 通常我們不會想要預設的主檔案名稱，這裡將其修改為 kcalc.c ，於 main.c 的節點上按下右鍵，展開功能表，按一下「重新命名」選項，於出現的「重新命名檔案」對話方塊中，輸入欲重新命名的名稱，按一下 OK 按鈕完成設定。

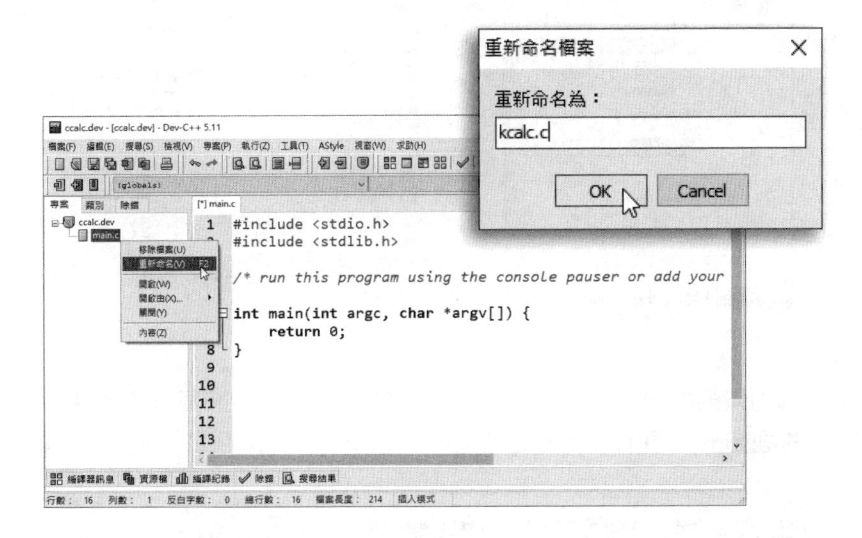

完成設定之後的專案視窗，看起來像以下這個樣子：

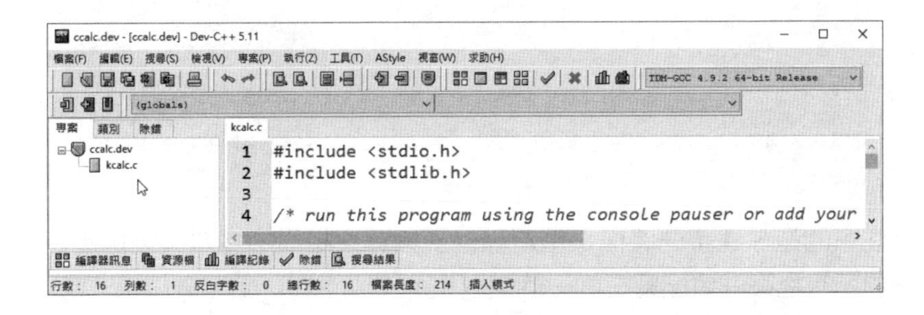

4. 接下來將上一節所設計的兩個檔案加入專案，於專案節點按一下滑鼠右鍵，顯示功能表，找到其中的「將檔案加入專案」項目，在上面按一下，啟動「開啟檔案」畫面，如下頁圖示：

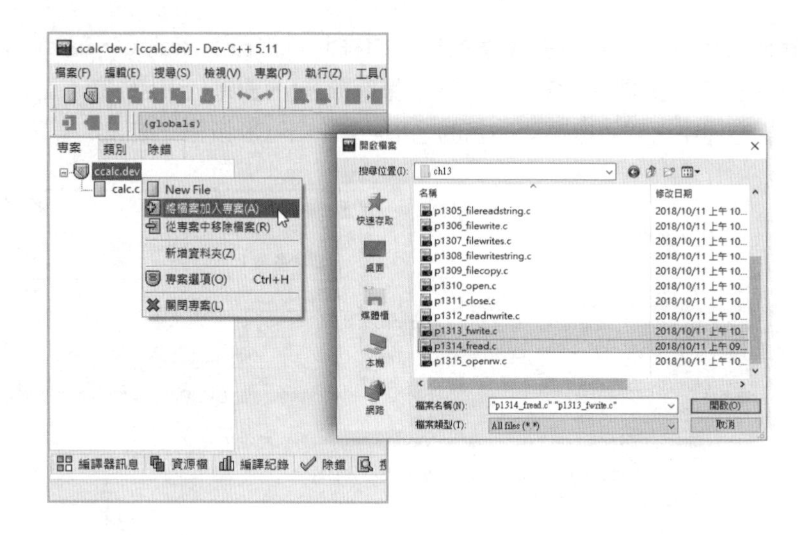

接下來，找到先前所建立的檔案，按一下「開啟」按鈕，將其加入專案中，最後「專案」畫面如下，顯示了所有的檔案。

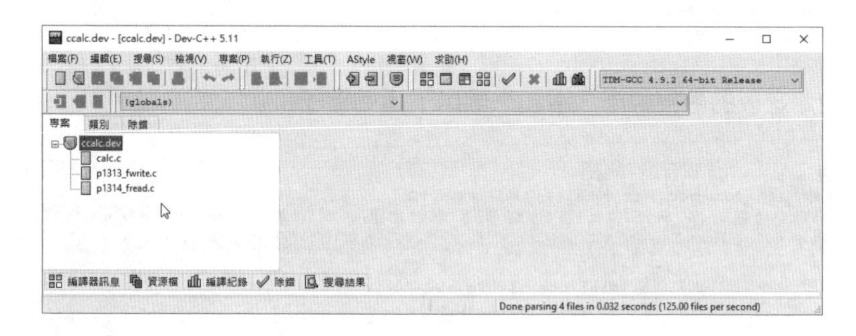

要特別注意的是，建議先將檔案重新儲存至與專案相同的資料夾後再加入，如此專案裡的所有檔案就會配置在同一個資料夾。

到目前為止，我們完成了所有的檔案配置工作，將專案關閉，下一節開始，我們要建立主程式

14.2.4 引用外部檔案函數

這一節，我們要繼續完成上述所討論的專案，開啟儲存專案的資料，於其中找到名稱為 ccalc.dev 的專案檔，點兩下將其開啟，於專案視窗中，按一下 kcalc.c 這個檔案，現在開始建立它的內容。

相較於本書其它的範例，這個範例的內容有點長，為了方便理解，這裡將其分段說明。首先是主程式 main() 之前的部分，列舉如下：

範例 14-2-3　計算機

p1402/kcalc.c

```
001  #include <stdio.h>
002  #include <stdlib.h>
003
004  double doadd(double, double);
005  double dosub(double, double);
006  double domulti(double, double);
007  double dodiv(double, double);
008
009  double dosin(double);
010  double docos(double);
011  double dotan(double);
```

由於我們需要呼叫三角函數與四則運算的功能，因此必須在第 9 ～ 11 行，宣告其原型。

接下來是 main() 函數，其中包含兩個主要的部分，分別是呼叫三角函數以及四則運算的程式區塊，列舉如下：

```
001  int main(int argc, char *argv[])
002  {
003    int i ;
004    double d ;
005    double a,b ;
006    double r  ;
007
008    printf("指定執行的選項 (1. 三角函數 2. 四則運算) ? ") ;
009    scanf("%d",&i) ;
010    if(i==1 || i==2)
011    {
012      if(i==1)
013      {
014        …/* 執行三角函數運算的程式碼 */
015      }
016      else
017      {
018        …/* 執行四則運算的程式碼 */
019      }
020    }
021    else
022    {
023      printf("輸入錯誤，請輸入 1,2 ! \n") ;
024    }
025    system("PAUSE");
026    return 0;
027  }
```

第 9 行要求使用者輸入 1 或是 2，表示所要執行的計算種類，第 10 行的 if 判斷式檢視使用者的輸入結果，如果是 1、2 以外的兩個數字，則第 23 行顯示錯誤的訊息，否則第 12 ～ 19 行程式碼執行所需的運算。

現在來看看，如果使用者選擇 1，表示要執行三角函數，內容如下：

```
001  if(i==1)
002  {
003    printf(" 指定執行的選項 (1.Sin 2.Cos 3.Tan) ? ") ;
004    scanf("%d",&i) ;
005    switch(i)
006    {
007    case 1:
008      scanf("%lf",&d) ;
009      r=dosin(d)    ;
010      printf("sin(%.2f):%.2f \n",d,r);
011      break ;
012    case 2:
013      scanf("%lf",&d) ;
014      r=docos(d)    ;
015      printf("cos(%.2f):%.2f \n",d,r);
016      break ;
017    case 3:
018      scanf("%lf",&d) ;
019      r=dotan(d)    ;
020      printf("tan(%.2f):%.2f \n",d,r);
021      break ;
022    default:
023      printf(" 輸入錯誤，請輸入 1,2,3 ! \n") ;
024    }
025  }
```

其中第 4 行要求使用者輸入 1 ～ 3 等三個數字，並且依據輸入的值，透過 switch 判斷所要執行的三角函數，於每一個 case 當中，分別呼叫所需的函數。

如果使用者所選擇的是 2，表示要執行的是四則運算，內容如下：

```
001  else
002  {
003    printf(" 指定執行的選項 (1. 加法 2. 減法 3. 乘法 4. 除法) ? ") ;
004    scanf("%d",&i) ;
005    switch(i)
006    {
007    case 1:
008      scanf("%lf",&a) ;
009      scanf("%lf",&b) ;
010      r=doadd(a,b)    ;
011      printf("(%.2f)+(%.2f):%.2f \n",a,b,doadd(a,b));
012      break ;
```

```
013     case 2:
014       scanf("%lf",&a) ;
015       scanf("%lf",&b) ;
016       r=dosub(a,b)    ;
017       printf("(%.2f)-(%.2f):%.2f \n",a,b,r);
018       break ;
019     case 3:
020       scanf("%lf",&a) ;
021       scanf("%lf",&b) ;
022       r=domulti(a,b)    ;
023       printf("(%.2f)*(%.2f):%.2f \n",a,b,r);
024       break ;
025     case 4:
026       scanf("%lf",&a) ;
027       scanf("%lf",&b) ;
028       r=dodiv(a,b)    ;
029       printf("(%.2f)/(%.2f):%.2f \n",a,b,r);
030       break ;
031     default:
032       printf("輸入錯誤，請輸入 1,2,3,4 ！\n") ;
033       break ;
034     }
035  }
```

其中有四個 case ，根據使用者輸入的數值，分別呼叫相關的函數，執行特定的四則運算。

到目前為止，我們完成了 kcalc.c 這個檔案，專案所有內容已經實作完畢，現在按一下「重新編譯全部檔案」按鈕，完成編譯。

接下來測試這個範例的功能，以下為執行結果：

```
指定執行的選項（1. 三角函數 2. 四則運算）？2
指定執行的選項（1. 加法 2. 減法 3. 乘法 4. 除法）？3
15
58
(15.00)*(58.00):870.00
```

其中第 1 行輸入 2 表示要執行四則運算，接下來指定 3 乘法運算，緊接著輸入 15 與 58 兩個數字，取得執行結果。

讀者可以自行執行這個範例，看看其它不同的執行結果。

另外，我們還要提醒讀者的是，在專案中，你也可以建立全新的原始碼檔案，如下圖所示，在專案名稱節點按一下滑鼠右鍵，展開功能選單：

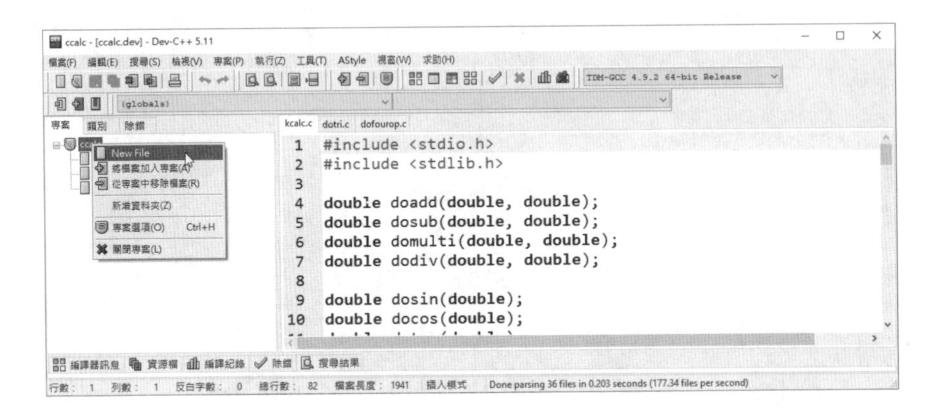

接下來於其中的「新增檔案」項目中按一下，就會出現新文件檔案編輯畫面：

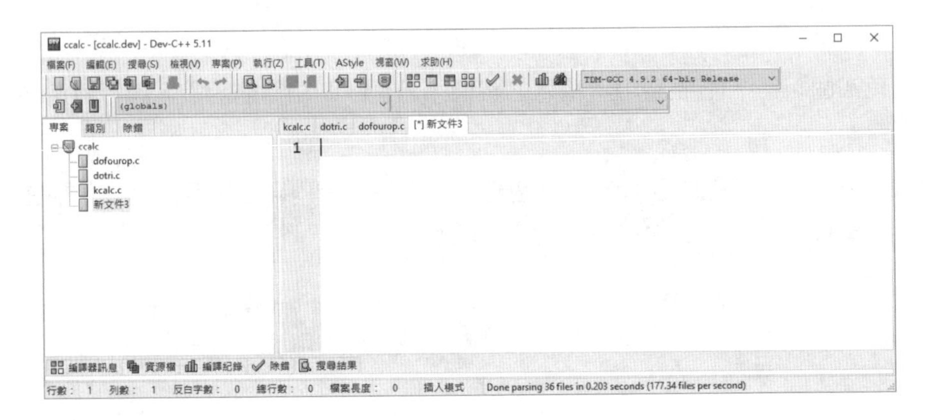

於其中編輯程式碼，然後將其儲存至目前的專案資料夾中即可。

14.2.5 專案檔

在本節結束之前，我們來看看專案的內容，開啟儲存專案的資料夾如下頁：

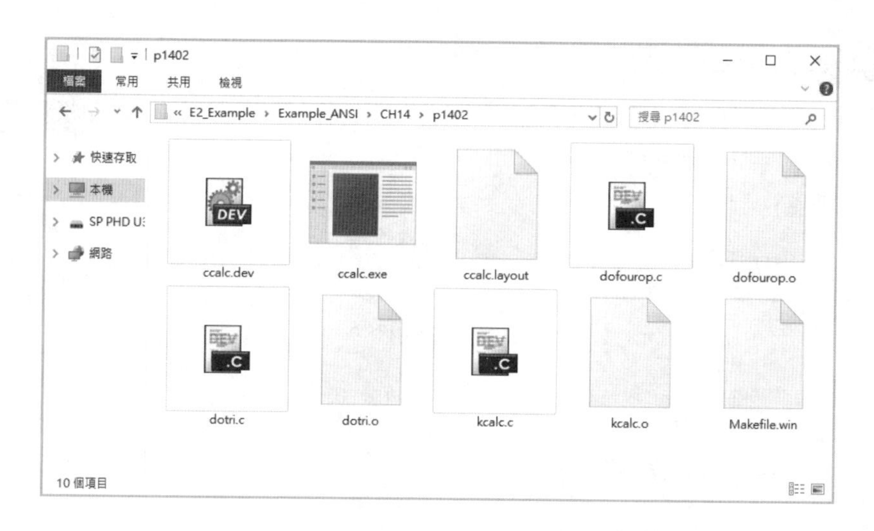

除了專案檔 ccalc.dev 之外，其中的 ccalc.exe 為專案編譯之後所產生的執行檔，另外有三個副檔名為 .o 的目的檔，如你所見，編譯器會自動為我們完成編譯的工作，並且建立所需的檔案。

14.3 條件式編譯

本書稍早討論 #define 的時候，曾經提及必須小心識別名稱定義的問題，否則會因為衝突導致程式的編譯失敗，然而你可能無法確認含括的檔案裡面是否定義了相同的識別名稱，在這種情形下，我們可以透過條件式編譯來達到辨識的目的。

條件式編譯所需的指令為 #ifdef ，它的語法如下：

```
#ifdef identifier
```

指令後方的 identifier 代表所要檢視的巨集識別名稱，如果 identifier 已經在前置處理器完成預先的定義，就編譯接下來的內容。

條件式編譯的語法邏輯與 if-else 語法完全相同，只是在編譯期間進行判斷，有條件的決定所要編譯的內容，它也有 #else 指令，提供 #ifdef 判斷失敗的執行區塊。

範例 14-3 條件式編譯

p1403_ifdef

```
001  #include <stdio.h>
002  #define HELLO "hello"
003
004  int main()
005  {
006        #ifdef HELLO
007            printf(HELLO)  ;
008        #else
009            printf("Hello,C")  ;
010        #endif
011        return 0;
012  }
```

第 2 行定義了 HELLO 這個識別名稱。

第 6 行開始的 #ifdef 判斷式判斷 HELLO 是否被定義過了，是的話則第 7 行直接將 HELLO 的內容輸出，否則第 9 行會輸出一段指定的字串。

由於 HELLO 已經於前置處理器裡面定義了，因此第 7 行輸出 hello 的結果。

條件式編譯另外還有一個 #ifndef 指令，這個指令與 #ifdef 意義相反，以下是 #ifndef 指令語法，它判斷是否識別名稱 identifier 沒有被定義。

```
#ifndef identifier
```

接下來這個範例說明 #ifndef 指令：

範例 14-4 條件式編譯

p1404_ifndef

```
001  #include <stdio.h>
002
003  int main()
004  {
005        #ifndef HELLO
006            printf("Hello,C")  ;
007        #else
008            printf("WELCOME,C")  ;
009        #endif
010        return 0;
011  }
```

第 5 行是 #ifndef 指令，檢視 HELLO 是否沒有預先定義，是的話輸出 Hello,C 的訊息，否則輸出另外一個 WELCOME,C 訊息。

由於前置處理器的區域並沒有任何預先定義的 HELLO ，因此第 6 行會被執行，其中的訊息被輸出。

條件式編譯有另外一種 #if 指令，它用來檢視一段常數表示式是否為 0，以決定某個區塊是否進行編譯，語法如下：

```
#if constant-expression
```

如果指令後方的 constant-expression 不是 0，則執行其中的程式碼。

如果條件式很複雜，有數個不同的判斷式必須判斷，甚至可以使用 #elif 指令來做進一步的判斷，它的效果就如同 else if ，當 #if 判斷式沒有通過，必須進一步建立判斷式的時候，可以透過這個指令來達到目的。

#elif 指令的語法同 #if ，列舉如下：

```
#elif constant-expression
```

緊接著我們透過以下範例做說明：

範例 14-5 條件式編譯

p1405_sif

```
001  #include <stdio.h>
002
003  #define NUMBER1   0
004  #define NUMBER2   1
005  int main()
006  {
007        #if NUMBER1
008            printf("NUMBER1 是非 0 的值 \n") ;
009        #elif NUMBER2
010            printf("NUMBER2 是非 0 的值 \n")  ;
011        #endif
012        return 0;
013  }
```

第 3 行預先定義了 NUMBER1 用來表示 0 這個數值，第 4 行定義的 NUMBER2 則用來表示 1 這個數值。

第 7 行的 #if 檢視 NUMBER1 是否為非 0 的數值，由於它是 0，因此判斷失敗不會執行，第 9 行的 #elif 則進一步判斷 NUMBER2 是否為非 0 的數值，由於它的值是 1，因此接下來第 10 行被編譯，以下是這個範例的輸出結果：

```
NUMBER2 是非 0 的值
```

要清楚 #ifdef 與 #if 這兩種指令的差異，前者 #ifdef 針對指定的識別字進行辨識，如果識別字沒有被預先定義就無法通過，而 #if 在意的則是指令後方的表示式是否為非 0 的值。

因此當你將上述範例的第 7 行指令修改為 #ifdef，第 8 行就會執行，因為 NUMBER1 已經事先經過定義了，這當然不是正確的結果，因此請特別小心這兩個指令的用法。

我們通常會先透過 #ifdef 指令檢視某個識別名稱是否已經預先定義，是的話再進行 #ifdef 的判斷，底下以另外一個範例做說明：

範例 14-6　條件式編譯

p1406_sifsif

```
001  #include <stdio.h>
002  #include <stdlib.h>
003  #define NUMBER 101
004
005  int main()
006  {
007      #ifdef NUMBER
008        int b = NUMBER > 100 ;
009        #ifdef b
010          printf("NUMBER 大於 100 \n");
011        #else
012          printf("NUMBER 沒有大於 100 \n");
013        #endif
014      #else
015        printf("NUMBER 沒有定義 \n");
016      #endif
017
018  }
```

第 3 行定義了 NUMBER 這個識別名稱，其值被定義為整數 101。

第 7 行的 #ifdef 檢視 NUMBER 是否預先定義，然後再做進一步的判斷，否則第 15 行會直接輸出未定義的說明訊息。

第 8 ~ 13 行在 NUMBER 被定義的情形下，判斷是否 NUMBER 的值大於 100，並且根據判斷結果輸出說明訊息。

這個範例的執行結果如下：

```
NUMBER 大於 100
```

條件式編譯適合需要彈性編譯的大型程式開發，本書並不涵蓋這一部分的內容，入門階段的讀者只需瞭解上述討論的議題即可。

結論

結束本章的課程，C 語言的入門課程亦將劃上句點，經過十四章完整的入門課程訓練，讀者應該已經具備了程式設計的基礎，由於近代幾種熱門的程式語言均以 C 語言為發展基礎，有了本書為你打下的堅實基礎，相信對於你未來學習其他的程式語言會有很大的助益。

摘要

14.1
- 將程式功能拆解至不同的函數以及獨立檔案，讓程式設計的過程更為彈性，同時有助於程式碼的維護與擴充。

14.2
- 大型程式為了擴充發展，通常會進一步將函數分門別類歸納在不同的獨立檔案，然後於需要的時候再進行引用。
- Dev-C++ 以專案管理程式碼檔案，專案檔是一種副檔名為 .dev 的檔案。

14.3
- 指令 #ifdef 支援條件式編譯的功能，針對前置處理器預先定義的內容執行預先檢視判斷的動作。
- #ifdef 支援 #else 判斷式。
- #if 指令檢視一段常數表示式是否為 0。
- #ifndef 指令與 #ifdef 意義相反，它判斷是否識別名稱沒有被定義。

學習評量

14.1

1. 請建立一支程式，在函數 main() 裡面，撰寫針對 100 與 10 這兩個數值，進行加（100+10）、減（100-10）、乘（100*10）以及除（100/10）等四種運算的程式碼。
2. 承上題，請將四則運算的功能切割至四個函數，透過呼叫輸出相同的運算結果。

14.2

3. 請說明，利用 Dev-C++ 開發程式的時候，所謂的「專案」與一般的程式碼檔案有什麼不同？
4. 承第 3 題，請將其中四則運算的功能獨立成一個檔案。
5. 承上題，說明如何呼叫獨立的檔案內容函數？

14.3

6. 簡述何謂條件式編譯？
7. 請說明以下這一段程式碼的意義：

```
001  #ifdef XXX
002      printf(XXXX) ;
003  #else
004      printf("WELCOME") ;
005  #endif
```

8. 請說明 #ifdef 與 #ifndef。
9. 承第 7 題，考慮以下的程式碼，請說明它的邏輯與第 7 題有何差異？

```
001  #ifndef XXX
002      printf("HELLO") ;
003  #else
004      printf("WELCOME") ;
005  #endif
```

10. 簡述 #if 指令的用途。

A
Dev-C++安裝與設定

由於本書使用 Dev-C++ 做為範例教學，此附錄說明 Dev-C++ 的安裝過程。首先請至 SOURCEFORGE 網站下載，網址是「https://sourceforge.net/projects/orwelldevcpp/」。

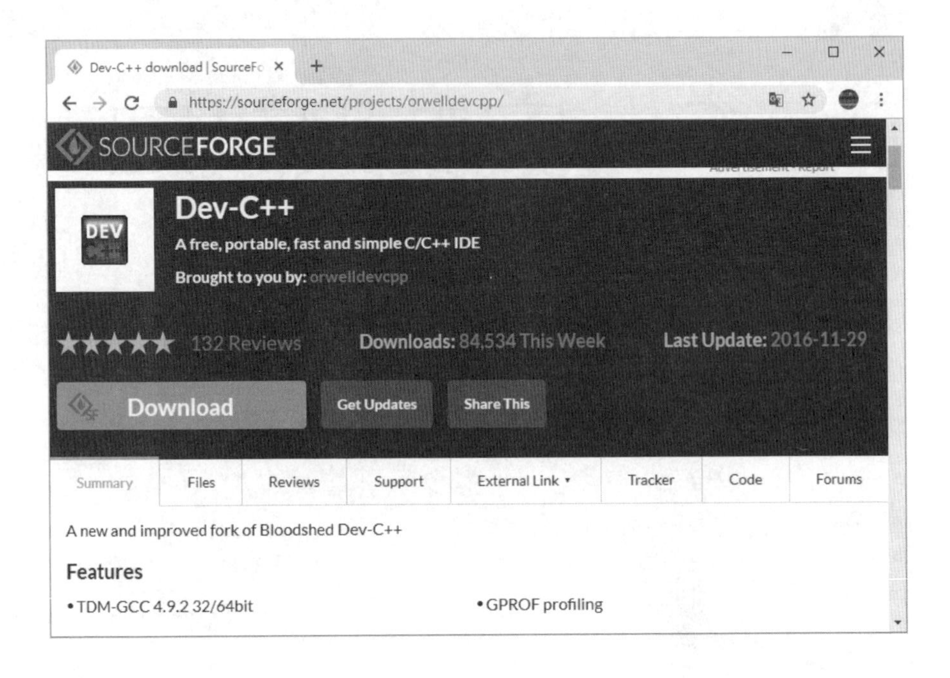

點擊畫面中的「Download」超連結，即可進行下載，完成之後，出現以下 Dev-C++ 的圖示與檔案，直接點擊以進行安裝作業。

開始安裝的第一個畫面如下左圖：

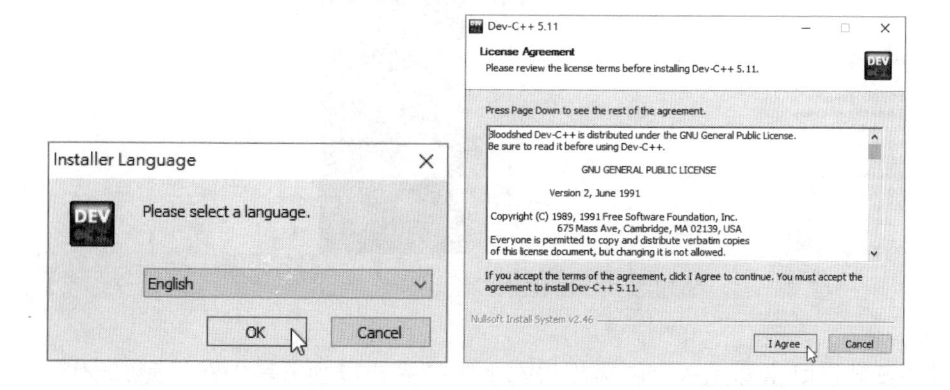

其中的下拉選單展開列舉數種可供點選的語系項目，由於沒有繁體中文，直接接受預設的「English」，按下「OK」按鈕，即可開始安裝作業，接下來出現右上圖的授權畫面，你可以看到 Dev-C++ 採用 GNU 授權，完成版權說明的閱讀之後，按下「I Agree」按鈕接受。

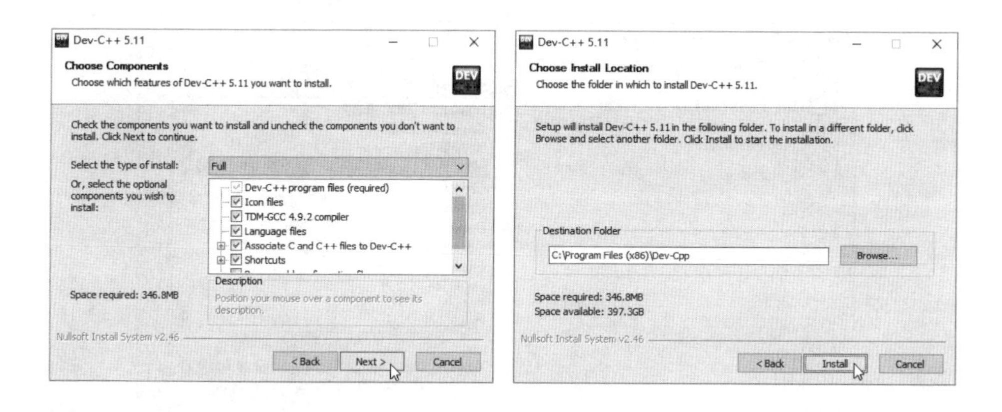

左邊的畫面讓使用者選擇要安裝的元件，接受預設值即可，直接按下「Next」出現右邊的畫面，其中要求指定 Dev-C++ 安裝路徑，你可以自行選擇所要安裝的路徑，或是接受其中的預設路徑，按一下「Install」按鈕，正式進入安裝程序。

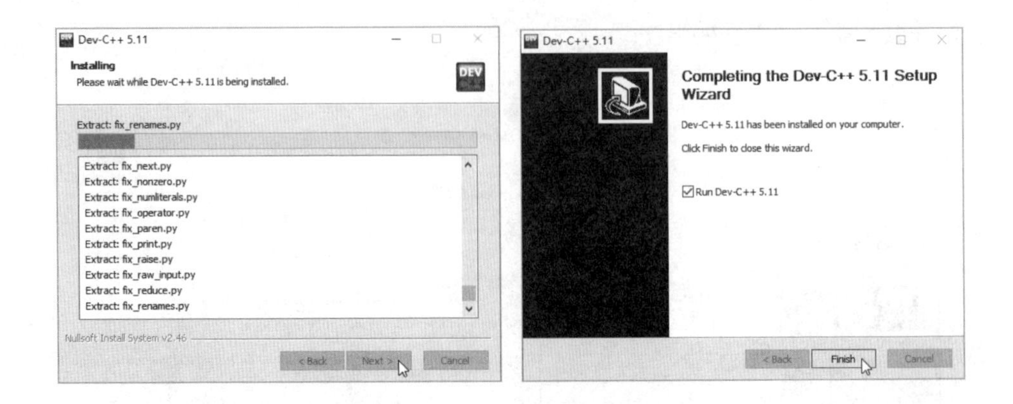

等待安裝進度畫面完成，最後出現右上圖的完成畫面，其中顯示完成安裝，同時包含這個軟體所安裝的版本。核取「Run Dev-C++ 5.11」，如此一來，按一下「Finish」按鈕結束安裝程序之後，就會馬上啟動 Dev-C++ ，按一下「Finish」按鈕，完成整個安裝程序。

完成安裝之後，第一次執行出現以下的組態設定畫面：

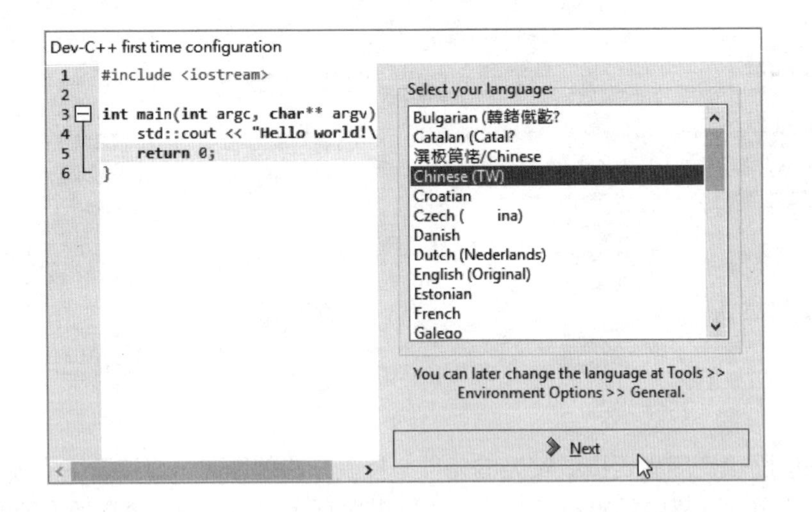

畫面中間的「Select your language」要求你選擇所要使用的語系，找到其中的「Chinese(TW)」將其選取，如此一來就可以將操作介面調整為繁體中文，按下畫面下方的「Next」按鈕，持續接下來的設定。

Dev-C++ first time configuration

```
1    #include <iostream>
2
3    int main(int argc, char** argv)
4        std::cout << "Hello world!\
5        return 0;
6    }
```

Dev-C++ 已經調整完成。

如果您在使用 Dev-C++ 上需要幫助，請看看 Dev-C++ 的求助檔或寄信給開發者（他不介意！）。

您也可以用 WebUpdate 下載套件（例如程式庫或工具）來跟 Dev-C++ 一起使用。你可以在「工具」→「檢查套件」找到。

OK

到目前為止已經順利的完成了 Dev-C++ 的安裝，按下「OK」按鈕，接下來的畫面則讓我們可以選擇編輯器的外觀：

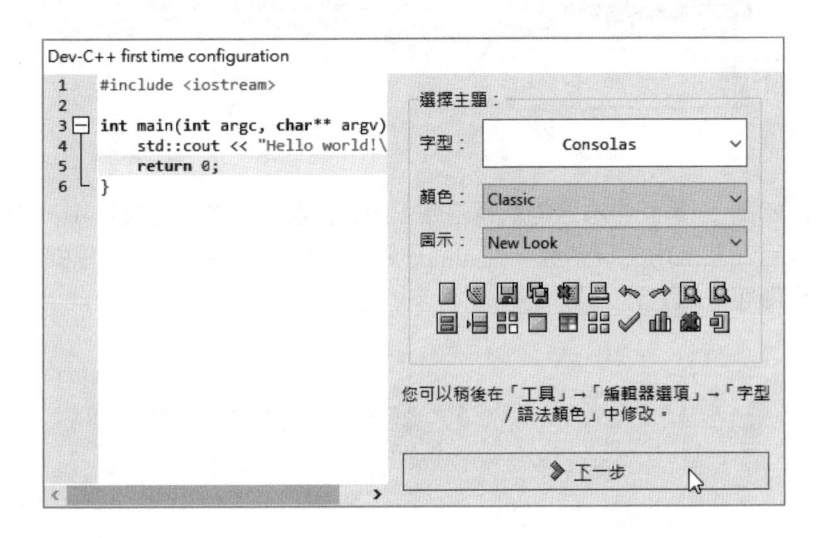

接受預設值即可，按一下「下一步」按鈕，即會顯示 Dev-C++ 的編輯器畫面如下圖，接下來就可以開始正式撰寫 C 程式了。

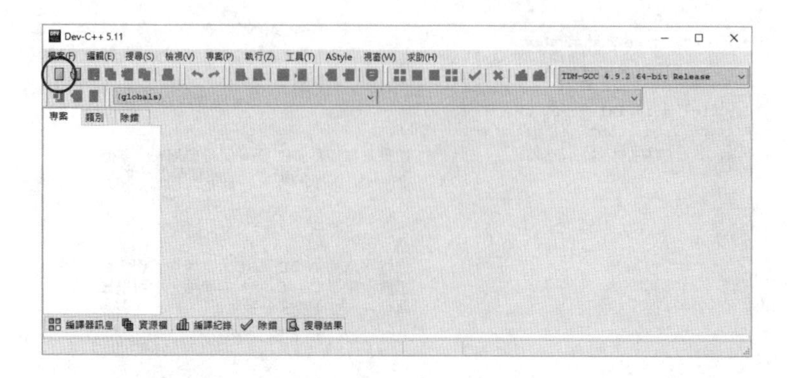

這是 Dev-C++ 的編輯畫面，畫面上方是功能表與工具列，左邊是專案面板，管理程式碼檔案，右邊的空白區域則是程式碼編輯區域，按一下左上工具列的開啟按鈕，出現如下圖的功能選單：

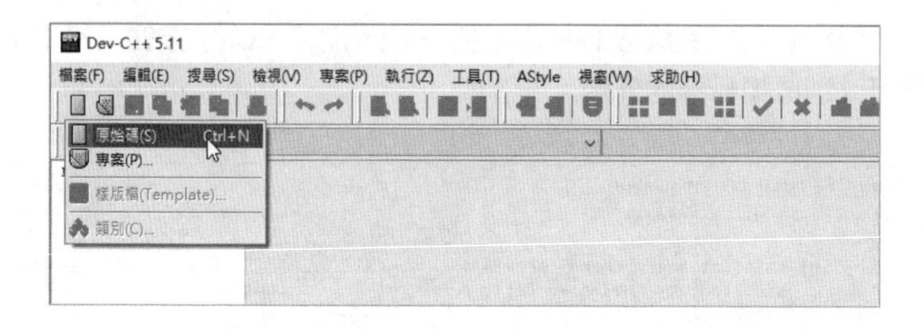

點擊「原始碼」，畫面中右邊的編輯區域，出現預設名稱為「新文件 1」的程式碼檔案，並且在左上角出現游標，就如同一般的文件編輯器，接下來只要於其中編輯程式碼即可，如下圖：

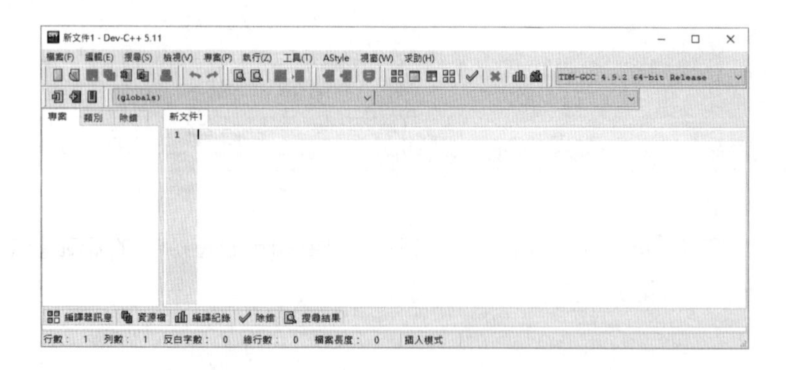

B

ASCII 字元表

■ 控制字元（0～31）

二進位	八進位	十進位	十六進位	字元（意義）
0000 0000	00	0	00	NUL（空字元-null）
0000 0001	01	1	01	SOH（標題開始）
0000 0010	02	2	02	STX（本文開始）
0000 0011	03		03	ETX（本文結束）
0000 0100	04		04	EOT（傳輸結束）
0000 0101	05		05	ENQ（請求）
0000 0110	06		06	ACK（確認）
0000 0111	07		07	BEL（響鈴）
0000 1000	10		08	BS（退格鍵）
0000 1001	11	9	09	TAB（水平定位鍵）
0000 1010	12	10	0A	LF（換行鍵）
0000 1011	13	11	0B	VT（垂直定位符號）
0000 1100	14	12	0C	FF（換頁鍵）
0000 1101	15	13	0D	CR（歸位鍵）
0000 1110	16	14	0E	SO（取消變換-Shift out）
0000 1111	17	15	0F	SI（啟用變換-Shift in）
0001 0000	20	16	10	DLE（跳出資料通訊）
0001 0001	21	17	11	DC1（設備控制 1）
0001 0010	22	18	12	DC2（設備控制 2）
0001 0011	23	19	13	DC3（設備控制 3）
0001 0100	24	20	14	DC4（設備控制 4）
0001 0101	25	21	15	NAK（確認失敗回應）
0001 0110	26	22	16	SYN（同步用暫停）
0001 0111	27	23	17	ETB（區塊傳輸結束）
0001 1000	30	24	18	CN（取消）
0001 1001	31	25	19	EM（介質中斷）

二進位	八進位	十進位	十六進位	字元（意義）
0001 1010	32	26	1A	SUB（替換）
0001 1011	33	27	1B	ESC（跳出）
0001 1100	34	28	1C	FS（檔案分割）
0001 1101	35	29	1D	GS（群組分隔）
0001 1110	36	30	1E	RS（記錄分隔）
0001 1111	37	31	1F	US（單元分隔）

■ 一般字元符號（阿拉伯數字、英文字母大小寫和底線、括號等等）

二進位	八進位	十進位	十六進位	字元（意義）
0010 0000	40	32	20	（空白）
0010 0001	41	33	21	!
0010 0010	42	34	22	“
0010 0011	43	35	23	#
0010 0100	44	36	24	$
0010 0101	45	37	25	%
0010 0110	46	38	26	&
0010 0111	47	39	27	‘
0010 1000	50	40	28	(
0010 1001	51	41	29	)
0010 1010	52	42	2A	*
0010 1011	53	43	2B	+
0010 1100	54	44	2C	,
0010 1101	55	45	2D	-
0010 1110	56	46	2E	.
0010 1111	57	47	2F	/
0011 0000	60	48	30	0

二進位	八進位	十進位	十六進位	字元（意義）
0011 0001	61	49	31	1
0011 0010	62	50	32	2
0011 0011	63	51	33	3
0011 0100	64	52	34	4
0011 0101	65	53	35	5
0011 0110	66	54	36	6
0011 0111	67	55	37	7
0011 1000	70	56	38	8
0011 1001	71	57	39	9
0011 1010	72	58	3A	:
0011 1011	73	59	3B	;
0011 1100	74	60	3C	<
0011 1101	75	61	3D	=
0011 1110	76	62	3E	>
0011 1111	77	63	3F	?
100 0000	100	64	40	@
0100 0001	101	65	41	A
0100 0010	102	66	42	B
0100 0011	103	67	43	C
0100 0100	104	68	44	D
0100 0101	105	69	45	E
0100 0110	106	70	46	F
0100 0111	107	71	47	G
0100 1000	110	72	48	H
0100 1001	111	73	49	I
0100 1010	112	74	4A	J
0100 1011	113	75	4B	K

二進位	八進位	十進位	十六進位	字元（意義）
0100 1100	114	76	4C	L
0100 1101	115	77	4D	M
0100 1110	116	78	4E	N
0100 1111	117	79	4F	O
0101 0000	120	80	50	P
0101 0001	121	81	51	Q
0101 0010	122	82	52	R
0101 0011	123	83	53	S
0101 0100	124	84	54	T
0101 0101	125	85	55	U
0101 0110	126	86	56	V
0101 0111	127	87	57	W
0101 1000	130	88	58	X
0101 1001	131	89	59	Y
0101 1010	132	90	5A	Z
0101 1011	133	91	5B	[
0101 1100	134	92	5C	\
0101 1101	135	93	5D	]
0101 1110	136	94	5E	^
0101 1111	137	95	5F	_
0110 0000	140	96	60	`
0110 0001	141	97	61	a
0110 0010	142	98	62	b
0110 0011	143	99	63	c
0110 0100	144	100	64	d
0110 0101	145	101	65	e
0110 0110	146	102	66	f

二進位	八進位	十進位	十六進位	字元（意義）
0110 0111	147	103	67	g
0110 1000	150	104	68	h
0110 1001	151	105	69	i
0110 1010	152	106	6A	j
0110 1011	153	107	6B	k
0110 1100	154	108	6C	l
0110 1101	155	109	6D	m
0110 1110	156	110	6E	n
0110 1111	157	111	6F	o
0111 0000	160	112	70	p
0111 0001	161	113	71	q
0111 0010	162	114	72	r
0111 0011	163	115	73	s
0111 0100	164	116	74	t
0111 0101	165	117	75	u
0111 0110	166	118	76	v
0111 0111	167	119	77	w
0111 1000	170	120	78	x
0111 1001	171	121	79	y
0111 1010	172	122	7A	z
0111 1011	173	123	7B	{
0111 1100	174	124	7C	|
0111 1101	175	125	7D	}
0111 1110	176	126	7E	~
0111 1111	177	127	7F	刪除

NOTE

NOTE

NOTE

NOTE

NOTE

正郵
貼票

234
新北市永和區秀朗路一段41號
藍海文化事業股份有限公司

市 縣　區　路 街　巷　段　號　樓

讀者回函卡

讀者回函

感謝您購買藍海文化出版的書籍，您的建議對我們十分重要！因為您的寶貴意見，能促使我們不斷進步，繼續出版更實用的書籍。麻煩您填妥以下資料，寄回本公司（正貼郵票），您將不定期收到最新的新書訊息！

購買書號：＿＿＿＿＿ 書籍名稱：＿＿＿＿＿＿＿＿＿＿

讀者基本資料

姓名：＿＿＿＿＿＿ 性別：□男 □女 生日： 年 月 日

電話：＿＿＿＿＿＿ 電子郵件：＿＿＿＿＿＿＿＿

地址：＿＿＿＿＿＿＿＿＿＿＿＿＿＿＿＿

職業：□資訊相關 □金融業 □公家機關 □學生 □其他

學歷：□大學以上 □技職學院 □高中職 □其他

您對本書的看法

您從何處得知本書的訊息：□書店 □電腦 □賣場 □其他

您在何處購買本書：□書店 □電腦 □賣場 □郵購 □線上購書 □其他

您對本書的評價：

封面：□佳 □好 □尚可 □差 內容：□佳 □好 □尚可 □差

排版：□佳 □好 □尚可 □差 印刷：□佳 □好 □尚可 □差

其他建議：＿＿＿＿＿＿＿＿＿＿＿＿＿＿＿＿

給藍海文化的建議

您購買資訊書籍的考量因素（可複選）：

□內容豐富易讀 □印刷品質佳 □封面漂亮 □光碟附加價值 □價位合理 □出版社 □口碑 □親友老師推薦 □其他

您感興趣的資訊書籍類型（可複選）：

□程式語言 □多媒體影音 □網頁設計 □繪圖軟體 □3D動畫／設計 □作業系統 □資料庫 □辦公室商務類 □考試證照類 □其他

您下次會不會再考慮購買藍海文化的書籍？□會 □不會

為什麼？＿＿＿＿＿＿＿＿＿＿＿＿＿＿＿＿

是否願意收到藍海文化新書資訊或電子報？□願意 □不願意

其他建議與看法

＿＿＿＿＿＿＿＿＿＿＿＿＿＿＿＿＿＿＿＿

＿＿＿＿＿＿＿＿＿＿＿＿＿＿＿＿＿＿＿＿

教學啟航・知識藍海

藍海文化

Blueocean

www.blueocean.com.tw